应用型本科经济管理类专业基础课精品教材

统计学原理

主　编　孙曦媚　高秀香
副主编　赵　虹

北京理工大学出版社
BEIJING INSTITUTE OF TECHNOLOGY PRESS

内容简介

在当今信息时代中，统计信息是科技和经济信息的主体，更是国家宏观调控和制定经济政策的重要依据。《统计学原理》是为了满足大学生及广大读者对统计在信息社会中日益重要的需求而编写的。本教材立足于统计学的基本原理，同时兼顾了统计学在经管专业的应用知识。本书在编写内容方面做了较大的调整，结构新颖，力求实用，内容涵盖了总论、统计资料的搜集与整理、总量指标与相对指标、数据分布特征的测度、概率分布与假设检验、抽样估计、时间数列分析、统计指数、相关分析与回归分析、国民经济核算体系。本书可作为高等院校、高职高专院校及相关学校经管类各专业教材，也可供工商企业管理人员参考。

图书在版编目（CIP）数据

统计学原理/孙曦媚，高秀香主编. —北京：北京理工大学出版社，2017.3（2017.4 重印）

ISBN 978-7-5682-3748-2

Ⅰ.①统…　Ⅱ.①孙…②高…　Ⅲ.①统计学-高等学校-教材　Ⅳ.①C8

中国版本图书馆 CIP 数据核字（2017）第 038359 号

出版发行／北京理工大学出版社有限责任公司
社　　址／北京市海淀区中关村南大街 5 号
邮　　编／100081
电　　话／（010）68914775（总编室）
（010）82562903（教材售后服务热线）
（010）68948351（其他图书服务热线）
网　　址／http：//www.bitpress.com.cn
经　　销／全国各地新华书店
印　　刷／三河市华骏印务包装有限公司
开　　本／787 毫米×1092 毫米　1/16
印　　张／17.25
字　　数／410 千字
版　　次／2017 年 3 月第 1 版　2017 年 4 月第 2 次印刷
定　　价／38.00 元

责任编辑／李慧智
文案编辑／孟祥雪
责任校对／孟祥敬
责任印制／李志强

图书出现印装质量问题，请拨打售后服务热线，本社负责调换

前　言

本书全面系统地阐述了统计学的基本理论和基本方法。全书内容新颖，结构严谨，文字简明，体现了统计学教学改革的最新成果和统计学作为一门数据处理方法与技术的学科特点。在讲解基础理论的基础上，为方便教学，在各章末配备有多种形式的练习题。

本书由辽宁科技学院孙曦媚老师和鞍山师范学院高秀香老师担任主编，由辽宁科技学院赵虹老师担任副主编。

在本书编写过程中，参考、引用了许多统计学教材及参考资料，在此一并表示感谢！

由于时间仓促，编者水平有限，书中难免有疏漏和错误之处，敬请专家、同行和读者提出宝贵意见，以便我们进一步修改和完善。

编　者

前言

目　录

第一章

总　　论

学习目标

- ▶ 了解统计学的产生和发展
- ▶ 熟悉我国统计学的发展现状
- ▶ 熟悉统计学的理论研究方法
- ▶ 掌握总体与样本的概念及总体的特点
- ▶ 熟悉统计学的概念、研究对象和任务
- ▶ 掌握标志的概念及标志的种类
- ▶ 掌握变量的概念及变量的种类
- ▶ 掌握统计指标的概念及特征
- ▶ 掌握统计指标与标志的明显区别与联系
- ▶ 掌握统计指标的分类
- ▶ 掌握统计指标体系的概念和特点

案例导入

理解统计对每个人都是必要的

统计在许多领域都有应用。在日常生活中，我们也会接触到各种统计数据，比如，媒体报道中使用的统计数据、图表等。下面就是统计研究得到的一些结论：吸烟是对健康有害的；不结婚的男性早逝10年；身材高的父亲，其子女的身材也较高；第二个出生的子女没有第一个出生的子女聪明，第三个出生的子女没有第二个出生的子女聪明，以此类推；两天服用一片阿司匹林会减少心脏病第二次发作的概率；如果每天摄入500毫升维生素C，生命可以延长6年；统计调查表明，怕老婆的男人得心脏病的概率较大；学生在听了莫扎特钢琴曲10分钟后的推理测试成绩会比他们听10分钟娱乐磁带或者其他曲目更好。这些结论都是正确的吗？要正确阅读并理解这些数据，就需要具备一些统计学知识。

理解并掌握一些统计学知识对于普通大众是有必要的。每天我们都会关注生活中的一些事情，其中就包括统计知识。比如，在外出旅游时，需要关注一段时间的详细天气预报；在

投资股票时，需要了解股票市场价格的信息，了解某只特定股票的市场价格信息；在观看世界杯足球比赛时，了解各球队的技术统计，等等。

理解和掌握一些统计知识，对政治家或制定政策的人来说极为重要，在他们做决策时，如果不懂统计会闹出笑话来，比如，一个统计办公室的主管是一个行政事务官，一次他与一些统计学者开会，统计学者抱怨从其他部门收到的一些估计值没有给出标准误差（估计时的误差大小，表示估计的精度），这个主管马上问道："对误差也有标准吗?"一个统计顾问提交给茶叶委员会的报告中，含有标题为"饮茶人数的估计值（含标准误差）"的附表。不久，一封信被送到这个统计顾问手中，问什么是人们喝红茶的"标准误差"。健康部门的一位官员看到一个统计学者提供的报告，报告中提到过去一年中，由于某种疾病，平均1 000人中死亡人数为3.2人，这位官员对这个数字产生了兴趣，他问他的私人秘书，3.2个人如何死法？他的秘书说："先生，当一个统计学家说死了3.2人时，意味着死了3个人，两个人正要死。"

资料来源：贾俊平，金勇进，等. 统计学［M］. 北京：中国人民大学出版社，2012.

思考

统计在日常生活中无处不在，了解一些统计知识对每一个人都是必要的。那么什么是统计？统计的研究对象、任务及特点是什么？常用哪些方法来研究？在研究时常用哪些概念？

第一节　统计学的产生和发展

统计学是随着社会经济的发展和国家管理的需要而产生和发展的，其产生和发展的历史包括统计实践史和统计学说史。统计的实践活动已有四五千年的历史，而统计学说的研究只有三百多年的历史。

一、早期统计学的产生与发展

最早的统计实践活动源于我国原始社会末期，当时就有结绳记事、结绳计量的方法，这是统计的萌芽，如在我国夏禹时期就出现了人口和土地的统计；在国外，古代埃及、希腊和罗马时代就开始了对国情国力的调查研究，如古埃及为了征集建造金字塔所需财力、劳力而对全国的人口和财力进行调查。历史发展到封建社会，统计的实践活动已略具规模，但由于经济落后、生产力水平低下，当时的统计并没有作为一门学说被研究。

随着资本主义经济制度的建立和发展，统计在国家管理中的重要作用引起各国政府对统计的重视。许多国家都建立了统计调查和统计报告制度，统计因此而得到了广泛的发展，其范围涉及工业、农业、商业、海关、外贸、金融和交通等各个方面。为适应社会经济发展的需要，统计学作为一门社会科学应运而生，并形成了不同的统计学派。20世纪中叶，英国人威廉·配第的《政治算术》一书问世，在这本书中威廉·配第运用算术方法和大量的统计资料来说话的方法为统计学的创立奠定了方法论的基础。差不多与此同时产生了以创始人赫尔曼·康令及其继承者哥特弗里德·阿亨瓦尔等人为代表的记述学派，他们最初在大学里开设了一门称为国势学的新课程，并大量搜集实际资料记述有关国情国力的系统知识，因此该学派也被称为国势学派。阿亨瓦尔是第一个使用统计学这个名称的人。20 世纪中叶，比利时数学家和统计学家阿道夫·凯特勒把古典概率论引入统计学，并将其应用于社会经济统计，创立了数理统计学派。随着统计理论的不断发展，形成了现在的两大统计学派，即社会经济统计学派和数理统计学派。

二、我国统计学的发展现状

20 世纪初到现在的数理统计学时期称为现代统计学时期。在这个时期，数理统计在随机抽样基础上建立起推断统计学。

现代数理统计学分为理论部分和应用部分。前者包括抽样理论、估计理论、假设检验理论、试验设计、决策理论、非参数统计、序贯分析、博弈理论等；后者包括计量经济学、生物统计、统计力学、质量管理、政府统计、遗传统计、天文统计等。

20 世纪 60 年代以后，数理统计学的发展有三个明显的趋势：

（1）随着数学的发展，数理统计学越来越广泛地应用于数学方法。

（2）数理统计学的新分支或以数理统计学为基础的边缘学科不断形成。

（3）数理统计学的应用日益广泛深入，尤其是借助电子计算机后，数理统计学所能发挥的作用日益增强。诸如 Excel、SAS、SPSS、Datamining、Minitab 等统计软件在统计分析中正在发挥其强大的统计功能。

新中国成立后，由于社会主义公有制的建立，我国的统计工作得到顺利开展——逐步建立了全国统一的统计机构；制定了一套较为完整的统计制度和方法；培养了大批统计工作者，对国民经济的发展起到了巨大作用。实践证明，统计是适应社会政治经济的发展和国家管理需要而建立起来的，统计的发展是和社会生产力的发展紧密联系在一起的。对统计工作的重视程度反映着一个企业，乃至一个国家的科学管理水平。进入 21 世纪，尤其是我国现已加入世界贸易组织，为适应市场经济推进的需要，统计学应该不断为统计工作提供新理论和新方法。

第二节 统计的概念、研究对象和任务

一、统计的概念

什么是统计？人们在日常生活与工作中，经常要接触到统计，例如，学生考试后非常关心自己的考试成绩和名次；篮球比赛时解说员要统计竞赛双方的进攻次数和投篮命中率；在有关媒体中也经常看到各种报道采用大量统计数据和各类统计图表等。统计作为一种社会实践活动，已有悠久的历史。人类的统计实践是随着计数活动而产生的，国家的统计者为了满足管理国家的需要，通过统计计数弄清国家的人力、物力和财力。时至今日，统计仍然是世界上各个层次的政府机构的支柱。随着社会经济的发展，统计的应用领域越来越广泛，不仅包括经济管理领域，而且包括军事、医学、生物、物理、化学等领域。统计一词，在不同的场合，人们赋予它不同的含义。一般认为统计的含义有三种：一是统计工作；二是统计资料；三是统计学。

统计工作（Statistical Work），又称统计实践活动，是指为了取得和提供统计资料而进行

的各项工作，包括对研究目标进行数据收集、整理、分析等各项工作。如对生产销售量和利润、国民生产总值等的统计，就是统计实践活动。现在的各级政府机构基本都设有统计部门，其主要工作是从事各类统计数据的收集、整理和提供。大多数企业也有专门从事统计工作的人员。

统计实践活动的过程实质上是人们认识客观世界的过程，即人们为了认识客观事物，通过调查搜集有关数据，并加以整理、归纳和分析，而后对客观事物规律性的数量表现做出统计上的解释的过程。

统计资料（Statistical Data），是统计工作所取得的成果，包括各种数字资料及与之相关的文字资料、图表、统计报告等，如各类统计年鉴，在报纸、杂志、网络及其他媒体上会经常看到大量的统计数据、统计报表等，这些就是统计工作成果的体现，即统计资料。当听到"据统计……"这样的说法时，这里的"统计"一词特指统计资料。

统计学（Statistical）是一门关于大量数据资料如何进行搜集、整理和分析的方法论科学。统计学研究的是如何进行数据的搜集、加工和整理，如何从复杂纷繁的数据中得出结论，并科学地解释这个结论，以达到正确、深刻地认识客观现象的目的。

统计有着三种不同的含义，但这三种含义之间是密切联系的。第一，统计工作是实践过程，统计资料是实践活动的结果。一方面，统计工作的实施需要统计资料的支持；另一方面，统计工作的质量又决定了统计数据的数量和质量。第二，统计工作和统计学是实践和理论的关系。统计学来源于统计实践活动，是统计工作经验的理论概括，又用理论和方法指导统计实践活动，推动统计工作的不断提高。随着统计工作的进一步发展，统计学也不断地得到充实和提高。

二、统计学的研究对象与特点

统计学是研究大量社会经济现象数量方面的一门方法论科学。它的研究对象是社会经济现象的数量方面，包括数量特征和数量关系。统计学作为一门方法论科学，其研究对象具有如下特点：

（一）数量性

统计学的研究对象是社会经济现象的数量方面，包括社会经济现象的规模、水平、现象间的数量关系以及质变和量变间的数量界限。

数量性的特点，是统计学区别于其他社会科学的重要所在。统计学的特点是用大量数字资料说明现象的规模、水平、结构、比例关系、差别程度、发展程度、平均水平等。必须指出，统计对社会经济现象数量方面的认识是定量认识，但是必须以定性认识为基础，遵循定性—定量—定性的科学认识规律。例如，要认识研究国内生产总值的数量、构成及其变化，首先必须明确其本质属性，然后才能据此确定国内生产总值的口径、范围和计算方法，进而才能进行定量计算和分析。

（二）总体性

统计学的研究对象是社会经济现象的总体的数量方面。从总体上研究现象的数量方面，是统计学的又一重要特点。

统计总体是由许多个别事物构成的。统计学要对社会经济现象总体的数量方面进行认识，必须从对个别事物的观察入手，以达到对总体数量方面的认识，即从个体到总体。例如，要研究工业企业的基本情况，必须从对个别工业企业的观察入手，然后才能综合分析说明全部工业企业的发展变化情况。

（三）具体性

统计学的研究对象是具体时间、地点、条件下现象的数量方面，而不是抽象的量，这是它与数学的重要区别。

定量是统计的特点，但这个量是有具体质的属性的。例如对市场变化的趋势、居民收支情况、消费者购买需求的调查，可以使用一些数学方法，把量的关系搞清楚，确实说明社会经济关系，从量的关系说明其中质的规定性，这些统计量是反映社会经济现象具体的量、数量关系及数量界限的。脱离了质的规定性，这些统计数字就将成为空洞的数字，是毫无实际意义的。

（四）社会性

统计研究的数量是社会现象的数量方面，研究人类活动及过程，因而具有明确的社会性。一方面统计研究的是社会经济现象，是人类有意识的产物；另一方面，从认识主体看，统计是一种社会认识活动，要受到一定的社会、经济观点的影响，并为一定的阶级利益服务。在阶级社会中，统计带有明确的阶级烙印。我国的社会经济统计，是为社会主义市场经济服务，为全社会的需要服务，为我国的社会和经济发展服务的。

三、统计学的任务

统计是人们认识世界和改造世界的有力武器，是国家和各级领导制定方针政策的重要依据，既研究经济基础，又研究上层建筑以及上层建筑与经济基础之间的关系。此外，统计学还研究生产、流通、分配、消费等社会再生产的全过程以及社会、政治、经济、军事、法律、文化、教育等全部社会现象的数量方面，是对国民经济、社会发展实行科学管理的有效工具。1983 年 12 月公布实施的《中华人民共和国统计法》中第二条明确规定：统计的基本任务是对国民经济和社会发展情况进行统计调查、统计分析，提供统计资料、统计信息和咨询，实行统计监督。具体讲，统计的任务包括以下几个方面：

（一）全面、准确、及时地提供有关社会经济发展情况的资料，为国家制定政策和检查政策贯彻情况提供依据

党和国家的各项方针政策，是在调查研究客观实际的基础上制定的。统计工作要全面、准确、及时地提供有关政治、经济、文教、科研等方面基本情况的资料。统计资料就是信息，是社会主义市场经济运行过程中的“晴雨表”。在市场经济环境下，统计提供了一系列经济运行的先行指标及景气指标。

（二）为科学编制计划提供依据，对计划执行情况进行统计检查和监督

政府在编制了经济发展计划之后，就要选择达到计划目标的措施和手段以及具体实施计划。可供选择的措施和手段之一便是检查和监督。政府监督就是统计部门运用科学的统计监测和预警方法，通过对大量的统计信息进行分析，揭示决策和执行中偏离政策和计划以及违背客观规律的问题，促使各级领导采取措施，加以调控和纠正。统计发挥其监督作用，是落实统计法的一个重要内容，也是保证市场经济规范发展的重要环节。

（三）为社会和科学部门研究提供统计资料和咨询服务

统计部门必须向决策系统和社会公众提供经济发展成果的资料、社会发展预测分析报告等方面有偿和无偿的咨询服务。统计部门利用其搜集和提供全面、准确、及时信息的综合优势，为决策、科研等系统提供信息资料。利用计算机网络的强大功能，在网上实现资源共享。

上述统计工作的各项任务，可以归纳为统计的三项职能，即信息、咨询和监督职能。信息职能是根据科学的统计指标体系和统计调查方法，准确、丰富、灵活、系统地搜集、处理、传递、存储和提供大量的社会经济信息。咨询职能是统计部门利用已经掌握的丰富的统计信息资源，运用科学的分析方法和新近的技术手段，深入开展综合分析和专题研究，为科学决策和管理提供各种可供选择的咨询建议和决策方案统计。监督职能是根据统计调查和统计分析的结果，及时准确地从总体上反映社会经济的运行状态，并对其实行全面系统的检查、监督和预警，以促进国民经济按照客观规律的要求，持续、健康地发展。在市场经济的运行过程中，统计监督会越发显示其重要性。不仅要对微观经济进行统计监督，更主要的是要对宏观经济进行统计监督。

统计的三项职能是相互联系的。其中，信息职能是最基本的职能，咨询职能是统计信息职能的延续和深化，而发挥统计的监督功能是在信息、咨询职能基础上的进一步拓展。统计的信息、咨询和监督三项职能是密不可分的一个整体。其整体功能的发挥，有利于促进统计工作真正成为科学管理的武器。各级统计部门应充分发挥统计的信息、咨询和监督作用，积极推进统计的社会化、产业化、国际化和网络化进程。

第三节　统计学的理论研究方法

统计学研究对象的性质决定着统计学的研究方法。以下阐述的是统计学上所特有的基本方法包括大量观察法、统计分组法、综合分析和其他统计分析方法。至于一般的统计方法，则分别在其他章节中论述。由于统计学研究的是特定总体数量方面的方法论，而这些方法的数学依据是大数定律，所以本节中也讲述大数定律的意义和作用。

一、大量观察法

所谓大量观察法，是指对所研究事物必须对所研究现象的全部或足够数量进行观察，才能在掌握充分信息的基础上反映总体数量特征的一种方法。社会经济现象是受各种因素相互影响的结果。在社会现象的总体中，个别单位往往受偶然因素的影响，如果只选择一部分单位进行观察，是不能代表总体的一般特征的，所以必须观察事物的全部或足够数量单位并加以综合分析，才能使事物中非本质的偶然因素的影响相互抵消或减弱，使社会经济现象呈现的一般特征能够显示出来。这是由统计研究对象的多样性及复杂性决定的。

社会统计学派的梅尔认为，统计学研究的是社会总体而不是个别的社会现象。由于社会现象具有复杂性和总体性，所以必须对总体进行大量观察和分析，研究其内在的联系，方能反映社会现象的规律。以大量观察法作为统计研究的方法，可以对总体的所有单位进行全面调查，如统计报表。普查亦可以对能够反映总体特征的部分单位进行非全面调查，如重点调查、抽样调查等。大量观察法并不排斥对个别单位的典型调查，可以与典型调查结合起来，加深对社会现象的认识。

大量观察法的思想贯穿于整个统计工作，但这一方法主要被用于统计调查阶段。整个统计研究可分为四个阶段，即统计设计、统计调查、统计整理、统计分析。统计设计是对统计活动全过程做出全面安排和方案设计的阶段，是科学有效地组织统计活动的前提。统计调查是根据统计调查方案向各个调查单位收集原始资料的阶段，是整个统计活动的基础。统计整理是对收集的原始资料进行汇总、加工整理成综合资料的阶段，是统计活动的初步成果。统计分析是以统计资料为依据，对社会经济现象进行分析研究，形成最终成果的阶段。可见，统计调查是统计整理和统计分析的基础环节，事关后两个阶段，是后两个阶段的质量保证。而统计调查所收集的资料全面与否和正确与否，能否反映客观事物的规律性，又取决于统计调查阶段是否采用了科学的方法——大量观察法。大量观察法是指在研究社会经济现象时，应从总体考虑问题：在确定研究范围时，应有足够多的调查单位；在收集统计资料时，应从大量着手；在分析问题时，应以对总体现象的认识为目标。大量观察法强调大量性，但大量是一个相对的概念。大量性取决于以下因素：

（1）分析问题的精确度。对某一社会经济现象数量的分析要求越精确，所需总体单位就越多，这样才能从大量分析中排除偶然因素的影响，把握现象的本质和规律性。

（2）现象各单位间的变异程度或参差程度。在考察的总体单位数目一定的情况下，总体单位各变量之间的差异程度越大，就越难发现其变化规律。要揭示现象的内在规律，就要求观察的总体所包含的个体数越多。

二、统计分组法

统计分组法就是根据某一标志将研究对象划分为若干不同类型或不同性质的组，以区别现象的不同情况和不同特点，认识各种特殊矛盾，从而正确反映现象的本质和规律性。例如，将全国人口按性别划分为男性和女性；将企业按其所有制形式划分为公有经济和非公有经济。通过分组，可以将性质相同的单位归在一起，保持组内各单位的同质性，而把性质不同的单位分开，显示组与组之间的差异性。科学的分组法能保证数字资料的同质性，而数字资料的同质性是统计从数量方面认识社会经济现象的前提条件。因此，分组法是统计研究的基本方法，是统计资料整理和分析的基础。

三、综合分析法

综合分析法是指对于大量观察所获得的资料，运用各种综合指标的方法以反映总体一般的数量特征，并对综合指标进行分解和对比分析，以研究总体的差异和数量关系。如总体各单位间的差异、速度、比例，现象间的相关与回归，综合平衡等的数量关系及变化规律。

四、其他统计分析方法

（1）抽样推断法。它是从总体中随机抽取一个样本，然后据此样本指标推断相应的总体指标的一种统计分析方法，又称为归纳推断法。

（2）动态分析法。它是将现象在不同时间的变化水平编制成一个时间数列，据此揭示现象的动态规律性的方法。

(3) 指数分析法。它是反映复杂社会经济现象综合变动程度和变动方向的一种统计分析方法。

(4) 相关与回归分析法。它是研究现象之间相关关系的形式、密切程度及其数量上的相互对应关系的一种统计分析方法。

除此以外，统计分析方法还有统计平衡法、假设检验法、方差分析法、投入产出法、统计预测与决策法、典型相关分析法、主成分分析法、判别分析法、聚类分析法、序贯分析法等。

第四节　统计学的基本范畴

一、总体与样本

(一) 总体

把根据统计任务的要求，由客观存在的、具有某种共同性质的许多个别事物构成的集合体称作统计总体，简称总体。构成总体的每一个个别事物称为总体单位。例如，要研究全国工业企业的生产经营状况时，全国的所有工业企业便构成了研究的总体，每一个工业企业则为一个总体单位。一个统计总体应该具备以下三个特点：

(1) 大量性，即统计总体一定是由大量事物所组成的。这是因为统计研究的目的是揭示现象的规律性，而这种规律性只能在大量事物的普遍联系中表现出来。只对少数单位进行观察，其结果难以反映总体的一般特征。作为统计研究的对象，总体包括的单位数必须足够多，否则无法揭示现象的规律性。

(2) 同质性，即组成总体的所有单位至少在某一方面有共同的性质。同质性是构成总体的前提条件，而各单位所需具有的这种性质，是由统计研究的目的决定的。例如，全国人口普查的统计总体是全国人口，总体中的每个人都有具有中国国籍和居住在中国境内的共同性质。

(3) 变异性，即构成总体的各单位除了同质性一面还必须有差异性的一面，因为这种差异性正是统计研究的主要内容。如果总体单位不存在差异性，就根本不需要进行统计调查研究了。

以上三个基本性质，同质性是构成统计总体的前提；大量性是构成统计总体的基本条件；变异性是研究总体时的具体内容。三者必须同时具备，才能形成统计总体，也才能用各种统计方法来进行一系列的计算和研究。

统计总体根据其总体单位数是否有限，可分为有限总体和无限总体。有限总体是指总体中包含的总体单位数量是有限的。无限总体是指总体范围不能明确确定，总体单位数目无限，不能计算总体单位总数。在社会经济现象中，绝大多数是有限总体，如某市所有工业企业的职工，某企业全部的机器设备等。但也存在无限总体，如某一连续生产的流水作业线上的产品等。对于有限总体，可以对所有的总体单位进行一一调查，而对于无限总体则不可能做到这一点，因此只能调查总体中的某一部分对象。

此外，需要指出的是，统计总体和总体单位的范围不是固定不变的，它们随着研究目的不同而变动。因此，统计总体和总体单位的区分是相对的。例如，当研究某个地区工业企业的生产经营情况时，该地区所有工业企业便构成统计总体，每一个工业企业便是总体单位；但当研究该地区某一特定工业企业生产经营情况时，该企业就变成了总体，而该企业的每一个车间或每一个班组则成为总体单位。

（二）样本

样本就是从总体中抽取的部分单位所构成的集合，其中的每一个单位称为样本单位。例如，从某高校所有学生中随机抽取 200 人，从所有生产的产品中抽取 60 件，等等。在抽样推断中，总体又被称为母体，相应地，样本也被称为子样。抽取样本时应注意以下几个问题：

（1）样本单位必须抽自总体，这是因为抽取样本的目的为推断总体，所以，不允许以总体外部的单位作为该总体的样本。

（2）一个总体可以抽取许多样本，样本个数的多少与抽样方法有关。

（3）样本的抽取必须排除主观因素的影响，以确保样本的代表性与客观性。

二、标志与变量

（一）标志

标志是反映总体单位属性或特征的名称。总体单位是标志的承担者，标志是依附总体单位而存在的。每个总体单位有许多标志，每个标志是从某一特定方面来表明总体单位的特征的。如对某高等学校的全体学生这一个总体来讲，每个学生均是总体单位，均具有性别、年龄、身高等方面的特征，这些特征即标志。一个完整的标志，应该包括标志名称和标志表现两个部分。所谓标志表现，就是标志在各单位上的具体表现。如某职工性别为男，这里“性别”是标志名称，“男”是标志表现；又如某学生期中考试的统计学成绩为 84 分，“成绩”是标志名称，“84 分”是标志表现。

标志按性质可分为品质标志和数量标志。品质标志表明总体单位属性方面的特征，其具体表现即品质标志表现，不能用数字表示，只能用文字陈述，如职工的性别、爱好、工种、文化程度，设备的种类、用途等。数量标志是表明总体单位数量特征的，其具体表现即数量标志表现，能用数值表示，如职工的工龄、工资、年龄，设备的价值、使用年限等。

标志按可变性可分为不变标志和可变标志。如标志在总体各单位的具体表现都相同，即被称为不变标志；如果标志在总体各单位上的具体表现不一致，即被称为可变标志。例如要研究某校教师的工资收入情况，则该校所有教师便构成了总体，工资收入情况是研究内容；“职业”便是不变标志，是形成统计总体的前提，这就是总体的同质性。而在教师这个总体中，每个教师的工资收入是不完全相同的，“工资”这个标志在总体各单位上因教龄、职称等不同而不同，“工资”便是可变标志。

（二）变量和变量值

在社会经济统计中，通常将可变的数量标志和统计指标称为变量，它们的不同取值称为变量值。如工业企业总体中各个企业的职工人数称为变量，各个企业职工人数的具体数值称为变量值。按变量值的连续性，可把变量分为连续变量和离散变量两种。

连续变量的数值是连续不断的，任意两个数值之间可以插入无限多个数值。连续变量的取值既可以是整数，也可以是小数，其数值的取得要用测量或计算的方法，如人的身高、体重等。离散变量的数值都是以整数断开的，两个相邻数值之间不能插入任何数值。

离散变量的数值只能用计数的方法取得，如企业设备台数、设备种数、职工人数等。正确区分离散变量和连续变量在统计分组中确定组限时具有重要意义。

按变量的性质，可分为确定型变量和随机型变量。确定型变量对变量值的变动起决定性作用，致使该变量沿着一定方向呈上升或下降的变动。确定型变量是进行经济预测的前提。随机型变量是指受很多因素影响的变量，变量值大小没有一个确定的方向，带有偶然性。随机变量是进行抽样推断的前提。

三、统计指标与统计指标体系

（一）统计指标的概念及特征

统计指标是反映社会经济现象总体数量特征且通过统计实践活动可得到的具体数值的总称。例如，2000 年我国进出口总额实现 4 743 亿美元，比上年增长 31.5%；全年城镇居民人均可支配收入 6 280 元，比上年实际增长 6.7%；农村居民人均纯收入为 2 253 元，比上年实际增长 2.1%，这些都是统计指标。任何一个完整的统计指标都包括六个构成要素：指标名称、指标数值、计算方法、计量单位、时间范围和空间范围。同一统计指标可以有不同的指标数值，这是时间或空间范围变化所致。统计指标也可以仅仅理解为指标名称，即反映总体现象数量表现的概念，不包括具体数值，如人口数、工业增加值、国民收入等。这种理解或运用多见于统计理论和统计设计方案。

统计指标具有以下特征：

（1）数量性。凡是统计指标都一定可以用数值表示。任何统计指标都可以通过统计调查、整理、汇总，计算出具体指标数值。不能用数值量化的经济范畴，如生产关系、所有制形式等不能构成统计指标。

（2）综合性。统计指标是说明总体综合数量特征的。它是对具有同质性的总体大量单位进行总计，或是对数量标志的标志值进行综合。例如，某地区的工业企业构成统计总体，可以汇总得出全地区的工业企业个数、职工人数、总产值等指标。地区工业企业个数、职工人数反映了该地区工业生产的规模；地区工业总产值反映了该地区工业生产的水平。统计指标都是综合指标，它的形成经历了从个别到一般的过程。

（3）具体性。统计指标反映的是现象总体在一定时空条件下，具有一定实际内容的数量特征。它不是一个抽象的概念和数值，而是社会经济现象质与量的具体表现。

统计指标与标志有明显的区别：

①说明对象不同。指标是说明总体特征的概念，而标志是说明总体单位特征的概念。

②表现形式不同。标志的具体表现，根据标志的性质不同可以分为用文字表示的品质标志和用数字表示的数量标志；而指标只能用数字表示，不能用文字表示。

指标和标志之间还存在着密切的联系，主要也有两个方面：

①有许多统计指标的数值是由总体单位的数量标志值直接汇总得来的。如一个地区的工业总产值是由该地区所属的各个工业企业的总产值汇总得来的。

②总体和总体单位之间存在着转换关系，统计指标和数量标志之间也存在着转换

关系。

（二）统计指标的分类

（1）统计指标按其说明总体特征的性质不同，可分为数量指标和质量指标。

数量指标是表明现象总体的规模、水平或工作总量的指标，一般表现为绝对数。例如，工业企业增加值、固定资产总额、职工人数等。由于它们反映的是现象的总量，因此又称为总量指标。质量指标是表明总体内部的平均水平、内部构成、工作质量、速度、效率等方面的统计指标，一般用相对数或平均数形式表示。例如企业职工的平均工资、劳动生产率、产品合格率、资金利税率等都是质量指标。

（2）按统计指标的表现形式不同，可分为总量指标、相对指标和平均指标。这些指标的基本概念、计算方法、表达方式等，将在后面有关章节中具体阐述。

（3）按指标反映的时间状况不同，可分为静态指标和动态指标。

静态指标是反映现象在某一时间上数量特征的统计指标。如某企业的工业总产值、劳动生产率等，都是静态指标。动态指标是反映现象在不同时期的发展变动情况的统计指标。如某企业工业增加值的增长量、发展速度、增长速度等，都是动态指标。

（三）统计指标体系的概念和特点

一个指标只能表现社会经济现象某一总体特征或某一侧面的情况。要全面地、系统地反映社会经济现象总体各方面的数量特征，就要设计科学的指标体系。统计指标体系是一系列相互联系、相互制约的统计指标所组成的整体。只有统计指标体系才能从各个方面的相互关系中反映总体的全面情况。例如，要考核一个工业企业的生产经营情况，就要设置包括人、财、物和产、供、销等方面活动的一系列指标，这样才能认识生产经营活动的全貌，做出正确的评价。

因为统计指标体系是由一系列相互联系的统计指标组成的整体，所以统计指标体系具有成套性的特点，即不是单个指标简单组合，而是相互联系、相互制约的系列成套指标。统计指标体系还具有适用性的特点，即统计指标体系不脱离实际，而是合乎实际需要，与统计任务要求相适应。它并非繁多指标的随意结合，而是紧紧根据统计任务需要建立的。

本章小结

统计一词，在不同的场合，人们赋予它不同的含义。一般认为统计的含义有三种：一是统计工作；二是统计资料；三是统计学。统计的这三种不同含义之间是密切联系的。统计学是研究大量社会经济现象数量方面的一门方法论科学，它的研究对象是社会经济现象总体的数量方面，包括数量特征和数量关系。统计学作为一门方法论科学，其研究对象具有如下特点：数量性，总体性，具体性，社会性。统计的三项职能，即信息、咨询和监督职能。统计的三项职能是相互联系的。其中，信息职能是最基本的职能；咨询职能是统计信息职能的延续和深化，而发挥统计的监督功能是在信息、咨询职能基础上的进一步拓展。统计学研究对象的性质决定着统计学的研究方法，包括大量观察法、统计分组法、综合分析法；其他统计分析方法包括抽样推断法、动态分析法、指数分析法、相关与回归分析法。

根据统计任务的要求，由客观存在的、具有某种共同性质的许多个别事物构成的集合体称作统计总体，简称总体。构成总体的每一个个别事物称为总体单位。一个统计总体应该具备同质性、大量性、变异性三个基本性质。同质性是构成统计总体的前提；大量性是构成统计总体的基本条件；变异性是研究总体时的具体内容。三者只有同时具备，才能形成统计总体。统计总体根据其总体单位数是否有限，可分为有限总体和无限总体。统计总体和总体单位的范围不是固定不变的，它们随着研究目的不同而变动。因此，统计总体和总体单位的区分是相对的。

标志是反映总体单位属性或特征的名称。标志按性质不同可分为品质标志和数量标志。品质标志表明总体单位属性方面的特征，其具体表现即品质标志表现，不能用数字表示；数量标志是表明总体单位数量特征的，其具体表现即数量标志表现，能用数值表示。标志按可变性分为不变标志和可变标志。如果标志在总体各单位的具体表现都相同，即被称为不变标志；如果标志在总体各单位上的具体表现不一致，即被称为可变标志。在社会经济统计中，通常将可变的数量标志和统计指标称为变量，它们的不同取值称为变量值。按变量值的连续性可把变量分为连续变量和离散变量两种。连续变量的数值是连续不断的，任意两个数值之间可以插入无限多个数值。连续变量的取值既可以是整数，也可以是小数，其数值的取得要用测量或计算的方法。离散变量的数值都是以整数断开的，两个相邻数值之间不能插入任何数值。离散变量的数值只能用计数的方法取得。按变量的性质不同，其可分为确定型变量和随机型变量。

统计指标是反映社会经济现象总体数量特征且通过统计实践活动可得到的具体数值的总称。统计指标具有如下特征：数量性、综合性、具体性。

指标与标志有明显的区别：

(1) 说明对象不同。指标是说明总体特征的概念，而标志是说明总体单位特征的概念。

(2) 表现形式不同。标志的具体表现，根据标志的性质不同可以分为用文字表示的品质标志和用数字表示的数量标志；而指标只能用数字表示，没有用文字表示的指标。

指标和标志之间存在着密切的联系，主要有两个方面：

(1) 有许多统计指标的数值是由总体单位的数量标志值直接汇总得来的。

(2) 总体和总体单位之间存在着转换关系；统计指标和数量标志之间也存在着转换关系。

统计指标按其说明总体特征的性质不同，可分为数量指标和质量指标。按统计指标的表现形式不同，其可分为总量指标、相对指标和平均指标。按指标反映的时间状况不同，其可分为静态指标和动态指标。

技能训练题

一、单项选择题（在备选答案中，选择一个正确答案，将其序号写在括号内）

1. 社会经济统计的研究对象是（　　）。

A. 抽象的数量关系　　B. 社会经济现象的规律性

C. 社会经济现象的数量特征和数量关系　　D. 社会经济统计认识过程的规律和方法

2. 某城市工业企业未安装设备普查，总体单位是（　　）。

A. 工业企业全部未安装设备　　B. 工业企业每一台未安装设备
C. 每个工业企业的未安装设备　　D. 每一个工业企业

3. 标志是说明总体单位特征的名称，标志有数量标志和品质标志，因此（ ）。
A. 标志值有两大类：品质标志值和数量标志值
B. 品质标志才有标志值
C. 品质标志和数量标志都具有标志值
D. 数量标志才有标志值

4. “统计”一词的基本含义是（ ）。
A. 统计调查、统计整理、统计分析　　B. 统计设计、统计分组、统计计算
C. 统计方法、统计分析、统计预测　　D. 统计科学、统计工作、统计资料

5. 指标是说明总体特征的，标志是说明总体单位特征的，所以（ ）。
A. 标志和指标之间的关系是固定不变的　　B. 只有指标才可以用数值表示
C. 标志和指标之间的关系是可以变化的　　D. 标志和指标都是可以用数值表示的

6. 对某企业 500 名职工的工资状况进行调查，则总体是（ ）。
A. 500 名职工　　B. 每一个职工的工资
C. 每一个职工　　D. 500 名职工的工资总额

7. 对某地区 10 家生产相同产品的企业的产品进行质量检查，则总体单位是（ ）。
A. 每一个企业　　B. 每一件产品
C. 所有 10 家企业的每一件产品　　D. 每一个企业的产品

8. 某班学生数学考试成绩有 65 分、71 分、80 分、87 分，这四个数字是（ ）。
A. 指标　　B. 标志　　C. 变量　　D. 标志值

9. 一个统计总体（ ）。
A. 只能有一个标志　　B. 只能有一个指标
C. 可有多个标志　　D. 可有多个指标

10. 商业企业的职工人数和商品销售额是（ ）。
A. 连续变量　　B. 离散变量
C. 前者是连续变量后者是离散变量　　D. 前者是离散变量后者是连续变量

11. 标志是（ ）。
A. 说明总体数量特征的名称　　B. 都可用数量表现的特征的名称
C. 说明总体单位特征的名称　　D. 不能用数量表现的特征的名称

12. 某地区全部商业企业作为总体，每个商业企业为总体单位，则该地区全部商品销售额是（ ）。
A. 数量标志　　B. 品质标志　　C. 数量指标　　D. 质量指标

13. 考生统计学原理的考试成绩分别为 60 分、68 分、75 分、82 分、90 分，这五个数是（ ）。
A. 指标　　B. 标志　　C. 变量　　D. 标志值

14. 统计总体的基本特征：（ ）。
A. 只适用于有限总体
B. 只适用于无限总体

C. 既适用于有限总体，又适用于无限总体

D. 既不适用于无限总体，又不适用有限总体

15. 对 100 个学生的学习情况进行调查，属于指标的有（　　）。

A. 性别女，年龄 20 岁　　B. 年龄 20 岁，人数 100 人

C. 平均年龄 20 岁，平均成绩 80 分　　D. 成绩 80 分，年龄 20 岁

16. 产品合格率、废品量、工人劳动生产率、利税总额四个指标中属于质量指标的有（　　）。

A. 1 个　　B. 2 个　　C. 3 个　　D. 4 个

17. 调查某市国有工业企业的生产情况，下列调查项目属于不变标志的是（　　）。

A. 企业所有制形式　　B. 产品产量

C. 职工人数　　D. 生产用固定资产总额

18. 总体和总体单位不是固定不变的，因研究目的的改变（　　）。

A. 总体单位有可能变换为总体，总体也可能变换为总体单位

B. 总体只能变换为总体单位，总体单位不能变换为总体

C. 总体单位只能变换为总体，总体不能变换为总体单位

D. 任何条件下，总体和总体单位都可以互换

19. 某教学班 60 名学生统计学原理的考试平均成绩为 80 分，它是（　　）。

A. 质量指标　　B. 数量指标　　C. 品质标志　　D. 数量标志

20. 统计总体的基本特征表现为（　　）。

A. 综合性、具体性、数量性　　B. 合质性、客观性、大量性

C. 客观性、科学性、大量性　　D. 同质性、大量性、差异性

21. 统计指标按其说明的总体现象的内容不同，可以分为（　　）。

A. 基本指标和派生指标

B. 数量指标和质量指标

C. 实物指标和价值指标

D. 绝对数指标、相对数指标和平均数指标

22. 下列属于品质标志的是（　　）。

A. 工人年龄　　B. 工人性别　　C. 工人体重　　D. 工人工资

23. 标志是说明（　　）。

A. 总体单位的特征名称　　B. 总体单位量的特征名称

C. 总体质的特征名称　　D. 总体量的特征名称

24. 下面属于连续变量的是（　　）。

A. 职工人数　　B. 机器台数　　C. 工业总产值　　D. 车间数

25. 人均收入、人口密度、平均寿命、人口净增数，这四个指标中属于质量指标的有（　　）。

A. 1 个　　B. 2 个　　C. 3 个　　D. 4 个

26. 从认识的顺序上来讲，一项完整的统计工作可分为四个阶段，即（　　）。

A. 统计调查、统计整理、统计设计和统计分析

B. 统计设计、统计调查、统计整理和统计分析

C. 统计调查、统计设计、统计整理和统计分析
D. 统计设计、统计整理、统计调查和统计分析
27. 以下岗职工为总体，观察下岗职工的性别构成，此时的标志是（　　）。
A. 男性职工人数　　B. 女性职工人数
C. 下岗职工的性别　　D. 性别构成
28. 下面属于品质标志的是（　　）。
A. 学生年龄　　B. 学生性别
C. 学生身高　　D. 学生成绩
29. 标志（　　）。
A. 是说明总体特征的名称　　B. 是说明总体单位特征的名称
C. 都能用数值表示　　D. 不能用数值表示
30. 统计学上变量是指（　　）。
A. 品质标志　　B. 数量标志　　C. 统计指标　　D. B 和 C
31. 下面属于连续变量的是（　　）。
A. 工厂数　　B. 职工人数　　C. 工资总额　　D. 产品数
32. 属于数量指标的是（　　）。
A. 粮食总产量　　B. 粮食平均亩产量
C. 人均粮食生产量　　D. 人均粮食消费量
33. 属于质量指标的是（　　）。
A. 货物周转量　　B. 劳动生产率　　C. 年末人口数　　D. 工业增加值
34. 质量指标（　　）。
A. 不能用数值来反映　　B. 反映事物的本质联系
C. 必须用数值来反映　　D. 有时能够用数量指标来反映
35. 表述正确的是（　　）。
A. 一个统计总体只能计算一个数量指标
B. 一个统计总体只能计算一个质量指标
C. 一个统计总体只能用一个标志进行分组
D. 一个统计总体可以从一个方面计算多个统计指标
36. 下列表述不正确的是（　　）。
A. 国内生产总值是一个连续变量
B. 全国普通高等学校在校学生数是一个离散变量
C. 总体和总体单位的关系总是固定不变的
D. 职工平均工资是质量指标
37. 指出下列错误的命题（　　）。
A. 统计指标都可以表示为具体的量
B. 统计标志都可以表示为具体的量
C. 质量指标反映的是现象之间的数量关系
D. 数量指标反映的是总体现象量的规模

二、多项选择题（在备选答案中，选择两个或两个以上正确答案，将其序号写在括号内）

1. 要了解某地区全部成年人口的就业情况，则（　　）。
A. 全部成年人是研究的总体
B. 成年人口总数是统计指标
C. 成年人口就业率是统计标志
D. “职业”是每个人的特征，“职业”是数量指标
E. 某人职业是“教师”，这里的“教师”是标志表现

2. 国家统计系统的功能或统计的职能是（　　）。
A. 信息职能　B. 咨询职能　C. 监督职能　D. 决策职能
E. 协调职能

3. 下列统计指标中，属于质量指标的有（　　）。
A. 工资总额　B. 单位产品成本　C. 出勤人数　D. 人口密度
E. 合格品率

4. 统计指标包括（　　）。
A. 指标名称　B. 计算方法　C. 指标范围　D. 指标数值
E. 计算单位

5. 下列哪些变量是离散型变量（　　）。
A. 身高　B. 年龄　C. 人数　D. 设备数
E. 设备使用年限

6. 统计指标是（　　）。
A. 说明总体单位特征的
B. 说明总体数量特征的
C. 根据总体各单位标志值计算而形成的
D. 说明总体单位的数量特征的
E. 既可说明总体特征，又可说明总体单位特征的

7. 下面属于质量指标的有（　　）。
A. 劳动生产率　B. 商品库存额　C. 合格品数量　D. 成本利润率
E. 单位产品工时消耗量

8. 国有职工的工资总额是（　　）。
A. 数量指标　B. 总量指标　C. 平均指标　D. 相对指标
E. 绝对指标

9. 属于连续型变量的有（　　）。
A. 粮食产量　B. 耕地面积　C. 拖拉机台数　D. 良种用种量
E. 农业劳动力

10. 试判别下列选项中哪些属于品质标志分组。（　　）
A. 按性别分组　B. 按年龄分组　C. 按地区分组　D. 按工资分组
E. 按工龄分组

11. 品质标志表示质的特征，数量标志表示事物量的特征，所以（　　）。
A. 数量标志可以用数值表示　B. 品质标志可以用数值表示

C. 数量标志不可以用数值表示　　D. 品质标志不可以用数值表示
E. 两者都可以用数值表示

12. 离散变量的数值（　　）。
A. 是连续不断的　　B. 是以整数断开的
C. 相邻两值之间不可能有小数　　D. 要用测量或计算的方法取得
E. 只能用计数方法取得

13. 连续变量的数值（　　）。
A. 是连续不断的　　B. 是以整数断开的
C. 相邻两值之间不可能有小数　　D. 要用测量或计算的方法取得
E. 只能用计数方法取得

14. 人口普查中（　　）。
A. 全国人口数是指标　　B. 每省、市、自治区人口数是变量
C. 每一户是总体单位　　D. 每一个人是总体单位
E. 全国文盲率是质量指标

15. 下列标志属品质标志的是（　　）。
A. 年龄　　B. 教师职称　　C. 产品等级　　D. 地址
E. 文化程度

16. 下列指标属质量指标的是（　　）。
A. 人口性别比率　　B. 商品平均价格
C. 城市人均绿地拥有面积　　D. 优等品产量
E. 单位产品成本

17. 指标与标志之间存在转换关系，是指（　　）。
A. 在同一研究目的下　　B. 指标有可能成为标志
C. 标志有可能成为指标　　D. 在任何情况下，两者可相互对调指标
E. 在不同研究目的下，指标和标志可相互对调

18. 下列标志是数量标志的有（　　）。
A. 性别　　B. 工种　　C. 工资
D. 民族　　E. 年龄

19. 下列属于连续变量的有（　　）。
A. 厂房面积　　B. 职工人数　　C. 原材料消耗量
D. 设备数量　　E. 产值

20. 下列属于统计指标的有（　　）。
A. 全国 2011 年 GDP　　B. 某台机床使用年限
C. 全市年供水量　　D. 某地区原煤生产量
E. 某学员平均成绩

21. 统计指标的特点有（　　）。
A. 数量性　　B. 社会性　　C. 总体性
D. 综合性　　E. 具体性

22. 变量按其是否连续可分为（　　）。

A. 确定性变量　　B. 随机性变量　　C. 连续变量
D. 离散变量　　E. 常数

23. 品质标志表示事物的质的特征，数量标志表示事物的量的特征，所以（　　）。
A. 数量标志可以用数值表示　　B. 品质标志可以用数值表示
C. 数量标志不可以用数值表示　　D. 品质标志不可以用数值表示
E. 两者都可以用数值表示

24. 某企业是总体单位，数量标志有（　　）。
A. 所有制　　B. 职工人数　　C. 月平均工资
D. 年工资总额　　E. 产品合格率

25. 统计指标的构成要素有（　　）。
A. 指标名称　　B. 计量单位　　C. 计算方法
D. 时间限制和空间限制　　E. 指标数值

26. 下列按数量标志分组的有（　　）。
A. 教师按职称分组　　B. 学生按所学专业分组
C. 职工按工资分组　　D. 人口按民族分组
E. 商业企业按销售额分组

27. 总体和总体单位不是固定不变的，随着研究目的的不同（　　）。
A. 总体可以转化为总体单位　　B. 总体单位可以转化为总体
C. 只能是总体转化为总体单位　　D. 只能是总体单位转化为总体
E. 总体和总体单位可以相互转化

28. 品质标志表示质的特征，数量标志表示事物量的特征，所以（　　）。
A. 数量标志可以用数值表示　　B. 品质标志可以用数值表示
C. 数量标志不可以用数值表示　　D. 品质标志不可以用数值表示
E. 两者都可以用数值表示

29. 下列指标中属于数量指标的有（　　）。
A. 钢铁产量　　B. 职工人数　　C. 出生人数　　D. 设备台数
E. 在校学生数

三、填空题

1. 统计研究的基本方法是（　　）、（　　）、综合分析法和其他统计分析方法。

2. 当研究某市居民户的生活水平时，该市全部居民户便构成（　　），每一居民是（　　）。

3. 标志是说明总体单位的名称，有（　　）和（　　）两种。

4. 要了解一个企业的产品生产情况，总体是（　　），总体单位是（　　）。

5. 工人的年龄、工厂设备的价值属于（　　）标志，而工人的性别、设备的种类是（　　）标志。

6. 统计的三个含义是（　　）、（　　）和（　　）。

7. 一项完整的统计指标应该由（　　）、时间、地点、（　　）和数值单位等内容构成。

8. 统计总体的各个单位必须具有某一个共同的特征和性质，称为（　　）。

9. 指标和标志的区别是：指标是说明（　　　）特征的，而标志是说明（　　　）特征的。标志有能用数值表示的（　　　）和不能用数值表示的（　　　）两种，而指标不论是（　　　）还是（　　　），都是用数值表示的。

10. 统计总体的特点是（　　　）、（　　　）、（　　　）。

11. 统计活动过程通常被划分为统计设计、（　　　）、（　　　）、统计分析四个阶段。

12. 统计指标按其反映现象的性质不同可分为（　　　）和（　　　）。

13. 若干互有联系的统计指标组成的有机整体称为（　　　）。

14. 数量指标数值是用（　　　）形式表现；质量指标数值是用（　　　）和（　　　）形式表示的。

15. 数量指标数值随（　　　）的大小而增减，而质量指标数值则不随（　　　）大小而变化。

四、判断题（把正确的符号"√"或错误的符号"×"填写在题前的括号内）

1.（　　）社会经济统计的研究对象是社会经济现象总体的各个方面。

2.（　　）在全国工业普查中，全国企业数是统计总体，每个工业企业是总体单位。

3.（　　）总体单位是标志的承担者，标志是依附于单位的。

4.（　　）数量指标是由数量标志汇总来的，质量指标是由品质标志汇总来的。

5.（　　）标志是说明总体特征的，指标是说明总体单位特征的。

6.（　　）统计指标和数量标志都可以用数值表示，所以它们的性质完全一样。

7.（　　）统计研究客观事物现象，着眼于个体的数量特征，而不是研究整体事物的数量特征。

8.（　　）统计指标有的用文字表示，称作质量指标；有的用数量表示，称作数量指标。

9.（　　）任何一个统计指标，都应该是对客观现象在一定时间、地点条件下的数量反映。

10.（　　）总体和总体单位的确定是绝对的、一成不变的。

11.（　　）统计指标和数量标志都可以用数值表示，所以两者反映的内容是相同的。

12.（　　）数量指标的表现形式是相对数和平均数，质量指标的表现形式是绝对数。

13.（　　）因为统计指标都是用数值表示的，所以数量标志就是统计指标。

14.（　　）统计分组法在整个统计活动过程中占有重要地位。

15.（　　）所谓大量观察法，就是对总体中的所有个体进行调查。

16.（　　）劳动生产率是数量指标。

17.（　　）统计研究客观事物现象的过程，是由个别到一般，由个体认识到总体认识。

五、简答题

1. 统计一词有几种含义？它们之间是什么关系？

2. 统计学的研究对象是什么？它有哪些特点？

3. 统计学的理论研究方法有哪些？

4. 举例说明什么是统计总体和总体单位。

5. 什么是统计指标体系？设计统计指标体系的基本原则有哪些？

6. 什么是统计指标？（举例说明）什么是数量指标和质量指标？
7. 举例说明什么是离散变量和连续变量。
8. 举例说明什么是变量和变量值。
9. 品质标志与数量标志有什么区别与联系？
10. 举例说明什么是数量指标和质量指标，它们各有什么特点？
11. 统计指标和标志有何区别和联系？

第二章

统计资料的搜集与整理

学习目标

- 了解统计数据的两种来源
- 了解统计数据的各种收集方法
- 掌握普查、抽样调查、重点调查、典型调查四种调查组织方式的特点及应用场合
- 掌握统计调查方案的设计内容
- 理解统计调查问卷设计的结构、内容和原则
- 掌握变量数列的编制方法
- 理解统计调查的种类
- 理解问卷设计的技巧
- 掌握统计表的种类
- 理解统计分组的意义，正确掌握统计分组方法
- 重点掌握数值型数据的分组步骤和原则
- 掌握统计表的构成和编制原则
- 了解统计图的意义，掌握常用统计图的绘制方法

案例导入

始创于1837年的宝洁公司，是世界上最大的日用消费品公司之一。在《财富》杂志2011年新评选出的全球500强企业中名列第80位。宝洁公司全球雇员近10万人，在全球80多个国家设有工厂及分公司，所经营的300多个品牌的产品畅销160多个国家和地区，其中包括织物及家居护理、美容美发、婴儿及家庭护理、健康护理、食品及饮料等。

宝洁公司早在1925年便成立了市场调查部门，投入大量的人力、物力资源来获取有关消费者需求的资料。宝洁公司市场调查部门是独立于其他业务部门的专门机构，一直以来都极为重视市场调研的量化取向，并且拥有实力雄厚的广告媒体，常常为了更快取得更精确的资料，不惜投入大量的时间和金钱。宝洁公司的市场调查部门极具特色，甚至可以说富有传奇色彩。

首先，重视组织成员的选择和任用。宝洁公司的市场调查部门早在1934年就已有34名市场调查员。这些工作人员所进行的市场调研工作，均基于实地的现场问卷调查。市场调查部经理史梅塞在20世纪20年代末期即开始储备市场调查人才，这些市场调查人才清一色是具有大专学历的年轻女性，她们首先被送往辛辛那提受训4个月，然后才被分派工作；随后，她们以小组为单位，搭乘火车或汽车展开挨家挨户的市场调查实务工作（男性则多两年实习时间）。该部门的管理者曾解释说："我们招训大专毕业女性，因为她们深思熟虑，足堪大任，且能够单独旅行。当然机智也是考虑条件之一。"宝洁公司的市场调查部要求其市场调查员能够熟记所有的指示问题和答案，对被调查者进行访谈时不使用任何笔记本、笔和调查问卷，因为这些东西都有碍自然的沟通对话和公开坦诚的态度。访谈结束后，市场调查员便立刻躲进汽车，记下顾客的反应，如此便完成一次访问。到了20世纪60年代中期，由于挨家挨户拜访的成本越来越高，宝洁便配备了一套长途电话系统，市场调查部门也开始削减市场调查员的数量并对进行电话访问的年轻女性进行培训，以降低成本。

其次，宝洁公司的市场调查部门遍布全球。1961年，宝洁公司完成了在26个国家招聘市场调查人员的工作。这个过程中有一个最让人津津乐道的故事，是关于宝洁公司杰出的市场调查人员柯普如何在20世纪50年代在委内瑞拉首都拉加拉斯指挥一个挨家挨户的收音机听众调查的。这个构想试图以最快的速度，沿街观察每一户人家收听的电台。在这次调查中，宝洁是如何只用15分钟的时间有效观察了这么多户人家？据了解，它雇用了一些斗牛士，这些人有足够的速度和体力，能在预定的时间内跑遍整条街道。有趣的是，这个方法居然奏效了。经由这个方式，宝洁公司的市场调查部门能够比电台本身还了解听众群的规模，并以此研究结果向电台讨价还价，以购得最佳的广告时段。而这种从广告媒体及听众方面着手的工作方针，使宝洁的市场调查部门在制定媒体策略时扮演了举足轻重的角色。

最后，宝洁公司的市场调查部门非常严谨，能够高效地整理整合各种庞大的数据资料，供决策层参考。进行市场调查的消费者研究小组是依各事业部门而分工的，包括食品、个人卫生用品、家居护理用品、饮料等。小组成员的大部分工作，在于协助品牌经理执行消费者偏好研究调查。大部分使用单一来源的市场测试工具（例如行为扫描）的公司，都只能从供应商那里取得总结报告，但宝洁公司却把整个资料库拿回来分析，以此教育和培训员工。

正是有了如此严谨、高效、富于特色的市场调查部门，才成就了今天的"宝洁帝国"。

资料来源：国庆，先国．宝洁公司的市场调查与广告［J］．中国商人，2002，(2)．

思考

通过上面的例子我们看到，正是因为市场调查在宝洁公司被高度重视，才成就了今天的"宝洁帝国"。那么什么是统计调查？怎样调查？在对社会经济现象进行调查时经常采用哪些方法？面对收集上来的杂乱资料怎样进行统计整理？对整理的资料又以怎样的形式表现出来？

第一节　统计资料的搜集

统计资料是利用统计方法进行分析的基础，离开了统计资料，统计方法就成了"无米之炊"。但统计资料并不是以一定的形式固定存在的，而是需要利用各种科学方法从客观实际中收集。由于获得统计资料是进行统计显示与统计分析的基础，因此如何收集统计资料就成为统计学要研究的首要内容。

一、统计资料的搜集原则

在一定时限内，资料的准确程度、资料的数量与相应的统计费用直接相关，我们的目的是用有限的时间和费用获得尽量多而且准确的资料。因此，搜集资料一般需要迎循以下原则：

（1）涉及范围要适当。资料太少不足以反映情况，资料太多又需要花费大量的时间和费用。

（2）事先进行规划，提高搜集资料的效率。哪一类资料从什么渠道获得由谁去搜集等问题，都需要在事先进行较周密的规划与布置，因为有组织的活动一般都能提高工作效率。这一工作应该由专业人员和统计人员协同配合，因为专业人员对统计方法不够熟悉，而统计人员又对专业情况了解不足。

（3）注意版权问题。所有统计数据都是辛苦劳动的成果，在使用统计资料时都应注明版权人，明确著作者的责任。在获取各种统计信息时，除了作为社会公共产品的政府统计数据之外，还应充分尊重统计信息的生产过程，建立有偿使用意识，从而促进全社会统计、信息、咨询等事业的良性发展。

二、统计资料的搜集

获得统计资料有多种渠道和方法，从获得资料的途径不同，其可以分为原始资料和次级资料。所谓原始资料，是实际发生的、尚未经过整理的资料，一般是通过直接调查或试验所取得的第一手统计资料。次级资料是经过加工整理的资料，通常来源于已经经过统计调查或试验取得并已经过加工整理的统计资料，也可能是其他活动的记录资料，属于第二手资料。

（一）次级资料的搜集

对大多数人而言，所需要使用的统计资料大多是通过间接渠道搜集而得的，主要有两种情况。

（1）来源于公开出版的数据。这是获得次级资料的主要渠道。在我国公开出版或报道的统计资料主要来自政府统计部门或一些研究机构所组织的统计调查，出版物种类多、数量大，如年鉴、报纸、期刊、书籍、网站等。

（2）来源于内部的数据。当需要了解本机构内部的一些信息时，可借助日常工作中所形成的基础资料，如会计资料、业务资料，进行进一步的加工整理，使之反映某些现象总体的数量特征。

（二）原始资料的搜集

某些情况下，需要使用的数据并不能在各种已有资料中取得，这时需要进行专门的调查，一般的调查方法有以下几种：

（1）直接观察法，即由调查人员亲自到现场，对调查对象进行观察、计量以取得资料的一种方法。例如期末进行仓库库存商品的清查，调查人员要亲自盘点、计数，以获得准确数据。这种调查方法的优点是能够保证资料的准确性，但需要耗费较多的人力和时间，而且有些社会经济现象不可能或者不必要采用直接观察法，如历史资料的搜集、家庭收支情况的调查。

(2) 报告法，是基层单位根据上级的要求，以各种原始记录和统计资料为基础搜集各种资料，逐级上报给有关部门的一种资料搜集方法。我国现行的统计报表制度即采用此法。报告法比较省时省力，但基层单位的原始记录和有关核算资料要健全，否则会影响数据质量。

(3) 访问调查法，即由调查活动的组织者派调查人员对被调查者（单位或个人）围绕既定的目的和内容进行访问，以获取所需数字资料。这种调查有利于获得详细而深入的信息，准确程度也比较高，但调查费用比较大，调查时间长，对调查人员的素质要求较高。

(4) 采访法，是调查人员根据被调查者的回答来搜集统计资料的一种方法。调查人员对被调查者逐一采访，向他们提出所要了解的问题，借以搜集资料。也可由调查人员以座谈会的形式召集人员，了解情况。采访法由于可以使调查者和被调查者直接接触，逐项询问情况，所以能够对实际了解得比较深入，可以在一定程度上保证调查资料的准确性。但这种方法需要较多的时间和调查人员，因此不宜于进行全面调查。

(5) 登记法，是由有关组织机构发出公告，规定当事人根据公告规定内容，到指定单位和机构进行登记，填写所需登记的材料。如人口出生和死亡的统计、流动人口的登记管理就属于这种方法。

(6) 卫星遥感法，是利用卫星的高度分辨辐射来分辨地球表面的一些气候、生态等信息，据以了解大气、农作物及其他一些生态环境信息的一种方法。

统计调查中搜集资料的方法并不局限于上述几种，可依据调查目的和调查对象的具体特点，选择合适的搜集资料方法，如利用互联网进行调查等。

第二节　统计调查

一、统计调查的概念和种类

（一）统计调查的概念

统计调查即统计数据的搜集，是根据统计任务的要求，运用科学的调查方法，有计划、有组织地向社会搜集统计数据的过程。统计调查是统计工作的基础环节，是计算统计指标、进行数据分析和统计预测等一系列统计活动的基础，是决定整个统计工作质量好坏的重要环节。

（二）统计调查的种类

统计调查对象千差万别，统计研究任务多种多样。因此，在组织统计调查时，应根据不同的调查对象和调查目的，灵活采用不同的调查方法。根据不同的情况，统计调查可分为不同的种类。

1. 按调查对象包括的范围不同，统计调查分为全面调查和非全面调查

全面调查是指对调查对象的全部单位，无一例外地进行调查登记的一种统计调查方法，调查范围全面，把所有的调查单位都包括在内，调查结果准确、全面，但因为调查范围大、调查单位多，所以要耗费较多的人力、物力、财力，例如，普查、全面统计报表都是全面调查。

非全面调查，就是只对调查对象中的部分单位进行调查登记的一种统计调查方法，如重点调查、典型调查、抽样调查及非全面统计报表。这种调查方法虽然不能直接获得全面资料，但由于调查单位较少，所以可以节省较多的人力、财力、物力，可以比较深入地了解被调查单位的基本情况。

2. 按调查登记的时间是否有连续性，统计调查可分为经常性调查和一次性调查

经常性调查是指随着研究对象的变化，连续不断地进行登记。例如，人口的出生和死亡、产品的产量、原材料的消耗量、贷款累计发放额等，都要在某一时期内连续登记。所以，连续性调查的资料是说明现象的发展过程，表明现象在一段时期的数量。

一次性调查是指间隔一段相当长的时间进行的调查登记。例如，人口数、生产设备拥有量、固定资产原值等现象，在短期内变化不大，不必进行连续性登记，通常间隔一段时间才进行一次。

3. 按组织方式不同，统计调查可分为统计报表和专门调查

统计报表，是指按一定的表式和要求，自上而下统一布置，自下而上逐级汇总、上报统计资料的一种统计调查方法。统计报表因大多数是以定期统计报表的形式存在的，如国民生产总值统计报表、工业综合统计报表等，已经形成一种制度，被称为统计报表制度。

专门调查，是为了了解某些情况或研究某些特殊问题而专门组织的调查。这种调查多属于一次性调查，如普查、重点调查、抽样调查和典型调查。

二、统计调查方案

无论采用什么调查方法搜集统计数据，都要事先根据需要与可能，对被研究现象进行定性分析之后设计出调查方案，以便使统计调查工作有组织、有计划地进行。一份完整的统计调查方案，应包括以下基本内容：

（一）确定调查目的

统计调查总是围绕着一定的调查目的进行的，因此，制定调查方案的首要问题是明确调查的目的。所谓调查目的，就是指为什么要进行调查，调查要解决什么问题。调查目的是统计调查中的一个基本问题。只有有了明确的目的，才能做到有的放矢，正确确定调查的内容和方法，才能根据调查的目的搜集与之相关的资料。这样，可以做到节省人力、物力，缩短调查时间，提高调查资料的有效性。因此，要制定调查方案，首先要明确调查目的，明确进行调查要解决的问题。

（二）确定调查对象和调查单位

调查对象，就是在某项调查中需要进行调查研究的现象总体，是由性质相同的许多个别单位组成的一个整体。所谓调查单位，是指所要调查的具体单位，是进行调查登记标志的承担者。例如，调查国有企业的国有资产分布状况，那么，所有的国有企业就是调查对象，而具体的每一个国有企业就是调查单位。明确调查单位，还必须明确它与报告单位的关系。报告单位又称填报单位，是负责向上报告调查内容、提交统计资料的单位。报告单位一般是在行政上、经济上具有一定独立性的单位，而调查单位可以是个人、企事业单位，也可以是物体。根据不同的调查目的，调查单位和报告单位有时一致，有时不一致。例如，进行工业企业普查，每个工业企业既是调查单位又是报告单位；进行工业企业设备使用情况调查，每一台设备是调查单位，而报告单位则是每一个工业企业。

（三）确定调查项目，设计调查表式

（1）确定调查项目。调查项目就是调查中要登记的调查单位的特征，完全是由调查对象的性质、调查目的和任务决定的。它是调查单位所承担的基本标志。调查项目的设计科学与否，直接关系到调查资料的数量和质量。进行调查项目的选择时，应根据调查目的和调查对象的特点，遵循“少而精”的原则科学选择。

（2）设计调查表式。调查表是把所要调查的标志按照一定的结构和顺序排列成的一个表格。将各个调查项目按照一定的顺序排列到事先设计好的表格内，能够有条理地填写需要搜集的资料，还便于调查后对资料进行汇总整理。调查表分为单一表和一览表两种形式。单一表是在一份调查表中只登记一个调查单位的内容，因此可容纳较多的标志，便于分类整理，一般适用于调查项目较多的场合，如职工卡片。一览表是在一张表中登记若干单位的调查项目，因把许多调查单位填写在一张表上，所以适用于调查项目通常较少的调查。例如人口普查表就是一览表。

（四）确定调查的时间和调查期限

调查时间是指调查资料所属的时间。从资料的性质来看，如果调查的是时期现象，就要明确规定反映的调查对象是从何年何月何日起到何年何月何日止的资料，例如，第三次全国工业企业普查，对于产量、产值、销售量、工资总额、利税总额等资料，均为1995年1月1日到12月31日的数据。如果说所要调查的是时点现象，就要明确规定统一的标准时点，例如，我国第五次人口普查的标准时间为2000年11月1日零时。调查期限即整个调查工作的起止时限，包括搜集资料和报送资料的整个工作所需要的时间。例如，我国第四次人口普查规定1990年7月1日至1990年7月10日登记完毕，则调查期限为7月1日至7月10日共10天。调查空间是指调查单位在什么地方接受调查，如人口普查要具体确定常住人口、现有人口等。调查方法包括调查的组织形式和搜集资料的具体方法，要根据具体情况进行正确的选择。

（五）明确调查细节

为了安排严密、细致的调查组织工作，使统计调查工作顺利进行，还必须制订调查的组织实施计划。其主要包括：调查工作的组织领导和调查人员的组织，调查的方式方法，调查前的宣传教育、人员培训等准备工作，调查资料的报送办法，调查经费的预算和开支办法，提供或公布调查时间等。对于规模较大或缺少经验的调查需要进行试点调查时，还应明确试点调查的细节，以便取得经验，完善调查方案。

三、问卷设计

问卷调查又称民意调查，是以社会成员对一定社会经济现象的看法和意愿为对象，从而推断社会心态动向的一种调查。

（一）问卷调查的类型

按问卷的结构有无，其可分为无结构型问卷和结构型问卷两种。

1. 无结构型问卷

无结构型问卷是指调查表上没有拟定可选择的答案，所提出的问题由被调查者自由回答而不加任何限制。例如，你对住宅商品化有何看法？你对目前我国市场上出售的保健品有何

看法？这种问卷形式的优点是：可以搜集到广泛的资料，从中得到启示；便于被调查者自由地发表意见。其缺点是：资料难以量化，无法做深入的统计分析；回答提问需较高的文化水平，因而调查对象的选择受到一定限制。

2. 结构型问卷

结构型问卷是对调查表中所提出的问题都设计了各种可能的答案，被调查者只要选定一个或几个答案。

这种问卷形式可在短时间内完成大量的采访，而且便于被调查者回答，也便于资料的整理及进行统计分析，故在实际调查中应用较广。结构型问卷提问的答案类型有以下几种：

（1）定类类型：对于有确定答案的定类问题，实践中最常用的方式是把各个回答类型放在问题下面，并留出空格供被调查者勾出选择。

（2）定距类型：对于连续型变量，如收入、年龄等，考虑设置若干间距，重点考虑有关变量大致处于怎样的水平。例如，年收入处于哪一档，年龄属于哪一组。例如，年收入处于哪一档，年龄属于哪一组。例如，您的月收入是：500 元以下（　　），500 ~ 1 000 元（　　），1 000 ~ 1 500 元（　　）2 000 元以上（　　）。

（3）定比类型：对于连续型变量采用比率式提问，就构成了定比类型的封闭型问卷。

（二）设计问卷调查表的技巧

（1）问卷上所列问题都是必要的，可要可不要的问题不要列入。

（2）所问问题力求避免被调查者不了解或难以答复。回答问题所用时间最多不超过半小时。

（3）问卷上所拟答案要有穷尽性，避免重复和相互交叉。问卷上拟定的答案要编号。

（4）注意询问语句的措辞和语气，一般应注意以下几点：

①问题要提得清楚、明确、具体。

②要明确问题的界限与范围，问题的字义（词义）要清楚，否则容易误解，影响调查结果。

③避免用引导性问题或带有暗示性的问题。

（5）对属于年龄、收入等私人生活问题最好采用间接提问的方法，不要直接询问“您今年多大年纪?”而是在给出范围如 21 ~30 岁、31 ~40 岁中选择。

（6）注意问题排列顺序，首先在问卷上应有说明词，说明询问人代表的单位，调查目的或意图、问卷的填写方法以及谢谢合作等内容，也可注明赠品等。

四、统计调查误差及其控制

（一）统计调查误差的类型

统计调查资料是统计调查工作成果的反映。准确、可靠的统计调查资料，是统计分析、统计研究可靠性和准确性的基础，也是整个统计工作质量的基础。为了取得准确的统计调查资料，必须采取各种措施，防止可能发生的各种调查误差，把误差缩小到最低限度。

统计调查误差，是指调查所得的统计数字与调查对象总体实际数字的差别。如对某城区进行人口普查，得到人口数为 425 689 人，实际该区人口为 426 109 人，则统计调查误差为 420 人。

统计调查误差分为登记误差和代表性误差。登记误差是由于调查过程中各个环节工作的不准确而产生的误差。产生登记误差的主要原因有计量错误、记录错误、计算错误、抄录错误、汇总错误、调查者虚报瞒报以及调查方案规定不明确等。在全面调查和非全面调查中都会产生登记误差。代表性误差是指用部分总体单位的指标去估计总体指标时，估计结果同总体实际指标之间的差别。只有在非全面调查中才会产生代表性误差。

（二）统计调查误差的控制

（1）加强对统计人员的培训，使统计人员能准确理解调查方案的内容，准确把握填表要求和指标口径范围。

（2）做好统计基础工作，包括建立相应的统计机构，配备必要的人员，建立健全计量工作、原始记录、统计台账等制度，保证统计资料的来源可靠、准确。

（3）加强对统计调查过程中数据填报质量的检查，严格执行统计法，纠正统计数据上的不正之风。

（4）抽样调查中，要严格遵守统计学基础及原则，科学设置抽样框，通过调整样本容量、改进调查组织形式、采用合理的调查方法等，达到控制代表性误差的目的。

第三节　统计数据的整理

一、统计整理的概念

统计资料整理是统计工作的第二个阶段，是根据统计研究任务的要求，把统计调查所搜集得来的大量原始资料进行科学的分类和汇总，使之系统化、条理化、科学化，从而得出能够反映事物总体特征的资料，为统计分析做好准备的工作过程。

统计调查所搜集的大量资料是分散的、不系统的，甚至可能会存在错误，这些资料只能说明总体单位的具体情况，不能反映事物的总体特征和全貌。这些资料必须经过科学的方法进行加工处理，使之系统化、条理化，由“个别”上升到“一般”，既便于存储，又由反映总体单位特征的资料过渡到反映总体综合特征的资料，为统计分析打下基础。

统计整理是统计调查的继续，是统计分析的前提，是实现统计研究的一个重要环节，具有承上启下的作用，是人们对社会经济现象从感性认识到理性认识的过渡阶段。统计整理工作是否科学、准确，直接关系到统计研究的结果。

二、统计整理的步骤

统计资料整理工作是一项细致的、科学性很强的工作，需要有组织有计划地进行。其基本步骤如下：

（一）设计统计整理方案

统计整理方案的设计包括两个方面：一是对于总体的处理方法；二是确定用哪些统计指标来说明总体。

对总体资料的处理方法有：总体单位的简单排列；将所有总体单位加以汇总；对总体进行分组，在分组的基础上汇总总体单位总量和总体标志总量；最终得到汇总的单位数和一系列统计指标数值。在这些内容中，统计分组是统计整理中较为重要的内容。

（二）审核原始资料

在进行资料整理之前，必须对调查来的原始资料进行审核，以保证统计资料整理的质量。其主要内容包括资料的准确性、及时性和完整性。

（三）对原始资料进行统计分组和统计汇总

原始资料审核无误后，要按照一定的组织形式和分析方法，对原始资料进行统计分组和汇总，计算出各组的单位数和合计数，计算出各组指标和综合指标的数值。

（四）编制统计表和绘制统计图，并对统计资料进行系统积累

将统计整理结果编制成统计表或绘制成统计图，简明扼要地表达现象总体的数量特征。一般将汇总的统计资料存入数据库，若有条件，可将原始资料一并存入数据库，以便进一步加工，用于以后的统计研究。

三、统计分组

（一）统计分组的概念

统计分组在整个统计整理的过程中是一个非常重要的内容。它是根据统计研究的需要和总体内在特征，按照一定标志，将总体区分为若干个部分或若干个组的一种统计方法。

统计分组具有两方面的含义：对总体单位而言是“合”的含义，就是根据总体中各个单位的同质性，把那些性质相同的单位归并到一起形成一组；对总体而言是“分”的含义，就是根据总体中各单位之间的差异，把不同性质的单位区别开来形成不同的组。通过统计分组，保持了组内各单位的同质性和组间差异性。必须指出的是，这里所讲的性质相同或相异是在总体同质的大前提下来说的。

（二）统计分组的作用

1. 区分社会的经济类型

将复杂的社会经济现象，划分为性质不同的类型，是一种广泛应用的重要分组。例如，将工业企业按不同的所有制形式划分、按轻重工业划分，居民按城镇、农村划分，从而说明不同经济类型的特点。

2. 研究总体的内部结构

统计分组可以反映总体内部各部分之间的结构和比例关系，表明总体的内部构成，如表2－1所示。

表2－1　我国1987年和1997年从业人员按三次产业的分组资料

项目	1987年		1997年	
	从业人员数/万人	比例/%	从业人员数/万人	比例/%
第一产业	31 663	60.0	34 730	49.9
第二产业	11 726	22.2	16 495	23.7
第三产业	9 395	17.8	18 375	26.4
合计	52 784	100.0	69 600	100.0

从表 2－1 中可以看出 1987 年和 1997 年从业人员的分布情况，通过分组表明了从业人员在三次产业中的分布，也显示了从业人员在三次产业中的结构比例，说明了我国在这 10 年间产业结构发生的明显变化。

3. 分析现象之间的依存关系

很多社会经济现象之间存在着相互依存、相互制约的关系。通过统计分组可以把现象之间存在的这种数量关系显示出来。例如，企业按劳动生产率分组，观察利润率随之发生的变化情况，以研究劳动生产率与利润率之间的关系；商店按商品销售额分组，研究商品销售额与流通费用率之间的依存关系等。例如表 2－2 所示为某地区 100 个商店销售额与流通费用率资料。

表 2－2　某地区 100 个商店销售额与流通费用率资料

按销售额分组/万元	商店数/个	流通费用率/%
50 以下	10	11.1
50～100	20	10.1
100～200	30	9.2
200～300	25	8.5
300 以上	15	6.0

由表 2－2 资料可以看出，流通费用率的高低与销售额大小具有明显的依存关系，销售额越大，所支付的流通费用率越低，表明销售额是影响流通费用率的重要因素。通过统计分组，可以把这种关系明确地显示出来。

（三）统计分组的原则

为了充分发挥统计分组的作用，在设计分组方案及具体操作时要遵循以下原则：

1. 科学性原则

统计分组一定要从统计研究的目的出发，使组与组之间在某一方面具有显著的差异，而组内各单位在该方面则具有同质性。要实现这一原则，关键是正确选择分组标志和正确划定分组界限。

2. 完备性原则

完备性原则是指任何一个总体单位或任何一个原始数据都能归属于某一个组，而不会被遗漏在外。

3. 互斥性原则

互斥性原则亦称不相容性原则，是指任何一个总体单位或任何一个原始数据，在一种统计分组中只能归属于某一个组，而不能归属于两个或两个以上的组。

（四）统计分组的方法

统计可以按照不同的标志进行分类。分组标志是划分资料的标准和依据，分组标志的选择是否得当，关系到能否正确地反映总体数量特征及其变化规律。

1. 按分组标志性质的不同，分为品质分组和数量分组

按品质标志分组，就是选择反映事物属性差异的品质标志作为分组标志，并在品质标志的变异范围内划定组间界限，将总体划分成若干个性质不同的组成部分。如企业按经济类型

分组，可分为公有经济和非公有经济两大类型；人口按性别分为男、女两组等。

按数量标志进行分组，就是根据统计研究的目的，选择反映事物数量差异的数量标志作为分组标志，在数量标志值的变异范围内划定各组的数量界限，将总体划分为性质不同的若干个部分或组别。例如，企业按产值、职工人数分组等。

2. 根据分组标志的地位不同，分为按主要标志分组和按辅助标志分组

对于复杂的社会经现象，若仅使用一个标志分组，很难区分事物的不同性质与特点。在这种情况下，对总体进行分组时，除使用一个主要标志外，还要使用一个或几个辅助标志作为分组的补充标志。例如，我国工业部门的分类就是以“产品经济用途的相同性”为主要标志，以“产品使用的原材料的同类性”和“产品生产技术的统一性”为辅助标志进行的。

3. 按分组标志的多少，分为简单分组和复合分组

简单分组对被研究现象按一个标志进行分组，只能从一个方面反映现象的分布特征。多个简单分组从不同角度说明一个总体，就构成一个平行分组体系。例如，为了了解学生的基本情况，可以选择成绩、性别等多个标志进行分组，具体分组如下：

按成绩分组	**按性别分组**
60 分以下	男性
60 ~ 69 分	女性
70 ~ 79 分	
80 ~ 90 分	
90 分以上	

对被研究现象按两个或两个以上分组标志层叠起来进行的分组，叫作复合分组。由多个复合分组形成的分组体系叫作复合分组体系。例如，为了了解我国高等院校在校学生的基本情况，可以选择学科、学历程度和性别进行复合分组，并得到如下复合分组体系：

理科
　　本科
　　其中：男生
　　　　　女生
　　专科
　　其中：男生
　　　　　女生
文科
　　本科
　　其中：男生
　　　　　女生
　　专科
　　其中：男生
　　　　　女生

四、分配数列

(一) 分配数列的概念

在统计分组的基础上，把总体的所有单位按组归并排列，形成总体单位在各组间的分布，称为分配数列或分布数列。分配数列实质上是把总体的全部总体单位按组进行分配所形成的数列，所以又称为次数分配数列或次数分布数列。分配数列包括两个基本构成要素：一个是总体按某标志所分的组；另一个是各组所分配的单位数，即频数，也称次数。

根据分组标志的性质不同，分配数列可分为品质分配数列和变量分配数列两种。

(1) 按品质标志分组形成的分配数列称为品质分配数列，简称品质数列，如表 2－3 所示。

表 2－3　1999 年全国涉外饭店基本情况

按饭店星级划分	饭店数/个
五星级	77
四星级	204
三星级	1 292
二星级	1 898
一星级	385
未评星级饭店	3 179
合计	7 035

(2) 按数量标志分组形成的分配数列称为变量分配数列，简称变量数列。变量数列是一种典型的分配数列。编制变量数列可以反映变量值不同的各组次数分配的状况和特征，是统计分析的重要内容之一。表 2－4 所示为变量数列。

表 2－4　某地区人口年龄分布

人口按年龄分组	人口数/万人	比例/%
1 岁以下	7	2.74
1～7 岁	38	14.90
8～18 岁	105	41.18
19～25 岁	54	21.18
26～55 岁	31	12.16
55 岁以上	20	7.84
合计	255	100.00

可见，变量数列也有两个组成部分，一个是按变量值所形成的各个组，另一个是各组的次数。各组次数与总次数之比称作比率，又称作频率。

（二）变量数列的编制

1. 单项式变量数列的编制

单项式变量数列，就是数列中的每一组只有一个变量值，每一个变量值代表一个组。一般地，当变量为离散型变量，且变量值的取值不多，变量值的变动范围不大时，适宜编制单项式数列。单项式数列的编制是把所有变量值按大小顺序排列，再将各组单位数经过汇总后填入各组相应的次数栏中即可。例如，表 2－5 所示为单项式变量数列。

表 2－5　某企业职工家庭人口统计分组

按家庭人口分组	职工户数	比例/%
1	35	28.0
2	48	38.4
3	26	20.8
4	12	9.6
5	4	3.2
合计	125	100.0
（各组变量值）	（次数）	（频数）

2. 组距式变量数列的编制

组距式变量数列是将所有的变量值依次划分为几个区间，每个区间列为一组，这样每一组就包含了许多变量值。如果变量是连续型变量，或虽然是离散型变量，但变量值的取值较多或变量值的差异很大，则适宜编制组距式变量数列。例如，表 2－6 所示为组距式变量数列。

表 2－6　某地区工业企业生产计划完成情况

按计划完成程度分组/%	企业数/个	比例/%
90～100	4	13.3
101～105	18	60.0
106～110	6	20.0
110 以上	2	6.7
合计	30	100.0

组距式变量数列的编制有如下步骤：

1）将原始数据按大小顺序排列

只有将原始数据按大小顺序排列，才能看出变量值分布的集中趋势和分布特点，为确定全距、组距、组数做准备。以某车间 50 名工人的日产量为例（单位：件）：

19	20	45	31	24	19	30	22	25	61
34	23	26	39	27	20	29	39	47	34
22	28	36	26	39	50	22	25	33	22
37	21	34	23	52	20	22	39	23	36
22	40	24	27	34	25	36	26	21	25

将上述凌乱的日产量资料按由小到大的顺序排列，以便于确定最大值、最小值及全距，并为确定组距和组数提供依据。资料经整理排列如下：

19	19	20	20	20	21	21	22	22	22
22	22	22	23	23	23	24	24	25	25
25	25	26	26	26	27	27	28	29	30
31	33	34	34	34	34	36	36	36	37
39	39	39	39	40	45	47	50	52	61

2）确定全距

确定全距主要是确定变量值变动的范围和变动幅度。经过整理可以看出，资料中最小值是19，最大值是61，其变动幅度在19～61。全距 R = 最大值 - 最小值 = 61 - 19 = 42（件）。从数据的排列中还可以看出，该车间的50名工人，日产量分布较集中在20～40件。

3）确定组数和组距

组距的大小和组数的多少，是互为条件和互相制约的。对一个具体的分组对象而言，其全距一定，组距大，则组数少；组距小，则组数多。那么，在组距数列中，究竟分多少个组，组距多大为好呢？美国学者斯特基斯于1926年提出了一种计算组数的公式，在总体单位数不是太多或太少时，可供参考使用。公式为

$$m = 1 + \frac{\lg N}{\lg 2} = 1 + 3.322\lg N$$

式中，m 表示组数，N 表示总体单位数。

在实际工作中，一般先确定组距，再根据全距和组距确定组数。

确定组距时，首先要考虑的是采用等距数列还是异距数列。一般在变量值变动比较均匀或情况比较稳定时采用等距数列；在变量分布不均匀或变量变异范围很大，事物的质变是由变量值的非均匀增长造成的采用异距数列。然后根据数据的分布状况和集中趋势，注意组内统计资料的同质性，将分布最集中的变量值归于一个组内，从而确定组距。在实际应用中，组距最好是5或10的倍数。在等距数列中：

$$组数 = 全距 \div 组距$$

4）确定组限

组限是指每组的两端数值，其中每组的起点值（或最小值）为下限，每组的终点值（或最大值）为上限。组限要根据事物的性质变化来确定，保证组内同质与组间差异。如果变量值相对集中，无极大或极小的极端数值，则采用闭口组，并做到最小组的下限等于或略低于最小变量值，最大组的上限略高于最大变量值；如果变量值相对比较分散，为了不出现空白组，更好地反映总体的分布情况，则应采用开口组。

如果是连续型变量，由于其变量值不能一一列举，任何两个相邻数值之间还有无穷多个数值，所以适宜采用重叠式组限；如果是离散型变量，则可根据具体情况采用衔接式组限或重叠式组限。

将50名员工的日产量进一步整理如下，分成5组：20件以下、20～30件、31～40件、41～50件、50件以上，因此得到的次数分配数列如表2-7所示。

表 2－7　某车间工人日产量次数分配数列

按日产量分组/件	工人数/人	比例/%
20 以下	2	4
20～30	28	56
31～40	15	30
41～50	3	6
50 以上	2	4
合计	50	100

组距数列的每个组是一个区间，这样各组内单位的真正的、确切的数值是无法真正反映出来的。为了反映分布在各组中总体单位各变量值的一般水平，统计中往往以组中值为代表。组中值是代表各组标志值平均水平的数值。

上限与下限的中点值称为组中值。闭口组组中值可以用下限加上限除以 2 得到，开口组则可根据相邻组组距进行计算，即

$$组中值=\frac{上限+下限}{2}$$

$$缺上限开口组组中值=下限+\frac{邻组组距}{2}$$

$$缺下限开口组组中值=上限-\frac{邻组组距}{2}$$

例： 表 2－7 第三组的组中值 $=\frac{31+40}{2}=35.5$（件）

第一组的组中值 $=20-\frac{30-20}{2}=15$（件）

第五组的组中值 $=50+\frac{50-41}{2}=54.5$（件）

以上计算的组中值，用以代表各组内变量值的一般水平，是基于这样的假定：各单位变量值在本组范围内呈现均匀分布或是在组中值两侧呈现对称分布。事实上，总体单位的分布很难与假定完全一致，因此用组中值来代替各组标志值进行计算分析就带有一定的假定性。

5）编制变量数列

经过统计分组，明确了全距、组距、组数和组限以后，就可以将各组变量值按大小顺序排列，并将各总体单位按照其变量值大小分配到各组，最后把各组单位数综合汇总，排列在相对应的次数栏中，有时还应根据需要计算各组的频率，也列到表中，组距数列的编制就完成了。

第四节　统计表和统计图

一、统计表

（一）统计表的概念

统计表是用纵横垂直交叉的直线所绘制的表格来表现统计资料的一种形式，是统计工作

中表现统计资料最常用的形式。以上涉及的调查表、变量数列表都属于统计表。

（二）统计表的构成

从内容上看，统计表是由主词和宾词两部分组成的，如表 2－8 所示。主词是统计表所要说明的总体及其分组；宾词是用来说明总体的统计指标，包括指标名称和指标数值。通常情况下，表的主词排列在表的左方；表的宾词排列在表的右方。

表 2－8　全国工业增加值

项目		工业增加值	
		产值/亿元	比例/%
横行标题（横标目）	轻工业	12 294	39.0
	重工业	19 188	61.0
合计		31 482	100.0

纵栏标题（纵标目）　数字资料

主词　宾词

从构成要素上看，统计表由总标题、横行标题、纵栏标题和数字资料四个部分组成，如表2－8所示。总标题是统计表的名称，用以概括说明统计表中全部资料的内容，一般写在表的上端中央。横行标题或称横标目，是横行各组的名称，说明各横行的经济内容，一般放在表的左边。纵栏标题或称纵标目，是纵栏的名称，用以列示统计指标或分组标志名称，说明各纵栏的经济内容，一般放在表的右上方。数字资料即指标数值，位于横行与纵栏的交汇处，每一数字的经济内容由横行标题和纵栏标题限定。

（三）统计表的种类

广义的统计表包括统计工作各个阶段中所使用的一切表格，按用途可分为调查表、整理表（汇总表）和分析表三种。狭义的统计表指用于统计整理和统计分析的统计表，按主词的分组程度不同，可分为简单表、简单分组表和复合分组表三种。

1. 简单表

简单表是指主词没有对总体进行任何分组，只罗列总体单位名称或将总体按某顺序排列的统计表，具有一览表的性质，如表 2－9 所示。

表 2－9　1949 年 10 月 1 日以来我国人口普查资料

标准时间	1953 年 6 月 30 日 24 时	1964 年 6 月 30 日 24 时	1982 年 7 月 1 日零时	1990 年 7 月 1 日零时	2000 年 11 月 1 日零时
全国人口总数/万人	60 194	72 307	103 188	116 002	129 533

2. 简单分组表

简单分组表也叫分组表，是指主词中对总体进行简单分组而形成的统计表。简单分组表可以反映事物的类型、分析现象内部的结构以及现象之间的依存关系等，如表 2－10 所示。

表 2－10　2005 年上半年我国建筑业实现总产值情况

	建筑业总产值/亿元	同比增长/%
全国建筑业	10 097	27. 5
南部地区	6 560	30. 6
中部地区	1 832	26. 6
西部地区	1 705	17. 5

3. 复合分组表

复合分组表也叫复合表，是指主词中对总体进行复合分组而形成的统计表。复合分组表可以从不同角度反映总体的特征，比简单表和简单分组表更深入、更全面，如表 2－11 所示。

表 2－11　某高校各年级学生按性别分组的在校生人数资料

按年级和性别分组	人数/人	比例/%
一年级	3 406	30. 17
男	2 400	70. 46
女	1 006	29. 54
二年级	2 997	26. 55
男	2 130	71. 07
女	867	28. 93
三年级	2 526	22. 37
男	1 728	68. 41
女	798	31. 59
四年级	2 361	20. 91
男	1 601	67. 81
女	760	32. 19
合计	11 290	100. 00

（四）统计表的设计

设计统计表时，一般地说，应遵循科学、实用、简明、美观的原则，力求做到以下几点：

（1）统计表的总标题、横行标题、纵栏标题要能准确、简明扼要地反映统计资料的内容。

（2）统计表的纵、横栏的排列内容要对应，并尽量反映它们之间的逻辑关系。

(3) 根据统计表的内容，全面考虑表的布局，合理安排主体栏和叙述栏，避免出现统计表过长、过短、过宽、过窄的现象，使表的大小适度，比例恰当，醒目美观。

(4) 统计表的计量单位必须标写清楚。计量单位相同时，将其写在表的右上角。横行的计量单位不同时，应在横行标题后专门列出计量单位栏；纵栏的计量单位不同时，将其标写在纵栏标题的下方或右方。

(5) 统计表中的横线要清晰，顶线和底线要粗些，表各部分的界线宜粗些，其他线条宜细些，表的左右两端可不划封口线。

(6) 统计表的栏数较多时，要统一编写序号，主体栏部分用甲、乙、丙等文字表示，坚栏部分用 (1) (2) (3) 等数字排序。

设计统计表极为重要，但编制填写统计数字也不容忽视，它贯穿于统计工作的各阶段。填写统计数字和文字时，书写要工整、清晰，当数字与其左、右或上、下相同时，仍要填写完整，不能填“同左”“同右”或“同上”“同下”等文字。数字对齐，数位对准。统计表中不能留下空白，当数字为 0 时也要填写出来。要科学地运用有关符号，在我国统计实践中，一般用“…”表示数据不足、该表规定的最小单位数；用“ × ”表示免填的统计数据；用“—”表示该项指标数据不详或无该项数据。

二、统计图

(一) 统计图的概念

统计图是在统计表的基础上，用几何图形或具体形象来表述统计资料的一种方式。它和统计表相比有其自己的特点，给人以直观形象、鲜明醒目、见图知意的印象，特别在大量数据不那么令人容易理解时，更有独特的作用。

(二) 统计图基本类别

1. 条形图

条形图是以宽度相等的条形长短或高低来比较数字资料的一种统计图。至于具体的形状，可以是条，也可以是立体的圆柱、方柱或锥体。条形图可以横放，也可以竖放。条形图一般用来表现品质分配数列或离散型变量的分布情况，如图 2 - 1 所示。

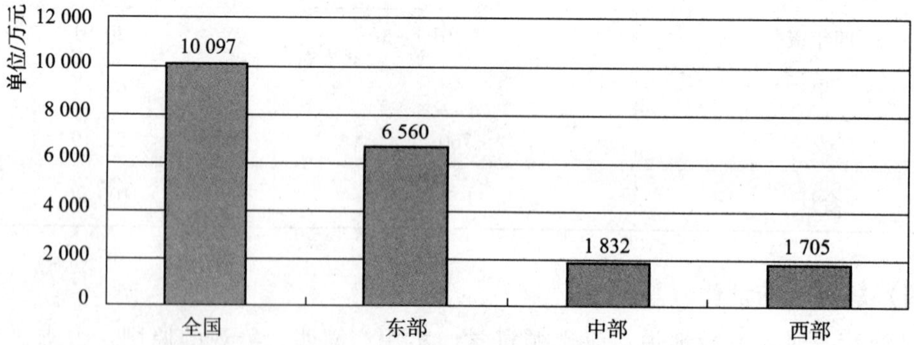

图 2 - 1 某省重工业总产值统计

2. 直方图

直方图是用若干个并列的柱形来表现分布数列的统计图。直方图一般用来表现连续型变量的分布特征，如图 2 - 2 所示。

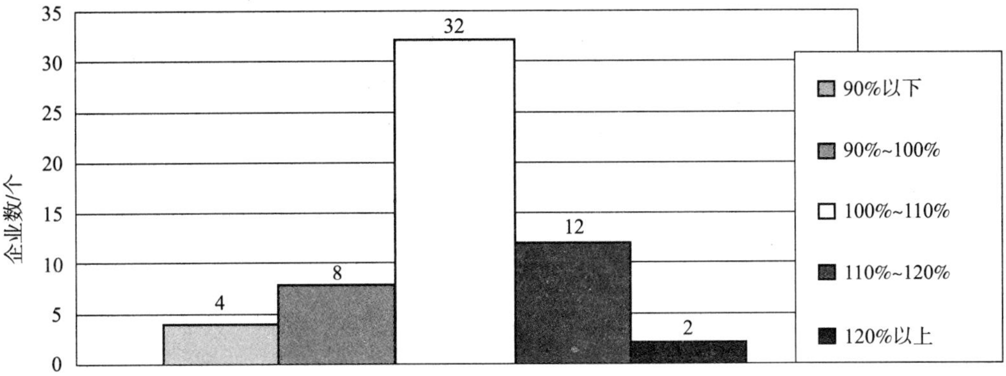

图 2-2 某主管局所属企业产值计划完成情况统计

对于等距数列，一般以横轴表示各组组距（或变量值），纵轴表示各组频数，频数的差能反映出数列分布的特征。

对于异距数列，由于各组组距不同，因此频数的差异不能直接表明变量分布的特征。在制作直方图时，需先计算各组的频数密度，然后以组距为宽，以频数密度为高来绘制直方图，才能真实反映变量的分布特征。

$$频数密度 = 频数 \div 组距$$

3. 折线图

折线图是用直线将各数据点连接起来而组成的图形，以折线方式显示数据的变化趋势。折线图可以显示随时间（根据常用比例设置）而变化的连续数据，因此非常适用于显示在相等时间间隔下数据的趋势。在折线图中，类别数据沿水平轴均匀分布，频数数据沿垂直轴均匀分布，如图 2-3 所示。

4. 曲线图

当对数据所分的组数很多时，组距会越来越小，这时所绘制的折线图就会越来越光滑，逐渐形成一条平滑的曲线，这就是次数分布曲线。分布曲线在统计学中有着十分广泛的应用，是描述各种统计量和分布规律的有效方法。根据表资料可以近似地画成如图 2-4 所示的次数分布曲线图。

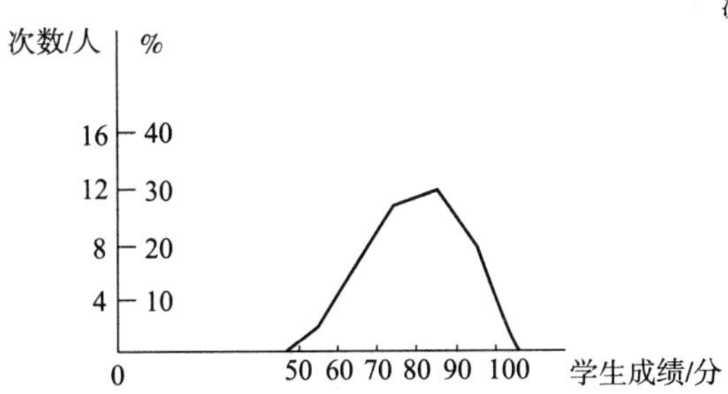

图 2-3 某班学生成绩

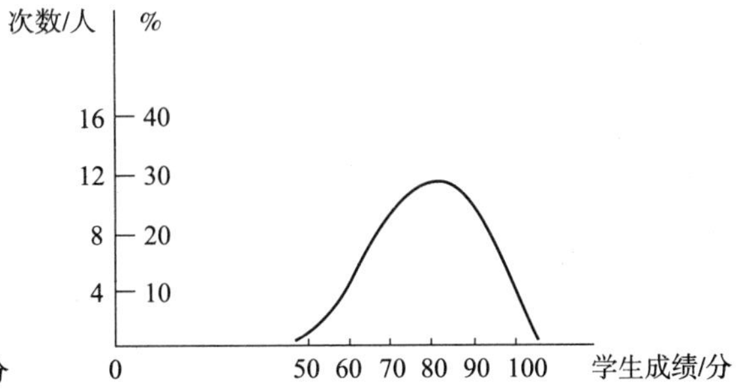

图 2-4 某班学生成绩

5. 圆形图

圆形图是以圆面积大小或圆内各扇形面积大小来表示指标数值的大小或反映总体内部结构的一种图形。根据圆形的作用不同可分为圆形比较图和圆形结构图。

（1）圆形比较图。这种圆形是用圆形面积的大小代表指标数值的大小，然后进行直观比较。绘制圆形比较图的关键是要正确计算圆形面积的大小。只有计算准确，才能得出各圆面积的正确比例，便于进行科学比较。

（2）圆形结构图。这种图形是用圆的面积表明现象总体，利用圆形面积内部各扇形面积表明现象总体内部结构的一种图形。绘图时保持每1%的圆心角度数为3.6°，并依此度数将资料各成分占全体的百分数化为应占圆弧的度数，从而绘制一张圆形结构图。

6. 茎叶图

对于未分组的原始数据，可以用茎叶图来显示其分布特征。茎叶图是将每个数据分成茎和叶两部分，一般取数据的最后一位数为叶，前几位数为茎，同茎的数据排成一列，然后按茎和叶的大小排成图列，其图形由数字组成，类似于横置的直方图，但同时保留了原始数据的信息。通过茎叶图能够看出数据的分布情况及数据的离散状况，比如是否对称、是否集中、是否有极端值等。

例如，某班30名学生的数学考试成绩从低分到高分排序如下：

41	42	51	53	55	60	62	65	67	68
71	73	76	77	78	78	81	83	85	86
86	88	88	89	90	91	93	93	95	96

根据上述资料画制茎叶图，如图2－5所示。

树茎	树叶
4	1 2
5	1 3 5
6	0 2 5 7 8
7	1 3 6 7 8 8
8	1 3 5 6 6 8 8 9
9	0 1 3 3 5 6

图2－5 茎叶图

本章小结

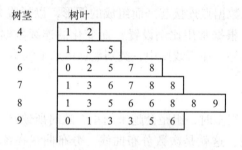

统计资料是利用统计方法进行分析的基础，因此如何收集统计资料就成为统计学要研究的首要内容。统计资料的搜集包括次级资料的搜集和原始资料的搜集。原始资料的搜集需要进行专门的调查，一般的调查方法有以下几种：直接观察法、报告法、采访法、登记法、卫星遥感法。

统计调查即统计数据的搜集，是根据统计任务的要求，运用科学的调查方法，有计划、有组织地向社会搜集统计数据的过程。统计调查是统计工作的基础环节，是决定整个统计工作质量好坏的重要环节。统计调查按调查对象包括的范围不同，分为全面调查和非全面调查；按调查登记的时间是否有连续性，分为经常性调查和一次性调查；按组织方式不同，分为统计报表和专门调查。

为了统计调查工作有组织、有计划地进行，要制定统计调查方案。一份完整的统计调查方案应包括以下基本内容：确定调查目的；确定调查对象和调查单位；确定调查项目，设计调查表；确定调查的时间和调查期限；制订调查的组织实施计划。在调查时有时需设计问卷，按问卷的结构，可分为无结构型问卷和结构型问卷两种。要取得准确的统计调查资料，就要采取各种措施，防止可能发生的各种调查误差，把误差缩小到最低限度。统计调查误差分为登记误差和代表性误差。

统计资料整理是根据统计研究任务的要求，把统计调查所搜集得来的大量原始资料进行科学的分类和汇总，使之系统化、条理化、科学化，从而得出能够反映事物总体特征的资料，为统计分析做好准备的工作过程。统计整理是统计调查的继续，是统计分析的前提，具有承上启下的作用，是人们对社会经济现象从感性认识到理性认识的过渡阶段。统计整理工作是否科学、准确，直接关系到统计研究的结果。统计整理按以下步骤进行：设计统计整理方案；审核原始资料；对原始资料进行统计分组和统计汇总；编制统计表和绘制统计图，并对统计资料进行系统积累。

统计分组在整个统计整理的过程中是一个非常重要的内容。它是根据统计研究的需要和总体内在特征，按照一定标志，将总体区分为若干个部分或若干个组的一种统计方法。统计分组具有研究总体的内部结构、分析现象之间的依存关系的作用。充分发挥统计分组的作用，在设计分组方案及具体操作时要遵循以下原则：科学性原则、完备性原则、互斥性原则。统计分组按分组标志性质的不同，分为品质分组和数量分组；按分组标志的多少，分为简单分组和复合分组。

在统计分组的基础上，把总体的所有单位按组归并排列，形成总体单位在各组间的分布，称为分配数列或分布数列。分配数列包括两个基本构成要素：一是总体按某标志所分的组；另一个是各组所分配的单位数，即频数，也称次数。根据分组标志的性质不同，分配数列可分为品质分配数列和变量分配数列两种。组距式变量数列的编制有如下步骤：将原始数据按大小顺序排列；确定全距；确定组数和组距；确定组限；编制变量数列。

统计表是用纵横垂直交叉的细线所绘制的表格来表现统计资料的一种形式，是统计工作中表现统计资料最常用的形式。统计表的构成从内容上看，由主词和宾词两部分组成；从构成要素上看，由总标题、横行标题、纵栏标题和数字资料四个部分组成。统计表的种类按主词的分组程度不同，可分为简单表、简单分组表和复合分组表三种。

统计图是在统计表的基础上，用几何图形或具体形象来表述统计资料的一种方式。它给人以直观形象、鲜明醒目、见图知意的印象。统计图基本类别包括条形图、直方图、折线图、曲线图、圆形图、茎叶图。

技能训练题

一、单项选择（在备选答案中，选择一个正确答案，将其序号写在括号内）

1. 重点调查中重点单位是指（　　）。

A. 标志总量在总体中占有很大比例

B. 具有典型意义或代表性的单位

C. 那些具有反映事物属性差异的品质标志的单位

D. 能用以推算总体标志总量的单位

2. 统计调查表可分为（　　）。

A. 简单表和分组表　　　　B. 简单表和复合表

C. 简单表和一览表　　D. 单一表和一览表

3. 国有工业企业生产设备普查对象是（　　）。

A. 全部国有工业企业　　B. 每个国有工业企业

C. 全部国有工业企业的所有生产设备　　D. 每台生产设备

4. 某企业 2011 年 4 月 1 日至 5 日对该企业 3 月 31 日的生产设备进行普查，标准时间是（　　）。

A. 4 月 1 日　　B. 3 月 31 日　　C. 4 月 1 日至 5 日　　D. 3 月 1 日

5. 统计整理阶段的关键问题是（　　）。

A. 对调查资料的审核　　B. 统计分组

C. 资料汇总　　D. 编制统计表

6. 对于离散型变量，在编制变量数列时（　　）。

A. 只能编制单项式变量数列

B. 只能编制组距式变量数列

C. 既可编制单项式变量数列又可编制组距式变量数列

D. 不能编制组距式变量数列

7. 有一个学生考试成绩为 70 分，这个变量值应归入（　　）。

A. 60 ~ 70 分　　B. 70 ~ 80 分

C. 60 ~ 70 分或 70 ~ 80 分都行　　D. 60 ~ 70 分或 70 ~ 80 分都不行

8. 统计专门调查包括（　　）。

A. 统计报表、重点调查、抽样调查、典型调查

B. 非全面调查、普查、重点普查、典型调查

C. 抽样调查、重点调查、典型调查、普查

D. 全面调查、一次性调查、经常性调查、普查

9. 组距数列中，各组变量值的代表值是（　　）。

A. 各组上限数值　　B. 各组上限数值与下限数值之差

C. 各组上限数值与下限数值之和的一半　　D. 各组下限数值

10. 在工业固定资产普查中，调查对象是（　　）。

A. 国有工业企业　　B. 国有企业

C. 所有工业企业的固定资产　　D. 固定资产

11. 某市工商银行要了解 2001 年一季度全市储蓄金额的基本情况，调查了储蓄金额最高的几个储蓄所，这种调查是（　　）。

A. 普查　　B. 重点调查　　C. 典型调查　　D. 抽样调查

12. 假设某市商业企业 2011 年的经济活动成果年报的报告时间规定在 2012 年 1 月 31 日，则调查期限是（　　）。

A. 一日　　B. 一月

C. 一年　　D. 一年零一个月

13. 我国第六次人口普查规定的标准时间是 2010 年 11 月 1 日零点，下列情况应计入人口数的是（　　）。

A. 2010 年 11 月 2 日出生的婴儿

B. 2010 年 10 月 29 日 21 时出生，10 月 31 日 23 时死亡的婴儿

C. 2010 年 10 月 29 日 23 时死亡的人

D. 2010 年 11 月 1 日 3 时死亡的人

14. 有 20 个工人看管机器的台数资料如下：

2、5、4、2、4、3、4、3、4、4、2、2、2、3、4、6、3、4、4

按以上资料编制变量数列应采用（　　）。

A. 单项分组　　B. 等距分组

C. 异距分组　　D. 以上三种均可以

15. 有如下分组：

国有企业

固定资产：500 万元以下，500 万 ~1 000 万元

1 000 万元以上

集体所有制企业

固定资产：500 万元以下，500 万 ~1 000 万元

1 000 万元以上

该分组是（　　）。

A. 按两个品质标志的复合分组

B. 按两个数量标志的复合分组

C. 先按一个品质标志，再按一个数量标志的复合分组

D. 先按一个品质标志，再按一个数量标志的平行分组

16. 某连续变量数列，其末组为开口组，下限为 500。又知其邻组的组中值为 480，则末组组中值为（　　）。

A. 520　　B. 510　　C. 500　　D. 490

17. 在分组时，凡遇到某单位的标志值正好等于相邻两组上、下限数值时，一般是将该值（　　）。

A. 归入下限所在组　　B. 归入上限所在组

C. 归入下限所在组或上限所在组均可　　D. 另立一组

18. 连续调查与非连续调查是以（　　）。

A. 调查的组织形式来划分的

B. 调查登记的时间是否连续来划分的

C. 调查单位包括的范围是否全面来划分的

D. 调查资料来源来划分的

19. 次数分配数列是（　　）。

A. 按数量标志分组形成的数列

B. 按品质标志分组形成的数列

C. 按统计指标分组形成的数列

D. 按数量标志和品质标志分组形成的数列

20. 某地区为了掌握该地区水泥生产的质量情况，拟对占该地区水泥总产量的 90% 的五个大型水泥厂的生产情况进行调查，这种调查方式是（　　）。

A. 典型调查　B. 重点调查　C. 抽样调查　D. 普查

21. 对汽车轮胎的使用寿命进行调查，这种方式是（　）。

A. 抽样调查　B. 重点调查　C. 典型调查　D. 普查

22. 抽样调查和重点调查都是非全面调查，两者的根本区别在于（　）。

A. 灵活程度不同　B. 组织方式不同

C. 作用不同　D. 选取单位的方式不同

23. 下列调查中，调查单位与填报单位一致的是（　）。

A. 企业设备调查　B. 人口普查

C. 农村耕地调查　D. 工业企业现状调查

24. 统计调查方案的首要问题和统计分组的关键问题分别是（　）。

A. 确定调查目的、选择分组标志　B. 确定调查对象、选择分组形式

C. 确定调查内容、选择分配形式　D. 确定调查项目、选择分组数量

25. 划分连续型变量的组限时，相邻两组的组限（　）。

A. 必须重叠　B. 必须间断

C. 既可以是重叠的，又可以是间断的　D. 以上都不是

26. 调查时间的含义是（　）。

A. 调查资料所属的时间　B. 进行调查的时间

C. 调查工作期限　D. 调查资料报送的时间

27. 有意识地选择三个钢厂调查其产值情况，这种调查方式属于（　）。

A. 抽样调查　B. 典型调查

C. 普查　D. 重点调查

28. 下述调查属于经常性调查的是（　）。

A. 每隔 10 年进行一次人口普查　B. 对五年来商品价格变动情况进行调查

C. 对 2000 年职称评审结果进行调查　D. 按月上报商品销售额

29. 对医院的医疗设备普查时，每个医院是（　）。

A. 调查对象　B. 调查总体　C. 调查单位　D. 填报单位

30. 调查单位和填报单位（　）。

A. 二者是一致的　B. 二者有时一致，有时不一致

C. 二者没有关系　D. 调查单位大于填报单位

二、多项选择（在备选答案中，选择两个或两个以上正确答案，将其序号写在括号内）

1. 调查时间包含的时间是指（　）。

A. 交调查表的时间　B. 调查的起止时间

C. 调查前的准备时间　D. 调查资料所属的时间

E. 调查后的总结时间

2. 我国第五次人口普查的标准时间是 2010 年 11 月 1 日零点，下述哪些情况应在人口总数内（　）。

A. 2010 年 1 月 1 日 8 点出生的婴儿　B. 2010 年 10 月 31 日 19 点出生的婴儿

C. 2010 年 11 月 1 日 6 点死亡的人　D. 2010 年 10 月 31 日 20 点死亡的人

E. 2010 年 10 月 31 日 8 点出生，一天（24 小时）后死亡的婴儿

3. 全国工业企业普查中（　　）。
A. 全国工业企业数为总体
B. 每一个工业企业既是调查单位又是报告单位
C. 人的年龄是变量
D. 全国工业企业职工总数是指标
E. 产量是数量标志
4. 普查是一种（　　）。
A. 专门组织的调查　　B. 一次性调查
C. 经常性调查　　D. 非全面调查
E. 全面调查
5. 某地区进行企业情况调查，则每一个企业是（　　）。
A. 调查对象　　B. 总体　　C. 调查单位　　D. 调查项目
E. 填报单位
6. 统计调查搜集资料的方法有（　　）。
A. 采访法　　B. 抽样调查法　　C. 直接观察法　　D. 典型调查法
E. 报告法
7. 统计分组的作用是（　　）。
A. 划分社会经济类型　　B. 说明总体的基本情况
C. 反映总体内部的结构　　D. 说明总体单位的特征
E. 研究现象之间的依存关系
8. 统计表的结构从形式看包括（　　）。
A. 总标题　　B. 主词　　C. 数字资料
D. 横行和纵栏标题　　E. 宾词
9. 下列对统计分布叙述正确的是（　　）。
A. 各组的频率必须大于0　　B. 各组的频率总和大于1
C. 各组的频率总和等于1　　D. 各组的频数总和等于1
E. 频数越大，则该组的标志值所起的作用越大
10. 下列说法正确的是（　　）。
A. 统计整理的关键是汇总
B. 统计整理的关键是统计分组
C. 统计分组的关键是选择分组标志
D. 统计分组是把总体划分为一个个性质相同、范围更小的总体
E. 统计分组是把总体划分为一个个性质不相同、范围更小的总体
11. 分布数列（　　）。
A. 既包括品质数列，又包括变量数列
B. 只包括品质数列或只包括变量数列
C. 由总体分成的各组和各组相应的频数组成
D. 由组距、组数、组限组成
E. 在等距数列中，相邻组间的组中值之差等于组距

12. 在组距数列中，组中值（　　）。

A. 是组上限和组下限之间的中点数值

B. 用来近似地代表各组标志值的平均水平

C. 在开放式分组中无法确定

D. 就是组平均数

E. 在首末两组是开放式分组中，可以参照相邻组的组距来确定

13. 我国统计调查的方式有（　　）。

A. 统计报表　B. 普查　C. 抽样调查　D. 重点调查

E. 典型调查

14. 在工业设备普查中（　　）。

A. 工业企业是调查对象　B. 工业企业的全部设备是调查对象

C. 每台设备是填报单位　D. 每台设备是调查单位

E. 每个工业企业是填报单位

15. 统计分组是（　　）。

A. 在统计总体内进行的一种

B. 在统计总体内进行的一种定量分类

C. 将同一总体区分为不同性质的组

D. 把总体划分为一个个性质不同、范围更小的总体

E. 将不同的总体划分为性质不同的组

16. 统计表从构成形式上看，一般包括（　　）这几个部分。

A. 总标题　B. 横行标题　C. 纵栏标题　D. 指标数值

E. 调查单位

17. 在次数分配数列中（　　）。

A. 总次数一定，频数和频率成反比　B. 各组的频数之和等于100

C. 各组频率大于0，频率之和等于1　D. 频率又称为次数

E. 频数越小，则该组的标志值所起的作用越小

18. 重点调查是（　　）。

A. 全面调查　B. 非全面调查　C. 专门调查

D. 可用于经常性调查　E. 可用于一次性调查

19. 工业普查是（　　）。

A. 全面调查　B. 非全面调查

C. 专门调查　D. 经常性调查

E. 一次性调查

20. 下列表述中不正确的是（　　）。

A. 经常性调查是定期调查，一次性调查都是不定期调查

B. 调查单位与填报单位是两种不同的单位

C. 调查期限是调查工作的时限，即调查时间

D. 抽样调查与典型调查的根本区别在于选取调查单位的方法不同

E. 全面调查是对调查对象的各方面都进行调查

21. 一个完整的统计调查方案，应包括的内容有（　　）。
A. 调查任务和目的　B. 调查对象　C. 调查单位　D. 调查表
E. 调查时间
22. 下列分组中，属于按品质标志分组的有（　　）。
A. 职工按工龄分组　B. 学生按健康状况分组
C. 企业按经济类型分组　D. 工人按技术等级分组
E. 人口按居住地分组
23. 组距数列中，在组数一定的情况下，组距大小与（　　）。
A. 与组数成仅比　B. 总体单位数多少成反比
C. 全距的大小成反比　D. 全距的大小成正比
24. 在分布数列中，次数（　　）。
A. 是指各组的总体单位数　B. 只有在变量数列中才存在
C. 只有在品质数列中才存在　D. 又称权数
E. 又称频数
25. 统计分组同时具备哪两方面的含义？（　　）
A. 对个体来讲是“分”　B. 对个体来讲是“合”
C. 对总体来讲是“分”　D. 对总体来讲是“合”
E. 无法确定
26. 某单位 100 名职工按工资额分为 300 元以下、300 ~ 400 元、400 ~ 600 元、600 ~ 800 元、800 元以上五个组。关于这一分组，下列说法正确的是（　　）。
A. 是等距分组　B. 分组标志是连续型变量
C. 末组组中值为 800 元　D. 相邻的组限是重叠的
E. 某职工工资 600 元应计在“600 ~ 800 元”组
27. 指出下列分组中哪些是品质分组（　　）。
A. 人口按性别分组　B. 企业按产值多少分组
C. 家庭按收入水平分组　D. 在业人口按文化程度分组
E. 宾馆按星级分组
28. 对统计数据准确性审核的方法有（　　）。
A. 计算检查　B. 逻辑检查　C. 时间检查　D. 调查检查
E. 平衡检查
29. 从形式上看，统计表由哪些部分构成？（　　）
A. 总标题　B. 主词　C. 纵栏标题　D. 横行标题
E. 宾词
30. 按主词是否分组，统计表可分为（　　）。
A. 单一表　B. 简单表　C. 分组表　D. 复合表
E. 综合表
31. 下列分组是按数量标志分组的是（　　）。
A. 学生按健康状况分组　B. 工人按出勤率状况分组
C. 企业按固定资产原值分组　D. 家庭按收入水平分组

E. 人口按地区分组

三、填空题

1. 非全面调查有（　　　）、典型调查和（　　　）。

2. 人口按性别、民族、职业分组，属于按（　　　）标志分组，而人口按年龄分组，则是按（　　　）标志分组。

3. 调查方案的基本内容包括：确定调查对象及调查单位确定调查项目；确定(　　　)；确定调查组织实施计划。

4. 按连续变量分组，其末组为开口组，下限为 2 000，已知邻组的组中值为 1 750，则末组组中值为（　　　）。

5. 统计调查按其组织形式不同，可分为（　　　）和（　　　）；按调查对象所包括的范围不同，可分为（　　　）和（　　　）；按调查登记的时间是否连续，可分为（　　　）和（　　　）。

6. 全面调查包括（　　　）和（　　　）；非全面调查包括（　　　）、(　　　）和（　　　）。

7. 统计调查的误差有两种，一种是（　　　）误差，另一种是（　　　）误差。

8. 统计分组按分组标志的多少分为（　　　）分组和（　　　）分组。

9. 统计分组按标志的性质分为（　　　）分组和（　　　）分组。

10. 在进行组距式分组时，组距两端的数值称为（　　　）。其中最大值称为（　　　），最小值称为（　　　）。上下限间的中点数值称为（　　　）。

11. 若要调查某地区工业企业职工的生活状况，调查单位是（　　　），填报单位是（　　　）。

12. 调查单位是（　　　）的承担者，填报单位是（　　　）的单位。

13. 统计分组的关键在于（　　　）的选择。

14. 组距式分组根据其分组的组距是否相等可分为（　　　）分组和（　　　）分组。

15. 在组距数列中，表示各组界限的变量值称为（　　　），各组上限与下限之间的中点数值称为（　　　）。

16. 次数分配是由（　　　）和（　　　）两个要素构成的，表示各组单位数的次数又称为（　　　），各组次数与总次数之比称为（　　　）。

17. 对连续型变量划分组限时，相邻组的组限是（　　　）的，汇总各组单位数时若没有其他规定，则各组的（　　　）值不包括在本组之内。

四、判断题（把正确的符号“√”或错误的符号“×”填写在题前的括号内）

1. (　　) 重点调查的重点单位是根据当前的工作重点来确定的。

2. (　　) 调查单位和填报单位在任何情况下都不可能一致。

3. (　　) 划分连续型变量的组限时，相邻组的组限必须重叠。

4. (　　) 确定调查对象是制定调查方案的首要问题。

5. (　　) 调查时间是调查工作所需的时间。

6. (　　) 离散型变量可以做单项式分组或组距式分组，而连续型变量只能做组距式分组。

7. (　　) 普查规定统一时间是为了避免资料产生重复或遗漏。

8. (　　) 统计整理的目的在于将反映总体数量特征的指标值转化为说明总体单位特

征的标志值。

9.（　　）统计整理的关键是统计分组。

10.（　　）统计分组的关键是选择组距和组数。

11.（　　）统计分组是在总体内进行的一种定性分类，把总体划分为一个个性质不同、范围更小的总体。

12.（　　）进行组距分组时，遇到单位的标志值刚好等于相邻两组上下限数值时，一般把值归并到上限的那一组。

13.（　　）在统计调查中，调查标志的承担者是调查单位。

14.（　　）对全国各大型钢铁生产基地的生产情况进行调查，以掌握全国钢铁生产的基本情况。这种调查属于非全面调查。

15.（　　）全面调查和非全面调查是根据调查结果所得的资料是否全面来划分的。

五、简答题

1. 什么是统计调查？简述统计调查的分类。
2. 什么是统计整理？统计整理在统计工作中有何重要意义？统计整理包括哪些主要内容？
3. 简述统计数据整理的原则和步骤。
4. 什么是统计分组？统计分组的基本作用是什么？
5. 统计表有哪些作用？
6. 简述向上累计频数、累计频率的计算。
7. 简述统计表的结构和设计要求。
8. 简述变量数列的编制方法。
9. 统计分组的关键是什么？怎样正确选择分组标志？统计数据分组的原则和方法是什么？
10. 编制组距数列时怎样确定组数和组距？
11. 简述单项式分组、组距式分组的适用条件。

六、计算题

1. 某车间有 30 个工人看管机器数量的资料如下：

5	4	2	3	3	4	4	4	3	4	2	6	4	4	2
5	3	4	5	3	2	4	3	6	3	5	2	6	5	3

根据以上资料编制变量分配数列。

2. 某班 40 名学生统计学考试成绩分别为：

68	89	88	84	86	87	75	73	72	68	75	82	97	58
81	54	79	76	95	76	71	60	90	65	76	72	76	85
89	92	64	57	83	81	78	77	72	61	70	81		

学校规定：60 分以下为不及格，60 ~ 70 分为及格，71 ~ 80 分为中，81 ~ 90 分为良，91 ~ 100 分为优。要求：

（1）将该班学生分为不及格、及格、中、良、优五组，编制一张次数分配表。

（2）指出分组标志及类型，分组方法的类型；分析本班学生考试情况。

3. 某班级 40 名学生外语考试成绩如下（单位：分）：

87 65 86 92 76 73 56 60 83 79 80 91 95 88 71
77 68 70 96 69 73 53 79 81 74 64 89 78 75 66
72 93 69 70 87 76 82 79 65 84

要求：

（1）根据以上资料编制组距为10的分布数列，并计算各组频率。

（2）根据所编制的次数分布数列绘制直方图、折线图。

4. 某企业50名职工月基本工资如下（单位：元）：

7 300 9 500 4 800 6 500 6 500 4 900 7 200 7 400 8 500 7 500
7 800 7 000 6 800 7 800 5 800 7 400 8 000 8 200 7 500 6 000
4 500 4 500 9 800 5 000 7 500 7 400 7 200 7 800 6 500 6 800
8 000 5 500 7 600 8 200 8 500 7 400 5 500 5 800 5 500 5 500
4 800 7 000 7 200 7 200 7 300 7 000 8 000 6 500 6 500 6 800

要求：

（1）将上述统计数据整理成等距数列，并计算向上累计和向下累计的频数和频率。

（2）根据所编制的分布数列绘制直方图和折线图。

5. 将下列数据整理成茎叶图，取茎的单位为10，叶的单位为1。一组工人一日加工零件个数如下：

31 35 44 33 44 43 48 42 45 30 41 32 42 36 49 37 45 37 36
42 35 39 43 46 34 40 43 37 34 49 36 42 45 36 37 43 39 36
46 42 33 43 34 38 47 35 25 42 40 41

6. 某企业某班组工人日产量资料如表2－12所示，根据表中资料：

（1）指出表中变量数列属于哪一种变量数列。

（2）指出表中的变量、变量值、上限、下限和频数。

（3）计算组距、组中值、频率，绘制频数直方图、折线图。

表2－12 某企业某班组工人日产量资料

日产量分组/件	工人数/人
40～50	10
51～60	20
61～70	32
71～80	28
81～90	10
合计	100

第二章

总量指标与相对指标

学习目标

- ▶ 熟悉总量指标的概念和特点
- ▶ 了解总量指标的作用
- ▶ 掌握总量指标的种类
- ▶ 掌握时期指标和时点指标的特点
- ▶ 熟悉计算总量指标应注意的问题
- ▶ 熟悉相对指标的概念和表现形式
- ▶ 了解相对指标的作用
- ▶ 掌握计划完成相对指标的概念及计算
- ▶ 掌握强度相对指标的概念及作用
- ▶ 掌握结构相对指标、比例相对指标的概念
- ▶ 掌握比较相对指标、动态相对指标的概念
- ▶ 掌握比较相对指标的作用
- ▶ 掌握总量指标和相对指标运用原则

案例导入

2010 年中国人口结构统计报告

根据《全国人口普查条例》和《国务院关于开展第六次全国人口普查的通知》，我国以2010 年 11 月 1 日零时为标准时点进行了第六次全国人口普查。在国务院和地方各级人民政府的统一领导下，在全体普查对象的支持配合下，通过广大普查工作人员的艰苦努力，目前已圆满完成人口普查任务。现将快速汇总的主要数据公布如下。

一、总人口

全国总人口为 1 370 536 875 人。其中，普查登记的大陆 31 个省、自治区、直辖市和现役军人的人口共 1 339 724 852 人。中国香港特别行政区人口为 7 097 600 人。中国澳门特别

行政区人口为552 300人。中国台湾地区人口为23 162 123人。

二、人口增长

大陆31个省、自治区、直辖市和现役军人的人口，同第五次全国人口普查2000年11月1日零时的1 265 825 048人相比，10年共增加73 899 804人，增长5.84%，年平均增长率为0.57%。

三、家庭户人口

大陆31个省、自治区、直辖市共有家庭户401 517 330户，家庭户人口为1 244 608 395人，平均每个家庭户的人口为3.10人，比2000年第五次全国人口普查的3.44人减少了0.34人。

四、性别构成

大陆31个省、自治区、直辖市和现役军人的人口中，男性人口为686 852 572人，占51.27%；女性人口为652 872 280人，占48.73%。总人口性别比（以女性为100，男性对女性的比例）由2000年第五次全国人口普查的106.74下降为105.20。

五、年龄构成

2010年中国人口结构统计报告大陆31个省、自治区、直辖市和现役军人的人口中，0~14岁人口为222 459 737人，占16.60%；15~59岁人口为939 616 410人，占70.14%；60岁及以上人口为177 648 705人，占13.26%，其中65岁及以上人口为118 831 709人，占8.87%。同2000年第五次全国人口普查相比，0~14岁人口的比例下降6.29%，15~59岁人口的比例上升3.36%，60岁及以上人口的比例上升2.93%，65岁及以上人口的比例上升1.91%。

六、民族构成

大陆31个省、自治区、直辖市和现役军人的人口中，汉族人口为1 225 932 641人，占91.51%；各少数民族人口为113 792 211人，占8.49%。同2000年第五次全国人口普查相比，汉族人口增加66 537 177人，增长5.74%；各少数民族人口增加7 362 627人，增长6.92%。

七、各种受教育程度人口

大陆31个省、自治区、直辖市和现役军人的人口中，具有大学（指大专以上）文化程度的人口为119 636 790人；具有高中（含中专）文化程度的人口为187 985 979人；具有初中文化程度的人口为519 656 445人；具有小学文化程度的人口为358 764 003人（以上各种受教育程度的人包括各类学校的毕业生、肄业生和在校生）。

同2000年第五次全国人口普查相比，每10万人中具有大学文化程度的由3 611人上升为8 930人；具有高中文化程度的由11 146人上升为14 032人；具有初中文化程度的由33 961人上升为38 788人；具有小学文化程度的由35 701人下降为26 779人。

大陆31个省、自治区、直辖市和现役军人的人口中，文盲人口（15岁及以上不识字的人）为54 656 573人，同2000年第五次全国人口普查相比，文盲人口减少30 413 094人，文盲率由6.72%下降为4.08%，下降2.64%。

八、城乡人口

大陆31个省、自治区、直辖市和现役军人的人口中，居住在城镇的人口为665 575 306人，占49.68%；居住在乡村的人口为674 149 546人，占50.32%。同2000年第五次全国人口普查相比，城镇人口增加207 137 093人，乡村人口减少133 237 289人，城镇人口比例上升13.46%。

九、人口的流动

大陆31个省、自治区、直辖市的人口中，居住地与户口登记地所在的乡镇街道不一致且离开户口登记地半年以上的人口为261 386 075人，其中市辖区内人户分离的人口为39 959 423人，不包括市辖区内人户分离的人口为221 426 652人。同2000年第五次全国人口普查相比，居住地与户口登记地所在的乡镇街道不一致且离开户口登记地半年以上的人口增加116 995 327人，增长81.03%。

十、登记误差

普查登记结束后，全国统一随机抽取402个普查小区进行了事后质量抽样调查。抽查结果显示，人口漏登率为0.12%。

注释：

（1）本公报中数据均为初步汇总数。

（2）普查登记的对象是指普查标准时点在中华人民共和国境内的自然人以及在中华人民共和国境外但未定居的中国公民，不包括在中华人民共和国境内短期停留的港、澳、台居民和外籍人员。“境内”指我国海关关境以内，“境外”指我国海关关境以外。

（3）大陆31个省、自治区、直辖市和现役军人的人口数据不包括居住在境内的港、澳、台居民和外籍人员。

（4）中国香港特别行政区的人口数为中国香港特别行政区政府提供的2010年年底的数据。

（5）中国澳门特别行政区的人口数为中国澳门特别行政区政府提供的2010年年底的数据。

（6）中国台湾地区的人口数为中国台湾地区有关主管部门公布的2010年年底的户籍登记人口数据。

（7）家庭户是指以家庭成员关系为主、居住一处共同生活的人组成的户。

（8）文盲率是指大陆31个省、自治区、直辖市和现役军人的人口中15岁及以上不识字人口所占比例。

（9）城乡人口是指居住在我国境内城镇、乡村地域上的人口，城镇、乡村是按2008年国家统计局《统计上划分城乡的规定》划分的。

（10）市辖区内人户分离的人口是指一个直辖市或地级市所辖的区内和区与区之间，居住地和户口登记地不在同一乡镇街道的人口。

http：//www.askci.com/freereports/2011－04/201142975615.html

思考

上面列举了我国第六次人口普查的数据资料，在这些资料中大量运用了总量指标与相对指标。那么什么是总量指标呢？它有什么作用？什么是相对指标？相对指标如何计算？怎样运用总量指标与相对指标对社会经济现象进行分析？

第一节　总量指标

一、总量指标的概念

总量指标是反映社会经济现象在一定时间、地点、条件下所达到的总规模、总水平或工作总量的一种综合统计指标。它只能用绝对数来表示，又称为绝对数指标。总量指标的数值表现形式为绝对数或绝对数的差额，且有一定的计量单位。总量指标的数值大小随总体范围的大小而增减，总体范围增大，指标数值亦大；总体范围变小，指标数值随着变小。只有对有限总体才能计算总量指标。

例如，2015 全年国内生产总值 676 708 亿元，分产业看，第一产业增加值 60 863 亿元，第二产业增加值 274 278 亿元，第三产业增加值 341 567 亿元；2015 全年全国居民人均可支配收入 21 966 元，按常住地分，城镇居民人均可支配收入 31 195 元，农村居民人均可支配收入 11 422 元；2015 年我国社会消费品零售总额 300 931 亿元。这些都是总量指标。

二、总量指标的作用

1. 总量指标是人们认识社会经济现象的起点和基础，是最基本的统计指标

总量指标反映了一个国家、一个地区或一个企业人力、物力、财力等方面的基本情况，是进行计划、决策、分析和预测，加强宏观经济管理与企业经济核算的基本指标。人们要想了解一个国家或一个地区的国民经济和社会发展状况，首先就要准确地掌握客观现象在一定时间、地点条件下的发展规模或水平。例如，为了科学地指导国民经济和社会的协调发展，就必须通过总量指标正确地反映社会主义再生产的基本条件和国民经济各部门的工作成果，即反映我国土地面积、人口和劳动资源、自然资源、国民财富、钢产量、工业总产值、粮食产量、农业总产值、国民收入额以及教育文化等方面的发展状况。企业职工人数、固定资产总额、利润总额等总量指标，可以说明企业的生产能力，是企业制订计划和决策的基本依据。

2. 总量指标是计算相对指标和平均指标的基础

总量指标是统计整理汇总后，首先得到的能说明具体社会经济总量的综合性数字，是最基本的统计指标。相对指标和平均指标通常是由两个有联系的总量指标对比的结果。总量指标的计算是否科学、合理、准确，将会直接影响相对指标和平均指标的准确性。

3. 总量指标是实行社会管理和经济管理的基本依据

无论是宏观还是微观政策的制定、计划的编制与检查、科学的管理，都要以总量指标为

参考依据。例如，一个国家的资源存储量、人口数、生产力水平和消费水平等总量指标是该国资源开发、利用和管理的重要参考依据。

三、总量指标的种类

（一）按总量指标反映总体内容的不同，分为总体单位总量和总体标志总量

总体单位总量是指总体的单位数，也称为单位总量。总体标志总量是指总体各单位某一数量标志值的总和，也称为标志总量。例如对某地区企业经济效益进行研究时，总体单位总量为该地区企业总数，各企业销售额之和、职工人数之和则是总体标志总量。例如调查了解全国工业企业的生产经营状况，全国工业企业数就是总体单位总量，全国工业企业的职工人数、工资总额、工业增加值和利税总额等，都是总体标志总量。

总体单位总量和总体标志总量不是固定不变的，随着研究目的和被研究对象的变化而变化。一个总量指标常常在一种情况下为总体标志总量，在另一种情况下则表现为总体单位总量。如上例的调查目的改为调查了解全国工业企业职工的工资水平，那么，全国工业企业的职工人数就不再是总体标志总量，而成了总体单位总量。

（二）按总量指标反映时间状况的不同，分为时期指标和时点指标

时期指标：反映社会经济现象在一定时期内发展变化过程总量的指标。例如，商品销售额、总产值、基本建设投资额等，又如一年内出生人数、死亡人数、国民收入、国内生产总值等。

时点指标：反映社会经济现象在一定时点（或时刻）上所表现的数量特征总量的指标。例如，人口数、房屋的居住面积、企业数、商品库存等。第一次人口普查全国人口总数：601 938 035 人；第二次人口普查全国人口总数：723 070 269 人；第三次人口普查全国人口总数：1 031 882 511 人；第四次人口普查全国人口总数：1 160 017 381 人；第五次人口普查全国人口总数：1 295 330 000 人；第六次人口普查全国人口总数：1 339 000 000 人。

时期指标和时点指标的特点：

（1）时期指标无重复计算，可以累加，如年产值是月产值的累计数，表示年内各月产值的总和；而时点指标有重复计算，一般相加无实际意义，如月末人口数之和不等于年末人口数。

（2）时期指标数值的大小与时期长短有直接关系。一般情况下，时期越长数值越大，如年产值必定大于年内某月产值，但有些现象如利润等出现负数时，则可能出现时期越长数值越小的情况。时点指标数值与时点间隔长短没有直接关系，如年末设备台数并不一定比年内某月月末设备台数多。

（3）时期指标的数值一般通过连续登记取得，例如月产量是对每天的生产量进行登记，然后累计得到的，年产量是将 12 个月的产量累计得到的。时点指标的数值则通过间断登记取得。时点数通常是每隔一段时间登记一次。例如，年末人口数和年初人口数是时点指标，但年末人口数 - 年初人口数 = 人口净增数则为时期指标。

（三）按总量指标所采用计量单位不同，分为实物指标、价值指标和劳动量指标

1. 实物指标

实物指标是用实物单位计量的总量指标，能够直接反映事物的使用价值和现象的事物内

容，不过综合性较差，不能反映多种不同类事物的总规模、总水平。实物单位是根据事物的属性和特点而采用的计量单位，主要有自然单位、度量衡单位和标准实物单位。

（1）自然单位是按照被研究现象的自然状况来度量其数量的一种计量单位，如人口以“人”为单位，汽车以“辆”为单位，牲畜以“头”为单位等。

（2）度量衡单位是按照统一的度量衡制度的规定来度量其数量的一种计量单位，如煤炭以“吨”为单位，棉布以“尺”或“米”为单位，运输里程以“千米”为单位等。

（3）标准实物单位是按照统一折算标准来度量被研究现象数量的一种计量单位，如将各种不同含量的化肥，用折纯法折合成含量100%来计算其总量，将各种不同发热量的能源统一折合成29.3千焦/千克的标准煤单位计算其总量。

2. 价值指标

价值指标是用货币单位计量的总量指标，用来表现社会经济现象的价值总量。如国内生产总值、社会商品零售额、产品成本等，一般都是以“元”或扩大为“万元”“亿元”来计量的。价值指标具有广泛的综合性和概括性。它能将不能直接相加的产品数量过渡到能够相加，用以综合说明具有不同使用价值的产品总量或商品销售量等的总规模或总水平。价值指标广泛应用于统计研究、计划管理和经济核算之中。

3. 劳动量指标

劳动量指标是用劳动量单位计量的总量指标，一般用来反映工业企业生产的各种产品的工作总量。劳动量单位是用劳动时间表示的计量单位，如“工日”“工时”等。工时是指一个职工做一个小时的工作。工日通常指一个职工做八小时的工作。

四、计算总量指标应注意的问题

（一）明确规定每项指标的含义和范围

正确统计总量指标的首要问题就是要明确规定每项总量指标的含义和范围。例如要计算国内生产总值、工业增加值等总量指标，首先应清楚这些指标的含义、性质，才能据以确定统计范围、统计方法。

（二）注意现象的同质性

在计算实物指标的总量时，只有同质现象才能计算。同质性是由事物的性质或用途决定的。例如，可以把各种煤炭如无烟煤、烟煤、褐煤等看作一类产品来计算它们的总量，但不能把煤炭与钢铁混合起来计算。

（三）正确确定每项指标的计量单位

具体核算总量指标时，究竟采用哪一种计量单位，要根据被研究现象的性质、特点以及统计研究的目的而定，同时要注意与国家统一规定的计量单位一致，以便于汇总并保证统计资料的准确性。

第二节 相对指标

一、相对指标的概念

相对指标是两个有联系的指标数值之比，是用来反映某些事物之间数量联系程度的综合指标。相对指标是两个有联系的现象数值的比率，用以反映现象的发展程度、结构、强度、普遍程度或比例关系。初步核算，2015 年辽宁地区年生产总值（地区生产总值，各产业、各行业增加值，人均地区生产总值绝对数按现价计算，增长速度按不变价格计算）8 743.4 亿元，比上年增长 3.0%。第一产业增加值 2 384.0 亿元，增长 3.8%；第二产业增加值 13 382.6亿元，下降 0.2%；第三产业增加值 12 976.8 亿元，增长 7.1%。三次产业增加值占地区生产总值的比例由上年的 8.0∶50.2∶41.8 调整为 8.3∶46.6∶45.1。人均地区生产总值 65 521 元，比上年增长 3.1%，按年均汇率折算为 10 520 美元。

（一）相对指标的表现形式

相对指标的数值表现形式有两种：无名数和有名数。

（1）无名数是将对比的分子、分母的计量单位都去掉，用一种抽象化的数值表示，多以系数、倍数、成数、百分数和千分数表示，如人口的性别构成用“%”表示、人口的出生率用“‰”表示等。系数、倍数：分母数值抽象为 1；成数：分母数值抽象为 10；百分数：分母数值抽象为 100；千分数：分母数值抽象为 1 000。

（2）有名数是将用来对比的分子与分母的计量单位同时使用，以表明现象的强度、密度或普遍程度等，如人口密度用“人/平方公里”表示、人均国内生产总值用“元/人”表示等。

（二）相对指标的作用

（1）相对指标通过数量之间的对比，可以表明事物相关程度、发展程度，可以弥补总量指标的不足，使人们清楚了解现象的相对水平和普遍程度。例如，某企业去年实现利润 500 万元，今年实现 550 万元，则今年利润增长了 10%。2013 年年底全国总人口为 136 072 万人，出生率为 12.08‰，死亡率为 7.16‰，自然增长率为 4.92‰，2013 年人口性别比（女 =100）为 105.10。这些相对指标说明了人口的强度、比例等。

（2）把现象的绝对差异抽象化，使原来无法直接对比的指标变为可比。由于不同时期和不同空间的总量指标代表不同条件下的现象发展规模，因此往往不能直接对比。相对指标把两个总量指标数值抽象化了，从而使不能直接对比的数值变为可比。不同的企业由于生产规模条件不同，直接用总产值、利润比较评价意义不大，但如果采用一些相对指标，如对资金利润率、资金产值率等进行比较，便可对企业生产经营成果做出合理评价。例如，2015 年甲、乙两个企业的利税总额分别是 1 000 万元和 800 万元，直接依据这两个数字的大小来判断两个企业经济效益的好坏，难免会产生认识上的偏差，好像甲企业好。事实上，甲企业资本金为 1 亿元，乙企业为 500 万元，甲企业资金利税率为 10%，乙企业为 16%，显然，乙企业好。所以，我们不仅要看企业的产出，还要考虑企业的投入，用资金利税率等相对指标来比较不同生产规模的经济效益进行评价更为客观和合理。

二、相对指标的种类及其计算方法

（一）结构相对指标

结构相对指标就是根据分组法，将总体划分为若干个部分，然后以各部分的数值与总体指标数值对比而计算的比例或比率，来反映总体内部组成的综合指标。计算公式为

$$\text{结构相对指标}=\frac{\text{总体中某一部分数值}}{\text{总体全部数值}}\times 100\%$$

其中，分子与分母可以是总体单位数，也可以是总体标志总量。由于分子、分母为同一总体，因此各部分比例之和应为100%或1。

例如，反映工农业增加值的内部结构，农业内部各业构成，种植业内粮食作物，经济作物及其他作物的比例结构，消费结构中食品支出占全部生活费支出的比例（恩格尔系数），国内生产总值中第一、二、三产业间的构成等。

19世纪中叶，德国统计学家和经济学家恩格尔对比利时不同收入的家庭消费情况进行了调查，研究了收入增加对消费需求支出构成的影响，提出了带有规律性的原理。根据恩格尔系数，联合国划分贫困与富裕的档次是：恩格尔系数在59%以上为绝对贫困；50%～59%为勉强度日；40%～49%为小康水平；30%～39%为富裕；30%为最富裕。

结构相对指标是在分组的基础上计算出来的，因此科学的分组是计算结构相对指标的前提。

例3-1 某企业工人总数为500人，其中技术工人为350人，辅助工人为150人，试计算工人人数结构相对指标。

解：

$$技术工人占工人总数=\frac{350}{500}\times100\%=70\%$$

$$辅助工人占工人总数=\frac{150}{500}\times100\%=30\%$$

即该企业技术工人占工人总数70%，辅助工人占工人总数30%。

结构相对指标的作用如下：

（1）说明一定时间、地点和条件下总体内部结构的特征。

（2）不同时期结构相对指标的变化情况，可以表明事物性质的发展趋势，分析经济结构的演变规律。

例如，某市1995—2010年人口年龄结构的变化情况如表3-1所示。

表3-1 人口年龄结构资料

项目	1995年	1998年	2000年	2010年
0～14岁	22.4	22.1	20.0	16.6
65岁以上	5.7	6.4	6.9	8.87

表3-1清楚地表明了某市人口结构变动的过程和趋势。

（3）根据各构成部分所占比例的大小以及是否合理，可以分析所研究现象总体的质量和生产经营管理工作的质量以及人力、物力和财力的利用程度。如企业中的有些利用率指标（工时利用率、设备利用率、原料利用率等）可反映企业的人力、物力和财力的利用情况；产品的合格率、废品率等可反映企业的工作质量；文盲率、入学率等可表明受教育程度等。

（4）分析结构相对数，有助于分清主次，确定工作重点。

（二）比例相对指标

比例相对指标是对总体中不同组成部分的指标数值进行对比而计算的综合指标，用以分析总体范围内各个局部、各个分组之间的比例关系和协调平衡状况。计算公式为

$$比例相对指标=\frac{总体中某一部分数值}{总体中另一部分数值}$$

比例相对指标可以用百分数或几比几的形式表示。有时要求用 1 : m : n 的连比形式反映总体中各部分之间的比例关系。为了能清楚地反映各部分之间的数量关系，用来连比的组数不宜过多。

例如，某地社会劳动者人数为 59 432 万人，其中第一产业为 34 769 万人，第二产业为 12 921 万人，第三产业为 11 742 万人，三个产业劳动者人数比例为 100 : 37 : 34。

第六次人口普查男女比例为 105.2 : 100；第五次人口普查男女比例为 117 : 100；第四次人口普查男女比例为 106 : 100；第三次人口普查男女比例为 106.3 : 100；第二次人口普查男女比例为 106 : 100；第一次人口普查男女比例为 108 : 100。上述这些反映了产业的比例和人口的比例协调情况。

例 3 - 2　某企业全部职工 800 人，一线生产人员 580 人，行政管理人员 220 人，则生产人员相当于行政管理人员的比例 $=\frac{580}{220}=263.64\%$。

（1）比例相对指标分子与分母的位置一般是可以互换的。

（2）很多情况下，客观现象内部各组成部分之间是有一定的联系，并有一定的比例关系的，通过分析比例指标，调整不合理的比例，有利于保持协调发展。

比例相对指标同结构相对指标有着密切关系，结构相对指标表现为一种包含关系，分子是分母的一部分；比例相对指标的分子和分母是一种并列关系，因而分子、分母可以互换。在实际工作中，往往把结构相对指标和比例相对指标结合起来应用，既可以分析总体各部分构成比例的协调程度，又可以研究总体的结构是否合理。

（三）比较相对指标

比较相对指标就是将同类指标在相同时期内不同空间的总体指标进行比较，以反映同类现象在国家与国家、部门与部门、地区与地区、单位与单位之间发展的不平衡程度。计算公式为

$$\text{比较相对指标}=\frac{\text{甲单位（地区或部门）某类指标数值}}{\text{乙单位（地区或部门）同类指标数值}}$$

（1）用来对比的指标可以是总量指标，也可以是相对指标或平均指标，但必须是同类指标，必须具有可比性，即指标含义、计算方法、计量单位、所属时间必须一致。

（2）比较的基数视不同的研究目的而定。一般情况下，比较相对指标的分子和分母可以互换，便于从不同的角度来分析同一问题。

例如，2015 年，大连市国内生产总值为 7 700 亿元，沈阳市国内生产总值为 7 280 亿元和鞍山市国内生产总值为 2 326 亿元。以鞍山市为基础，则大连市国内生产总值为鞍山市的 331.04%；沈阳市为鞍山市的 312.98%。大连市人均 GDP 为 110 903.07 元，沈阳市人均 GDP 为 87 848.44 元，鞍山市人均 GDP 为 64 467.85 元。以鞍山市为基础，则大连市人均 GDP 为鞍山市的 172.03%；沈阳市的为鞍山市的 136.27%。

例 3 - 3　甲、乙两公司某年销售额分别为 6.8 亿元和 5.6 亿元，试计算甲、乙两公司销售额的比较相对数。

$$\text{比较相对数}=\frac{6.8}{5.6}=1.21\text{（倍）}$$

计算结果表明，该年甲公司销售额是乙公司的 1.21 倍。该例中，用各公司年平均每个员工年销售额进行对比，甲公司平均每个员工年销售额为 23.8 万元，乙公司平均每个员工

年销售额为25.6万元，则

$$比较相对数=\frac{23.8}{25.6}=93\%$$

计算结果表明，甲公司平均每个员工该年销售额为乙公司的93%。这说明虽然甲公司销售额比乙公司多，但劳动效率却低于乙公司。

比较相对指标用总量指标进行对比，往往受到总体规模和条件的影响，其结果不能反映现象发展的本质差异，所以经常采用相对指标或平均指标计算。

运用比较相对指标对不同国家、不同地区、不同单位的同类指标进行对比，有助于揭露矛盾、找出差距、挖掘潜力，促进事物进一步发展。

比较相对指标的作用如下：

（1）可以用来比较不同国家或地区的社会经济情况。

（2）可以用来比较同类现象在不同单位（地区或部门）之间的差异程度。

（四）强度相对指标

强度相对指标是两个性质不同而有联系的总量指标之间的对比，以反映现象之间的强度、密度和普遍程度。其计算公式为

$$强度相对指标=\frac{某种现象总量指标}{另一个有联系而性质不同的现象总量指标}$$

例3-4 我国土地面积为960万平方公里，第五次人口普查人口总数为129 533万人，则

$$人口密度=\frac{129\ 533}{960}=134.93（人/平方公里）$$

$$人口自然增长率=\frac{年内出生人口数-年内死亡人口数}{年平均人口数}\times 1\ 000‰$$

$$=\frac{年内人口自然增长数}{年平均人口数}\times 1\ 000‰$$

$$=人口出生率（‰）-人口死亡率（‰）$$

强度相对指标是两个不同总体的总量指标之比，所以强度相对指标一般用有名数表示，如人口密度单位是人/平方公里，商业网点密度单位是个/平方公里，但是也有用无名数表示的，通常用千分数或百分数表示。例如，人口死亡率以千分数表示，流动费用率以百分数表示等。

强度相对指标的分子和分母有时可以互换，从而形成正逆指标。

正指标：相对指标的数值大小与现象的发展程度或密度成正比。

逆指标：相对指标的数值大小与现象的发展程度或密度成反比。

正指标越大，逆指标越小，说明其强度、密度、普遍程度越大。

例3-5 某城市有人口1 000 000人，有零售商店3 000个，则

$$该城市商业网点密度=\frac{3\ 000}{1\ 000}=3（个/千人）$$

计算结果表明，该城市每千人拥有3个商业网点，指标数值越大，商业越发达，人民生活越方便，表示强度越高，这是正指标。

如果把分子和分母对换，则

$$该城市商业网点密度=\frac{1\ 000\ 000}{3\ 000}=333（人/个）$$

计算结果表明，该城市每个商业网点为333人服务，指标数值越大，则需要服务的人数越多，商业欠发达，即表示强度越低，这是逆指标。

有的强度相对指标带有“平均”的意思，如按人口均摊的医生数或病床数、人均国内生产总值、人均国民收入等。但它与严格意义上的平均数有本质区别。平均指标是同一总体中的标志总量与总体数量之比，用以反映总体各单位某一标志值的一般水平，即平均指标的分子与分母均为同一总体，如平均工资；而强度相对指标中的分子与分母是两个不同总体的总量指标之比，用以表示现象的强度、密度和普及程度。

强度相对指标的作用有以下几个方面：

（1）反映一个国家、地区或部门的经济实力并便于对比分析，如人均国民收入、人均粮食产量、人均钢产量等。

（2）说明为社会服务的能力，如按人口均摊的医生数或病床数、商业网点密度等。

（3）考核企业或社会的经济效益。许多重要的经济效益指标都是强度相对指标，如利润率、商品流通费用率、资金占用率等都是反映经济效益高低的指标。

（五）动态相对指标

动态相对指标又称发展速度，是把同类现象不同时期的两个指标进行比较，用以说明该现象发展变化的方向和程度。其计算公式为

$$动态相对指标（\%）=\frac{报告期水平}{基期水平}\times 100\%$$

通常，作为比较标准的时期称为基期，与基期对比的时期称为报告期。

例3-6　2001年我国国内生产总值为95 533亿元，2000年为89 404亿元，如果把2000年选作基期，则

$$动态相对数=\frac{95\ 533}{89\ 404}=106.9\%$$

表3-2　某地区2000—2005年生产总值发展速度

年份	全区生产总值/亿元	发展速度/%
2000	2 080	107.3
2001	2 279	108.2
2002	2 524	110.5
2003	2 821	110.2
2004	3 434	111.8
2005	4 016	112.5

（六）计划完成相对指标

1. 计划完成相对指标的概念及计算

定义：计划完成相对指标是把某一时期某一社会经济现象的实际完成数与计划数进行对

比，借以检查计划的完成情况和执行程度，又称计划完成百分比、计划完成程度，通常用%表示。其计算公式为

$$计划完成程度相对指标=\frac{实际完成数}{计划数}\times 100\%$$

例 3－7 某企业 2005 年产品计划达到 1 500 吨，实际为 2 000 吨，则产量计划完成程度为多少？

解： $产量计划完成程度=\frac{2\ 000}{1\ 500}\times 100\%=133.33\%$

计划完成指标要求分子、分母在指标含义、计算口径、计算方法、计算单位、时间范围以及空间范围等方面必须完全一致，并且分子、分母不能互换。

1）计划完成程度指标的计算

实际应用中固定的计划指标有三种形式，即总量指标、相对指标和平均指标，因此这一基本公式的应用也有三种形式。

（1）计划指标为总量指标，计算公式：

$$计划完成程度（\%）=\frac{实际完成数}{计划数}\times 100\%$$

该指标适用于考核社会经济现象的规模或水平的计划完成程度。

例 3－8 某商业企业某年商品销售额计划为 1 000 万元，实际完成 1 200 万元，则

$$计划完成数=\frac{1\ 200}{1\ 000}\times 100\%=120\%$$

计算结果表明，该企业超额 20% 完成了商品销售额计划。

（2）计划指标为相对指标，其计算公式为

$$计划完成程度（\%）=\frac{1\pm 实际提高（降低）百分数}{1\pm 计划提高（降低）百分数}\times 100\%$$

该指标适用于考核社会经济现象的降低率、增长率的计划完成程度。

例 3－9 某公司劳动生产率计划规定 2000 年比 1999 年提高 8%，实际提高 10%，则该公司计划完成程度为多少？

$$计划完成程度（\%）=\frac{1+10\%}{1+8\%}\times 100\%=101.85\%$$

计算结果表明，该公司的劳动生产率实际比计划超额 1.85% 完成。

例 3－10 某产品上年度实际成本为 400 元，本年度计划降低 5%，实际降低 6%，则单位成本的计划完成程度为多少？

$$单位成本的计划完成程度（\%）=\frac{1-6\%}{1-5\%}\times 100\%=98.95\%$$

计算结果表明，该产品已经超额完成了单位成本计划，实际比计划降低了 1.05%。

（3）计划指标是平均指标，其计算公式为

$$计划完成程度（\%）=\frac{实际平均水平}{计划平均水平}\times 100\%$$

该指标用于考核平均水平，表示技术经济指标的计划完成程度。

例 3－11 某年某厂某种产品计划单位成本 50 元，实际单位成本 45 元，则计划完成程度为多少？

$$单位成本计划完成程度（\%）=\frac{45}{50}\times 100\%=90\%$$

计算结果表明，该企业单位成本实际比计划降低 10%，超额完成计划。

2）计划完成程度相对指标的评价

在计算计划完成程度相对指标时，不能一概认为大于 100% 就是超额完成了计划，而小于 100% 就没有完成计划。计划完成的好坏要视指标的类型而定。比如，产量、产值、收入和利润等增产增收指标，计算结果等于或大于 100% 才算完成或超额完成计划；对于如财政赤字、原材料消耗等节约节支指标，计算结果等于或小于 100% 才算完成或超额完成计划。

2. 计划进度执行情况检查

在计划执行过程中，要对计划进度经常进行检查，以了解进度的快慢，保证计划的实现。其计算公式为

$$计划执行进度（\%）=\frac{计划期内截止到某阶段的累计实际完成数}{计划期总数}\times 100\%$$

例 3-12　某商业企业某年计划销售额 320 万元，到 9 月底累计销售额 260 万元，则累计到三季度为止销售计划执行进度为多少？

$$累计到三季度止计划执行进度（\%）=\frac{260}{321}\times 100\%=81.25\%$$

计算结果表明，该企业某年三季度已过，进度已完成计划任务的 81.25%，时间过去 2/3，任务的完成也超过 2/3，说明计划进度执行较快。

评价计划执行进度情况的一般原则是均衡性原则。与时间推进一致，即时间过半，完成数也应过半，以避免前松后紧或前紧后松的现象。

3. 中长期计划完成情况的检查

若检查的是长期计划，则根据计划制订方式的不同，可采用水平法和累计法进行测算。

（1）水平法指在计划制订中，以计划期最后一年应达到的能力水平为目标时，应采用的计算方法。其计算公式为

$$长期计划完成相对数=\frac{长期计划末年实际达到的水平}{长期计划末年规定达到的水平}\times 100\%$$

按水平法计算长期计划提前完成时间的方法是：以计划期内连续一年（只要连续 12 个月，不论是否为同一日历年度）达到计划规定的最末一年为标准，若连续累计 12 个月实际完成数达到计划规定最末一年的水平，就算完成计划，剩余时间即提前完成计划的时间。

例 3-13　我国某地区"十一五"计划规定粮食产量 2010 年达到年产量 42 500 万吨的水平，实际执行结果，2010 年达到 43 500 万吨。

$$计划完成程度=\frac{期末实际达到的水平}{计划规定的期末水平}=\frac{43\ 500}{42\ 500}=102.35\%$$

即超过完成计划 2.35%。

如果"十一五"计划规定某企业某产品 2010 年年产量应达到 120 万吨的水平，实际执行结果从 2009 年 7 月到 2010 年 6 月止连续 12 个月产量已达到 120 万吨的水平，那么提前完成计划的时间为 6 个月。

（2）累计法。如果长期计划规定整个计划期内累计应达到的水平，应采用累计法。其计算公式为

$$长期计划完成相对数=\frac{长期计划期间实际累计完成数}{长期计划规定任务数}\times 100\%$$

提前完成计划时间的计算方法是：从期初往后连续考察，只要实际累计完成数达到计划规定的累计任务数，即完成长期计划，剩余时间为提前完成时间。

例 3－14 我国某地区“十一五”计划规定：2005—2010 年的 5 年社会固定资产投资总额为 12 960 亿元，实际完成 19 745.75 亿元，则

$$计划完成程度=\frac{5\text{ 年计划期间累计完成数}}{5\text{ 年计划规定的累计数}}=\frac{19\ 745.75}{12\ 960}=152.36\%$$

如某地区“十一五”时期基本建设投资总额规定为 20 亿元，而该地区到 2010 年 6 月 30 日止实际完成投资额累计已达到 20 亿元，即提前半年完成计划。

第三节 总量指标和相对指标运用原则

一、保持对比指标数值的可比性原则

可比性是指对比的指标在含义、内容、范围、时间、空间和计算方法等口径方面是否完全一致，相互适应。

由于相对指标是将相互联系的指标进行对比，以反映事物内部与事物之间的数量联系程度，所以所对比的指标是否可比是运用相对指标的前提。

当对比的两指标不可比时，要注意适当调整，比如价格变化。

遵循可比性原则，主要是为了保证对比的结果能够确切地说明问题，得出有意义的正确结论，这也说明了我们应该选择合适的对比基数。

二、相对指标与总量指标结合运用的原则

相对指标与总量指标分别从不同的方面来反映总体的特征，它们的意义是不同的，因此运用相对指标分析问题时，只有把计算相对指标所依据的总量指标联系起来，才能对客观事物做出正确的判断。

三、根据需要将各种相对指标结合使用

各种相对指标的作用不同，从不同方面说明所研究的问题，为了全面而深入地说明现象及其发展过程的规律性，应根据统计研究的目的，将各种相对指标结合起来对事物进行纵、横两个方面的对比分析。只有把多种相对指标结合运用，才能深入、全面地说明问题。

本章小结

总量指标是反映社会经济现象在一定时间、地点、条件下所达到的总规模、总水平或工作总量的一种综合统计指标。它只能用绝对数来表示，所以又称为绝对数指标。总量指标的数值表现形式为绝对数或绝对数的差额，且有一定的计量单位；总量指标的数值大小随总体

范围的大小而增减。按总量指标反映总体内容的不同，分为总体单位总量和标志总量；按总量指标反映时间状况的不同，分为时期指标和时点指标；按总量指标所采用计量单位不同，分为实物指标、价值指标和劳动指标。时期指标和时点指标有如下特点：时期指标无重复计算，可以累加；时点指标不可累计相加。时期指标数值的大小与时期长短有直接关系；时点指标数值与时点间隔长短没有直接关系。时期指标的数值一般通过连续登记取得；时点指标的数值则通过间断登记取得。

相对指标是两个有联系的指标数值之比，用来反映某些事物之间数量联系程度的综合指标。相对指标是两个有联系的现象数值的比率，用以反映现象的发展程度、结构、强度、普遍程度或比例关系。相对指标的表现形式有两种：无名数和有名数。无名数，多以系数、倍数、成数、百分数和千分数表示。

结构相对指标就是根据分组法，将总体划分为若干个部分，然后以各部分的数值与总体指标数值对比而计算的比例或比率来反映总体内部组成的综合指标。其中分子与分母可以是总体单位数，也可以是总体标志总量。由于分子、分母为同一总体，因此各部分比例之和应为100%或1。比例相对指标是对总体中不同组成部分的指标数值进行对比而计算的综合指标，用以分析总体范围内各个局部、各个分组之间的比例关系和协调平衡状况。比例相对指标可以用百分数或几比几的形式表示。有时要求用 $1:m:n$ 的连比形式反映总体中各部分之间的比例关系。比较相对指标就是将同类指标在相同时期内不同空间的总体指标进行比较，以反映同类现象在国家与国家、部门与部门、地区与地区、单位与单位之间发展的不平衡程度。比较相对指标用总量指标进行对比，往往受到总体规模和条件的影响，其结果不能反映现象发展的本质差异，所以经常采用相对指标或平均指标计算。强度相对指标是两个性质不同而有联系的总量指标之间的对比，以反映现象之间的强度、密度和普遍程度。有时强度相对指标的分子和分母可以互换，从而形成正逆指标。有的强度相对指标带有“平均”的意思，但它与严格意义上的平均数有本质区别。动态相对指标又称发展速度，是把同类现象不同时期的两个指标进行比较，用以说明该现象发展变化的方向和程度。

计划完成相对指标是把某一时期某一社会经济现象的实际完成数与计划数进行对比，借以检查计划的完成情况和执行程度。实际应用中固定的计划指标有三种形式，即总量指标、相对指标和平均指标，因此这一基本公式的应用也有三种形式。在计算计划完成程度相对指标时，不能一概认为大于100%就是超额完成了计划，而小于100%就没有完成计划。计划完成的好坏要视指标的类型而定。比如，产量、产值、收入和利润等增产增收指标，计算结果等于或大于100%才算完成或超额完成计划；对于如财政赤字、原材料消耗等节约节支指标，计算结果等于或小于100%才算完成或超额完成计划。若检查的是长期计划，则根据计划制订方式的不同，可采用水平法和累计法进行测算。

总量指标和相对指标运用时要保持对比指标数值的可比性；相对指标与总量指标结合运用；根据需要将各种相对指标结合使用。

技能训练题

一、单项选择题（在备选答案中，选择一个正确答案，将其序号写在括号内）

1. 某厂的劳动生产率，计划比去年提高5%，执行结果提高10%，则劳动生产率的计划完成程度为（　　）。

A. 104.76%　　B. 95.45%　　C. 200%　　D. 4.76%

2. 反映不同总体中同类指标对比的相对指标是（　　）。

A. 强度相对指标　　B. 比较相对指标

C. 结构相对指标　　D. 计划完成程度相对指标

3. 某月甲工厂的工人出勤率，属于（　　）。

A. 结构相对数　　B. 比较相对数　　C. 强度相对数　　D. 平均数

4. 强度相对数是（　　）。

A. 平均每个工人的工业总产值　　B. 平均每个农村居民的农业总产值

C. 平均每个售货员的商品销售额　　D. 平均每亩粮田的粮产量

5. 计算计划完成程度时，分子和分母的数值（　　）。

A. 只能是平均数

B. 只能是相对数

C. 只能是绝对数

D. 既可以是绝对数，也可以是相对数或平均数

6. 用累计法检查 5 年计划的执行情况适用于（　　）。

A. 规定计划期初应达到的水平　　B. 规定计划期内某一时期应达到的水平

C. 规定计划期末应达到的水平　　D. 规定计划期全期应达到的水平

7. 数值随着总体范围大小发生增减变化的统计指标是（　　）。

A. 总量指标　　B. 相对指标　　C. 平均指标　　D. 标志变异指标

8. 将总量指标按其反映总体总量的内容不同分为（　　）。

A. 总体标志总量指标和总体单位总量指标

B. 时期指标和时点指标

C. 实物总量指标和价值总量指标

D. 动态指标和静态指标

9. 若以我国工业企业为研究对象，则总体单位总量指标为（　　）。

A. 工业企业总数　　B. 工业职工总人数

C. 工业设备台数　　D. 工业增加值

10. 下列表述正确的是（　　）。

A. 总体单位总量与标志总量无关

B. 总体单位总量和标志总量是相对的

C. 某一总量指标在某一总体中是单位总量指标，则在另一总体中也一定是单位总量指标

D. 某一总量指标在某一总体中是标志总量指标，则在另一总体中也一定是标志总量指标

11. 某地区年末居民储蓄存款余额是（　　）。

A. 时期指标　　B. 时点指标　　C. 相对指标　　D. 平均指标

12. 下列指标中，不是时期指标的是（　　）。

A. 森林面积　　B. 新增林地面积　　C. 减少林地面积　　D. 净增林地面积

13. 下列指标中属于时点指标的是（　　）。

A. 国内生产总值　　B. 劳动生产率

C. 固定资产投资额　　D. 居民储蓄存款余额

14. 下列指标中属于时期指标的是（　　）。

A. 人口出生数　　B. 人口总数　　C. 人口自然增长率　D. 育龄妇女数

15. 宏发公司2006二季度完成销售额551万元，三季度完成销售额600万元，完成计划的96%，则三季度计划比二季度增加销售额（　　）。

A. 4万元　　B. 49万元　　C. 74万元　　D. 84万元

16. 按照计划，宏发公司今年产量比上年增加30%，实际比计划少完成10%，同上年相比，今年产量实际增长程度为（　　）。

A. 12%　　B. 17%　　C. 40%　　D. 60%

17. 相对指标是不能直接相加的，但在特定条件下，个别指标可以相加，如（　　）。

A. 结构相对指标　　B. 动态相对指标

C. 比例相对指标　　D. 强度相对指标

18. 宏发公司2006年计划规定利润应比2005年增长10%，实际执行的结果比2005年增长了12%，则其计划完成程度为（　　）。

A. 83%　　B. 120%　　C. 101.8%　　D. 98.2%

19. 宏发公司第一季度单位产品原材料消耗量为5公斤，第二季度计划降低5%，第二季度实际单耗为4.5公斤，计划完成程度为（　　）。

A. 90%，差10%没有完成单耗降低计划

B. 90%，超额10%完成单耗降低计划

C. 95%，差5%没有完成单耗降低计划

D. 95%，超额5%完成单耗降低计划

20. 某企业全员劳动生产率计划规定提高4.5%，实际执行结果提高了6%，则全员劳动生产率的计划完成程度为（　　）。

A. 133.3%　　B. 101.4%　　C. 101.6%　　D. 98.4%

21. 总量指标数值大小（　　）。

A. 随总体范围增大而增大　　B. 随总体范围增大而缩小

C. 随总体范围缩小而增大　　D. 与总体范围大小无关

22. 下列属于总量指标的是（　　）。

A. 出勤率　　B. 合格率　　C. 人均产粮　　D. 工人人数

23. 某企业某月产品销售额为20万元，月末库存商品为30万元，这两个总量指标是（　　）。

A. 时期指标　　B. 时点指标

C. 前者为时期指标，后者为时点指标　　D. 前者为时点指标，后者为时期指标

24. 结构相对数指标计算公式中的分子和分母（　　）。

A. 只能同是总体单位数

B. 可以同是总体单位数，也可以同是总体标志数值

C. 只能同是总体标志数值

D. 可以一个是总体单位数，另一个是总体标志数值

25. 某产品按五年计划规定，最后一年的产量应达到45吨，执行情况如表3－3所示。该产品计划是否提前完成？提前多久完成？（　　）。

表3－3　某产品五年计划产量

	第一年	第二年	第三年		第四年				第五年			
			上半年	下半年	一季度	二季度	三季度	四季度	一季度	二季度	三季度	四季度
产量/万吨	31.5	33	17	19	10	10	12	12	12	12	10	11

A. 是提前。提前三年完成，因为第一、二年共完成64.5万吨
B. 刚好完成。因为第五年正好完成45万吨
C. 提前。提前三个季度完成，因为第四年二季度至第五年一季度累计完成45万吨
D. 没有提前完成任务

26. 某企业产值计划完成程度为102%，实际比基期增长12%，则计划规定比基期增长（　　）。

A. 10%　　B. 9.8%　　C. 8.5%　　D. 6%

27. 某产品单位成本计划规定比基期下降3%，实际比基期下降3.5%，单位成本计划完成程度为（　　）。

A. 85.7%　　B. 99.5%　　C. 100.5%　　D. 116.7%

28. 按人口平均计算的钢产量是（　　）。

A. 算术平均数　　B. 比例相对数　　C. 比较相对数　　D. 强度相对数

29. 属于不同总体的不同性质指标对比的相对数是（　　）。

A. 动态相对数　　B. 比较相对数　　C. 强度相对数　　D. 比例相对数

30. 我国第五次人口普查结果，男、女之间的对比关系为1.063：1，这个数是（　　）。

A. 比较相对数　　B. 比例相对数　　C. 强度相对数　　D. 结构相对数

31. 总体标志总量（　　）。

A. 说明总体单位特征　　B. 表示总体本身的规模大小
C. 指总体各单位标志值的总和　　D. 指总体单位总量

32. 用水平法检查五年计划的执行情况适用于（　　）。

A. 规定计划期初应达到的水平　　B. 规定五年累计应达到的水平
C. 规定计划期内某一期应达到的水平　　D. 规定计划期末应达到的水平

二、多项选择题（在备选答案中，选择两个或两个以上正确答案，将其序号写在括号内）

1. 下列相对指标中，哪些指标的分子、分母可互相变换位置（　　）。

A. 比例相对数　　B. 结构相对数　　C. 比较相对数　　D. 强度相对数
E. 动态相对数

2. 以统计分组为计算前提的相对指标有（　　）。

A. 比较相对数　　B. 比例相对数　　C. 强度相对数　　D. 结构相对数
E. 计划完成相对数

3. 下面哪些指标是时点指标（　　）。

A. 在校学生人数　B. 毕业学生数　C. 人口出生数　D. 人口数
E. 土地面积

4. 计算和应用相对指标应注意（　　）。
A. 正确选择作为对比标准的基数　B. 分子、分母必须是总量指标
C. 指标对比要有可比性　D. 分子、分母必须属于同一总体
E. 有关相对指标和绝对指标应结合应用

5. 下列指标中，属于强度相对指标的有（　　）。
A. 人均国民收入　B. 职工平均工资
C. 人均棉花产量　D. 人均粮食产量
E. 学生平均年龄

6. 对某地区居民的粮食消费情况进行研究时（　　）。
A. 居民的粮食消费总量是单位总量指标、时期指标
B. 居民的人口数和粮食消费总量都是时期指标
C. 居民的粮食消费总量是总体标志总量、时期指标
D. 该地区居民人口数是总体标志总量、时期指标
E. 该地区居民人口数是总体单位总量、时点指标

7. 相对指标的数值表现形式是（　　）。
A. 绝对数　B. 无名数　C. 有名数　D. 平均数
E. 上述情况都存在

8. 比较相对指标可用于（　　）。
A. 实际水平与计划水平的比较　B. 不同国家、地区、单位间的比较
C. 落后水平与先进水平的比较　D. 实际水平与标准水平的比较
E. 不同时期的比较

9. 在相对指标中，属于不同总体数值对比的指标有（　　）。
A. 比较相对指标　B. 强度相对指标　C. 动态相对指标　D. 结构相对指标
E. 比例相对指标

10. 下列指标中的强度相对指标有（　　）。
A. 工人劳动生产率　B. 人口死亡率
C. 人均国民生产总值　D. 人均粮食消费量
E. 人均粮食占有量

11. 下列指标中的结构相对指标是（　　）。
A. 2000 年全地区人均粮食产量 386 千克
B. 2000 年某地区积累率为 30%
C. 2000 年某地区国有企业职工占职工总人数的 73%
D. 2000 年某地区固定资产投资总额为 1999 年的 2 倍
E. 2000 年某地区农业生产总值比 1999 年增加 4%

12. 下列统计指标为总量指标的有（　　）。
A. 人口密度　B. 工资总额　C. 物资库存量
D. 人均国民生产总值　E. 货物周转量

13. 下列统计指标属于时期指标的有（　　）。

A. 职工人数　　B. 工业总产值

C. 人口死亡数　　D. 粮食总产值

E. 铁路货物周转量

14. 一个地区一定时期的商品零售额属于（　　）。

A. 时点指标　　B. 时期指标　　C. 总量指标　　D. 质量指标

E. 数量指标

15. 下列统计指标属于总量指标的是（　　）。

A. 工资总额　　B. 商业网点密度　　C. 商品库存量

D. 人均国民生产总值　　E. 进出口总额

16. 下列指标中的结构相对指标是（　　）。

A. 集体所有制企业职工总数的比例　　B. 某工业产品产量比上年增长的百分比

C. 大学生占全部学生的比例　　D. 某年积累额占国民收入的比例

E. 某年人均消费额

17. 2001 年我国发行长期建设国债 1 500 亿元；2001 年年底，居民个人储蓄存款余额突破 75 000 亿元。这两个指标（　　）。

A. 都是时期数　　B. 都是时点数　　C. 都是绝对数

D. 前者是时点数，后者是时期数　　E. 前者是时期数，后者是时点数

18. 2001 年年底全国就业人员 73 025 万人，比上年年底增加 940 万人，年底城镇登记失业率为 3.6%，（　　）。

A. 就业人数是时期数　　B. 增加的就业人数是时期数

C. 就业人数是时点数　　D. 失业率是结构相对数

E. 就业人数和增加人数都是绝对数

19. 下列指标属于相对指标的是（　　）。

A. 某地区平均每人生活费为 245 元　　B. 某地区人口出生率为 14.3%

C. 某地区粮食总产量为 4 000 万吨　　D. 某产品产量计划完成程度为 113%

E. 某地区人口自然增长率为 11.5%

20. 时点指标的特点是（　　）。

A. 不同时间数值可以相加　　B. 不同时间数值不可以相加

C. 数值只能间断登记　　D. 调查资料需连续登记

E. 数值与时期长短有关

三、填空题

1. 总量指标是计算（　　）和（　　）的基础。总量指标按反映现象总体的内容不同可分为（　　）和（　　）；按其反映的时间状况不同可分为（　　）和（　　）。

2. 总量指标的计量单位有（　　）、（　　）和（　　）三种形式。

3. 相对指标数值有（　　）和（　　）两种形式。（　　）是一种抽象化的数值，多以（　　）、（　　）、（　　）、（　　）或（　　）表示。

4. 积累额与消费额的比例为 1/3，则积累额占国民经济收入使用额的 25%，前者为

（　　　）相对指标，后者为（　　　）相对指标。

5. 强度相对指标数值大小有正指标和负指标之分，如果与现象发展程度或密度成正比例，则称之为（　　　），反之则称之为（　　　）。

6. 某产品单位成本水平计划降低 3.5%，实际降低 5.5%，则计划完成程度为（　　　）。

7. 相对指标中分子、分母不能互换的有（　　　）、（　　　）和（　　　）。

8. 实物单位有（　　　）、（　　　）和（　　　）。

9. 按水平法计算计划完成程度的公式为（　　　）；按累计法计算计划完成程度的公式为（　　　）。

10. 结构相对数是（　　　）与（　　　）对比的结果。

11. 甲班组的日产量是乙班组的 112%，这是（　　　）相对指标。

12. 某地区某年的财政总收入为 248.50 亿元，从反映总体的时间上看，该指标是（　　　）指标；从反映总体的内容上看，该指标是（　　　）指标。

13. 检查长期计划的完成程度时，若计划任务规定的是长期计划期末应达到的水平，则检查计划完成程度应采用（　　　）法。

14. 有些强度相对指标的分子和分母可以互换，形成（　　　）和（　　　）两种计算方法。

15. 检查长期计划的完成情况有（　　　）和（　　　）两种检查方法。

16. 属于同一总体对比的相对指标有（　　　）、（　　　）和（　　　）；属于不同总体对比的相对指标有（　　　）和（　　　）。

17. 某高校在校学生人数是（　　　）指标，其数值（　　　）相加，毕业生人数是（　　　）指标，其数值（　　　）相加。

四、判断题（把正确的符号“√”或错误的符号“×”填写在题前的括号内）

1. （　　）据统计，去年全国净增人口为 1 543 万人，这是时点指标。

2. （　　）我国耕地面积占世界的 7%，养活世界 22% 的人口，上述两个指标是结构相对指标。

3. （　　）总体标志总量表明总体本身规模的大小。

4. （　　）在研究工业企业生产设备基本情况时，工业生产设备数是总体单位总量。

5. （　　）某养殖场 2001 年年底奶牛存栏头数为 5 万头，说明了奶牛在年内发展的总规模。

6. （　　）结构相对指标当中的“结构”，指的就是总体内总体单位之间的关系。

7. （　　）强度相对指标中，其分子指标变动与分母指标变动无关。

8. （　　）某公司 2001 年计划完成利润总额 1 260 万元，实际完成程度为 115%；2001 年利润总额计划比 2000 年增长 10%，则该公司实际利润额 2001 年比 2000 年增长 26.5%。

9. （　　）用水平法检查五年计划完成情况时，只要从五年计划期开始至某一时期止所累计完成数达到计划规定的累计数就算完成了五年计划。

10. （　　）若甲、乙、丙三个企业的产值计划完成程度分别为 90%、100% 和 110%，则这三个企业平均的产值计划完成程度应为 100%。

11.（　　）劳动量指标通常是用工日或工时表示的，实际上是一个复合单位。

12.（　　）若计划完成相对数的数值大于100%，就说明超额完成了计划。

13.（　　）相对指标的可比性原则是指对比的两个指标的总体范围、时间范围、计算方法等都要相同。

14.（　　）反映总体内部构成特征的指标只能是结构相对数。

15.（　　）人口按人、发电量按度计量均属于自然计量单位。

16.（　　）全国粮食总产量与全国人口对比计算的人均粮食产量是平均指标。

17.（　　）某企业生产某种产品的单位成本，计划在上年的基础上降低2%，实际降低了3%，则该企业差1%没有完成计划任务。

18.（　　）时期指标和时点指标不是固定不变的，它们可以随研究对象的改变而发生变化。

五、简答题

1. 简述总量指标的概念和种类。
2. 举例说明什么是总体单位总量、总体标志总量。
3. 举例说明什么是时期指标、时点指标。
4. 时期指标、时点指标各具什么特点?
5. 如何进行计划完成程度相对指标的计算和评价?
6. 简述结构相对指标和比例相对指标的概念、特点及计算。
7. 比较相对指标的概念、特点、计算及作用。
8. 简述强度相对指标的概念、特点及正逆指标的计算。
9. 简述强度相对指标的作用。
10. 简述总量指标和相对指标运用时的原则。

六、计算题

1. 某商场2011年计划规定商品流转额为2 350万元，商品流转额计划完成95%，2011年流转额计划比2010年降低2%。试确定2011年商品实际流转额相比2010年的下降量。

2. 某企业2012年产品销售计划为上年的110%，2012年实际完成销售额为上年的115%，试计算该企业2012年产品销售计划完成程度。

3. 假定某企业资料如表3－4所示，试根据给定资料计算有关相对指标。

表3－4　某企业2012年产品资料

产品	2012年计划产值/万元	2012实际产值/万元
甲	2 000	2 400
乙	500	600
合计	2 500	3 000

4. 某公司所属三个工厂2010年和2011年增加值完成情况如表3－5所示，计算并填写表中各空格的数字。

表 3 –5 某公司所属三个工厂 2010 年和 2011 年增加值完成情况

厂名	2010 年实际增加值/万元	2011 年增加值					2011 年为 2010 年的百分比
		计划		实际		计划完成/%	
		增加值/万元	比例/%	增加值/万元	比例/%		
宏光机器厂	90			110			
自力配件厂	130	100				100. 0	
长征轴承厂	230	150		237. 5		95. 0	
合计					100		

5. 某厂某年计划工业总产值 200 万元，实际完成 220 万元，求计划完成程度相对指标。

6. 某厂生产某产品的单位成本计划在去年的基础上降低 6%，实际降低了 7. 6%，求成本降低计划完成程度相对指标。

7. 某厂计划规定劳动生产率比上年提高 10%，实际提高了 15%，求劳动生产率提高计划完成程度相对指标。

8. 某厂某年计划工业总产值为 200 万元，到第三季度止已完成 150 万元，求累计到第三季度止实际完成全年计划产值进度情况。

9. 2011—2015 年，五年计划的基本建设投资为 2 200 亿元。五年实际累计完成 2 240 亿元，实际至 2015 年 6 月底累计投资额已达 2 200 亿元。求计划完成程度相对指标及提前完成计划的时间 。

10. 某市零售商业网点 1978 年 1 847 个，1994 年 106 114 个；平均人口 1 978 年 278. 85 万人，1994 年 376. 5 万人。试分别计算零售商业网点密度的正指标和逆指标。

11. 某公司所属三个企业的产值计划执行情况如表 3 –6 所示。

要求：

（1）试计算表中空格所缺数字并填入表中。

（2）若丙企业也能完成任务，则产值将增加多少万元？该公司将超额完成计划百分之几？

表 3 –6 某公司所属三个企业的产值计划执行情况

企业	本季度				上季度实际产值/万元	实际产值与上季度对比增减/%
	计划		实际产值/万元	计划完成/%		
	产值/万元	比例/%				
甲	105				92	
乙	160		112	100	130	
丙				96	200	
合计	500	100				

12. 某企业今年计划产值比去年增长 5%，实际计划完成 108%，问今年产值比去年增

长多少？

13. 我国2001年高校招生及在校生资料如表3－7所示。

要求：

（1）分别计算各类高校招生人数的动态相对数。

（2）计算普通高校与成人高校招生人数比。

（3）计算成人高校在校生数量占所有高校在校生数量的比例。

表3－7 我国2001年高校招生及在校生资料 单位：万人

学校	招生人数	比上年增招人数	在校生人数
普通高校	268	48	719
成人高等学校	196	40	456

14. 我国2000年和2001年进出口贸易总额资料如表3－8所示。

要求：

（1）分别计算2000年、2001年的进出口贸易差额。

（2）计算2001年进出口总额比例相对数及出口总额增长速度。

（3）分析我国进出口贸易状况。

表3－8 我国2000年和2001年进出口贸易总额资料

时间	出口总额/亿元	进口总额/亿元
2000年	2 492	2 251
2001年	2 662	2 436

15. 根据表3－9，计算强度相对数的正指标和逆指标，并根据正指标数值分析该地区医疗卫生设施的变动情况。

表3－9 某地区2010年和2011年医疗卫生设施变动情况

指标	2010年	2011年
医院数/家	40	56
地区人口数/万人	84.4	126.5

16. 某公司下属三个企业有关资料如表3－10所示，试根据指标之间的关系计算并填写表中所缺数字。

表3－10 某公司下属三个企业有关资料

企业	一月实际产值/万元	二月				二月实际产值为一月的百分比
		计划产值/万元	计划产值比例/%	实际产值/万元	计划完成/%	
甲	125					
乙	200	150			110	
丙	100	250			100	
合计		500			95	

第四章

数据分布特征的测度

学习目标

- ▶ 掌握平均指标的概念及种类
- ▶ 熟悉加权算术平均数计算的两种形式及影响因素
- ▶ 掌握算术平均数的概念及计算
- ▶ 掌握调和平均数的概念及计算
- ▶ 熟悉算术平均数和调和平均数的关系
- ▶ 掌握几何平均数的概念及计算
- ▶ 掌握众数、中位数的概念及计算
- ▶ 掌握标志变异指标的概念和作用
- ▶ 了解全距的概念及计算
- ▶ 熟悉平均差的概念及计算
- ▶ 掌握标准差、标准差系数的概念及计算
- ▶ 熟悉偏态与峰度的测度

案例导入

用同一种测量方法测量多次的平均数比测量一次得到的数据更可靠。即使用一种很准确很可靠的仪器对同一物体进行重复测量，由于一些无法控制的影响，每次得到的结果也不见得一样。（美国）国家标准与技术协会（NIST：National Institute of Standards and Technology）的原子钟非常准确，它的准确程度是每600万年误差1秒，但是也并不是百分之百准确。

世界标准时间是世界协调时间，是由位于法国塞夫尔的国际计量局（BIPM）“编辑”的。BIPM并没有比NIST更好的钟，它给出的时间是根据世界各地200个原子钟的平均时间得来的。

下面是NIST的时间与正确时间的10个误差数据（秒）：

0.000 000 000	0.000 000 000	0.0 000 000 002
0.0 000 000 005	-0.0 000 000 003	-0.0 000 000 001
0.0 000 000 006	-0.0 000 000 005	-0.0 000 000 001
0.000 000 000		

长期来讲，对时间的度量并没有偏差。NIST 的秒有时比 BIPM 的短，有时比 BIPM 的长，并不是都较短或较长。尽管 NIST 的测量很准确，但从上面的数字还是可以看出有些差异。世界上没有百分之百可靠的度量，但用多次测量的平均数比只用一次测量的结果可靠程度更高。这就是 BIPM 要参考很多原子钟时间的原因。

资料来源：李庆东，等．统计学概论［M］．大连：东北财经大学出版社，2013.

思考

BIPM 要参考很多原子钟时间的原因是世界上没有百分之百可靠的度量，但用多次测量的平均数比只用一次测量的结果可靠程度更高。那么什么是平均数？平均数怎样计算？平均数有什么作用？

第一节　集中趋势的测度

集中趋势（Central Tendency）是指一组数据向某一中心值靠拢的倾向，测度集中趋势也就是寻找数据一般水平的代表值或中心值。在统计学中用平均指标来测度数据的集中趋势。从不同角度考虑，集中趋势的测度值有多个，本节介绍几个主要测度值的计算方法、特点及应用场合。

一、平均指标的概述

平均指标又叫平均数，是社会经济统计广泛应用的一种综合指标，在统计学中有着重要的地位。它是反映同质总体内各单位某一数量标志值在一定时间、地点条件下所达到的一般水平，是总体内各单位参差不齐的标志值的代表值。例如，当人们要了解目前国内人口的年龄状况时，往往运用人口的平均年龄来说明。

平均指标通常分为数值平均数和位置平均数两大类。其中，数值平均数主要包括算术平均数、调和平均数、几何平均数等，位置平均数主要包括中位数、众数。

二、集中趋势测度的统计指标

（一）算术平均数

算术平均数是平均数最普遍的形式，平时人们谈到平均数而又未特别说明其形式时，通

常指的就是算术平均数，其基本计算公式为

$$\text{算术平均数}=\frac{\text{总体标志值总量}}{\text{总体单元总量}}$$

1. 简单算术平均数

根据未分组的原始统计资料，将总体各单位的标志值简单相加得到总体标志值总量，然后除以总体单位总量，这种方法称为简单算术平均法。

设一组数据为 x_1，x_2，…，x_n，则算术平均数 $\bar{x}$ 的计算公式为

$$\bar{x}=\frac{x_1+x_2+\cdots+x_n}{n}=\frac{1}{n}\sum_{i=1}^{n}x_i$$

式中，$\bar{x}$ 代表算术平均数；x_i代表各单位标志值；$\sum$ 代表求和符号；n 代表总体单位数。

例 4-1　某车间某生产班组有 11 名工人，日产量分别为 15、17、19、20、22、22、23、23、25、26、30（件），所有工人平均日产量为多少？

$$\text{平均日产量 }\bar{x}=\frac{15+17+19+20+22+22+23+23+25+26+30}{11}=22\text{（件）}$$

简单算术平均数的计算只适用于总体单位数较少，且未分组的情况。如果总体单位数较多，且资料已经编制成分组资料，则平均指标的计算需采用加权算术平均数的计算方法。

2. 加权算术平均数

设原始数据被分为 k 组，各组的变量值或组中值为 x_1，x_2，…，x_k，各组变量值出现的频数分别为f_1，f_2，…，f_k，则加权算术平均数 $\bar{x}$ 的计算公式为

$$\bar{x}=\frac{x_1\cdot f_1+x_2\cdot f_2+\cdots+x_k\cdot f_k}{f_1+f_2+\cdots+f_k}=\frac{\sum\limits_{i=1}^{k}x_i f_i}{\sum\limits_{i=1}^{k}f_i}$$

也可简化为

$$\bar{x}=\frac{\sum xf}{\sum f}$$

式中，$\bar{x}$ 代表加权算术平均数；x_k代表各组标志值；f 代表各组单位数，又叫次数。

例 4-2　某车间有 100 名工人，根据他们的日产量编制的分配数列如表 4-1 所示，计算这 100 名工人的平均日产量。

表 4-1　某车间工人平均日产量计算

日产量/件 x	工人数/人 f	总产量 $x\cdot f$
30	15	450
31	38	1 178
35	34	1 190
36	13	468
合计	100	3 286

根据表 4-1 中的资料，先分别计算出各组工人的总产量，然后汇总，得到这 100 名工

人的总产量，再除以全部工人数，即得到工人的平均日产量。

$$平均日产量 = \frac{450 + 1\ 178 + 1\ 190 + 468}{100} = 32.86\ （件）$$

以上例子说明，加权算术平均数是在分配数列的条件下计算的，它要求首先求出每组的标志总量，加总得到总体标志总量，然后除以总体单位总量，计算得到结果。

从上例可以看出，工人的日产量不仅受各组工人日产量水平高低的影响，还受各组工人数多少的影响。在各组日产量不变的情况下，各组工人数的多少就影响了平均日产量的高低。这说明，在分配数列中，平均数的大小不仅取决于总体各单位标志值 x，同时也取决于各单位标志值的次数 f。如果某组的次数较大，则说明该组的标志值个数较多，即该组标志值的大小对平均数的影响就越大，次数少的标志值对平均数的影响也相应地小。也就是说，平均数总是接近于次数较高组的标志值。次数的多少，对平均数的大小有权衡轻重的影响作用，所以，统计上又把次数称为权数。用权数计算的平均数就称为加权算术平均数。

权数除用总体各组单位数即次数或称频数形式表示外，还可以用比例或称频率的相对数形式表示。因此，便有另一种加权算术平均数的计算形式，就是用各组标志值乘以各组相应的频率求和得到。其计算公式如下：

$$\bar{x} = x_1 \frac{f_1}{\sum f} + \frac{f_2}{\sum f} + \cdots + x_n \frac{f_n}{\sum f} = \sum x \frac{f}{\sum f}$$

用次数和频率两种形式计算的加权算术平均数，计算的结果是一致的。

例 4－3 根据上例，各组工人所占比例如表 4－2 所示。

表 4－2 某车间工人平均日产量计算

日产量/件 x	各组工人占全部工人的比例/% $\frac{f}{\sum f}$	$x\frac{f}{\sum f}$
30	15	4.5
31	38	11.78
35	34	11.90
36	13	1.68
合计	100	32.86

$$平均日产量 = 30 \times 15\% + 31 \times 38\% + 35 \times 34\% + 36 \times 13\% = 32.86\ （件）$$

从计算中可以看出，影响加权算术平均数大小的不是各组标志值出现次数的多少，而是各组单位数占总体的比例，相对权数才是计算加权算术平均数的实质权数。

但是，当变量数列中各变量值出现的次数相等时，权数就不再起权衡轻重的作用了。加权算术平均数的计算结果和简单算术平均数的计算结果相同，也就是说，当各组权数相同时，加权算术平均数就变成了简单算术平均数，简单算术平均数是加权算术平均数的特例。

从公式可以看出，当 $f_1 = f_2 = \cdots = f_n = k$ 时：

$$\bar{x} = \sum \frac{xf}{f} = \frac{(x_1 + x_2 + \cdots + x_n)k}{nk} = \frac{k\sum x}{nk} = \frac{\sum x}{n}$$

上例是根据单项式数列计算的加权算术平均数，如果计算依据的是组距式数列，则需要用组中值代替各组标志值来计算。

例 4－4　某储蓄所为 120 个企业的贷款情况如表 4－3 所示，求该储蓄所平均为每个企业发放的贷款额。

表 4－3　某储蓄所贷款数据

贷款额/万元	组中值 x	贷款户数/户 f	各组贷款额/万元 $x \cdot f$
20 以下	10	16	160
20～40	30	28	840
40～60	50	45	2 250
60～80	70	21	1 470
80 以上	90	10	900
合计	—	120	5 620

$$\text{每个企业平均贷款额} = \frac{\sum xf}{\sum f} = \frac{10 \times 16 + 30 \times 28 + 50 \times 45 + 70 \times 21 + 90 \times 10}{16 + 28 + 45 + 21 + 10}$$

$$= \frac{5\ 620}{120} = 46.83\ \text{（万元）}$$

这里需要指出的是，用组中值代替各组标志值进行计算是有一定假定性的，即假定各组内标志值呈现均匀分布，因此计算出的平均数只是一个近似值，而不是准确数值。用组中值代替各组标志值进行计算，关键取决于分组是否科学、准确。分组做得越好，组中值越具有代表性，计算结果越接近实际。

（二）调和平均数

调和平均数是总体各单位标志值倒数的算术平均数的倒数，又称倒数平均数（或调和均值）。统计中的调和平均数，主要是作为算术平均数的变形来使用的。两者在本质上是一致的，区别是计算时使用了不同的数据。

调和平均数也分简单调和平均数和加权调和平均数两种计算形式。

1. 简单调和平均数

简单调平均数是先计算总体中各单位标志值倒数的简单算术平均数，然后将其结果求倒数。其计算公式为

$$H = \frac{n}{\sum_{i=1}^{n} \frac{1}{x_i}}$$

例 4－5　市场上某种蔬菜，早市 0.25 元/斤，午市 0.33 元/斤，夜市 0.20 元/斤。若早、中、晚各买 1 元钱的，求蔬菜的平均价格。

$$\text{平均价格} = \frac{\text{购买金额}}{\text{购买量}} = \frac{1 + 1 + 1}{\frac{1}{0.25} + \frac{1}{0.33} + \frac{1}{0.20}} = \frac{3}{12} = 0.25\ \text{（元/斤）}$$

2. 加权调和平均数

加权调和平均数是总体各单位标志值倒数的加权算术平均数的倒数。其计算公式为

$$H = \frac{\sum_{i=1}^{n} m_i}{\sum_{i=1}^{n} \frac{1}{x_i} m_i}$$

式中，x_i代表各组标志值；m_i代表各组标志总量，叫作权数。

例4-6 某企业产品成本资料如表4-4所示，计算平均成本。

表4-4 某企业产品成本资料

品种	单位成本/（元·件$^{-1}$）	总成本/元	产量/件
甲	15	2 250	150
乙	20	4 000	200
丙	40	4 000	100
合计	—	10 250	450

计算平均单位成本的基本运算公式应为

$$\text{平均单位成本} = \frac{\text{总成本}}{\text{总产量}}$$

这里，相应的单位数，即各类产品产量并没有直接给出，只能根据各类产品单位成本与总成本计算出产量数，按加权调和平均数方法计算。计算结果如下：

$$\text{平均单位成本} = \frac{\sum m}{\sum \frac{m}{x}} = \frac{10\ 250}{450} = 22.78\ \text{（元/件）}$$

统计平均数不仅可以根据绝对数计算，而且可以根据相对数或平均数进行计算。例如，计算平均利润率、平均合格率、平均计划完成程度等。权数应根据所研究现象的性质及特点灵活选择。

例4-7 某公司下设三个部门，其销售资料如表4-5所示。求该公司的平均销售利润率。

表4-5 某公司下属三个部门的销售资料

部门	销售利润率/% x	销售额/万元 f
A	12	100
B	10	200
C	7	150
合计	—	450

三个部门的平均利润率就是该公司的平均利润率。销售利润率等于利润额与销售额之

比，所以将各部门的利润率乘以销售额，得到各部门的利润额，求和后，用各部门的利润总和除以销售额，由此计算出平均利润率。其计算过程如下：

$$\bar{x} = \sum \frac{xf}{f} = \frac{12\% \times 100 + 10\% \times 200 + 7\% \times 150}{100 + 200 + 150} = \frac{42.5}{450} = 9.44\%$$

例 4－8　上例中，如缺少销售额，而已知利润额资料，如表 4－6 所示，则三个部门的平均销售利润率同样要用利润额与销售额之比计算得到，而销售额则需根据各部门的利润额除以销售利润率计算获得。其计算过程如下：

$$\text{平均销售利润率} = \frac{\sum m}{\sum \frac{m}{x}} = \frac{12 + 20 + 10.5}{\frac{12}{12\%} + \frac{20}{10\%} + \frac{10.5}{7\%}} = \frac{42.5}{450} = 9.44\%$$

表 4－6　某公司下属三个部门的销售资料

部门	销售利润率/% x	利润额/万元 m
A	12	12.0
B	10	20.0
C	7	10.5
合计	—	42.5

通过以上两个例子可以说明，当由相对数或平均数计算平均数时，若所掌握的资料是相对数或平均数的分子资料，则将其作为权数，采用加权调和平均数计算；若所掌握的是相对数或平均数的分母资料，则将其作为权数，采用加权算术平均数进行计算。

（三）几何平均数

几何平均数是 n 个变量值的 n，主要用于计算平均比率和平均速度。因为这类变量值的连乘积等于总比率或总速度，故不能用算术平均法，而只能用几何平均法求其平均值。

根据所掌握资料的表现形式不同，几何平均数分为简单几何平均数和加权几何平均数两种形式。

1. 简单几何平均数

简单几何平均数是根据未分组资料计算的几何平均数。其计算公式为

$$G = \sqrt[n]{\prod_{i=1}^{n} x_i}, \quad i = 1, 2, \cdots, n$$

式中，G 代表几何平均数；x_i 代表各单位标志值；Π 代表连乘符号。

例 4－9　某生产企业有 5 个连续流水作业的车间，各车间的产品合格率分别为 96%、93%、95%、90%、85%，求该企业的平均合格率。

因为各车间合格率连乘，等于该企业总的合格率，所以应该采用几何平均法求平均合格率，计算过程如下：

$$G = \sqrt[5]{96\% \times 93\% \times 95\% \times 90\% \times 85\%} = \sqrt[5]{0.648\,821} = 0.917\,1 = 91.71\%$$

由以上计算可以看出，利用几何平均数计算平均比率或平均速度需要满足两个前提条件：

（1）各比率或速度的连乘积等于总比率或总速度。

（2）各个比率和速度不得为零或为负值。

2. 加权几何平均数

如果各个标志值出现的次数不同，则计算几何平均数采用加权的形式。加权几何平均数的计算公式如下：

$$G = \sqrt[f_1+f_2+f_3+\cdots+f_n]{x_1^{f_1} \cdot x_2^{f_2} \cdot x_3^{f_3} \cdot \cdots \cdot x_n^{f_n}} = \sqrt[\sum f]{\Pi x^f}$$

式中，f 代表各单位标志值出现的次数，即权数；x_i 代表各单位标志值。

例 4－10 某建设项目从银行贷款，贷款期限为 10 年，复利计息。前五年贷款年利率为 3%，第三年至第五年贷款年利率为 5%，后两年的年利率为 3%，这笔贷款的平均年利率是多少？

复利计息是指各年的利息是以上一年的本利和为基础计算的，因年各年的本利率的连乘积等于总的本利率。具体计算过程如下：

$$\text{平均年本利率} = G = \sqrt[f_1+f_2+f_3+\cdots+f_n]{x_1^{f_1} \cdot x_2^{f_2} \cdot x_3^{f_3} \cdot \cdots \cdot x_n^{f_n}} = \sqrt[\sum f]{\Pi x^f}$$

$$= \sqrt[5+3+2]{10.3^5 \times 1.05^3 \times 1.06^2} = 104.193\%$$

$$\text{平均年利率} = 104.193\% - 1 = 4.193\%$$

（四）中位数

中位数与前面讲过的三种数值平均数的不同之处在于：它不是根据总体的全部标志值计算的，而是根据其在分配数列中所处的位置确定的，因此被称为位置平均数。

中位数的确定方法，是将总体各单位标志值按大小顺序排列，处于数列中点位置的即中位数，常用字母 M_i 表示。

由于中位数位置居中，不受极端值的影响，因此当数列存在异常波动时，特别是存在极端值时，以中位数代替算术平均数作为集中趋势的测度值较为准确。许多国家政府发布的个人收入、人口年龄的平均值，往往用中位数代替，因为它能够较准确地代表总体各单位的一般水平，在实际应用中较为普遍。如集市贸易上某种商品大多数的成交价格，大多数消费者服装和鞋帽的尺码，大多数家庭的人口数。

（1）对于未分组资料，假如 N 个变量值已按大小顺序排列，则有中位数：

$$M_i = \begin{cases} x_{k+1}, & \text{当 } N = 2k+1 \text{ 时} \\ \dfrac{x_k + x_{k+1}}{2}, & \text{当 } N = 2k \text{ 时} \end{cases}$$

例 4－11 某生产小组有 9 名工人，其年龄按由小至大的顺序排列为：22、24、25、26、27、29、30、32、33（岁），则中位数为第 5 名工人的年龄——27 岁。

若将此例改为 10 名工人，他们的年龄由小至大的顺序排列为：22、24、25、26、27、29、30、32、33、37（岁），则中位数为排列在第 5、第 6 位工人年龄的简单算术平均数，即

$$\text{中位数} = \frac{27+29}{2} = 28 \text{（岁）}$$

（2）对于组距式数列，需依据各组变量值在组内均匀分布的假定，先根据累计频数及 $\sum(f/2)$ 求出中位数所在的组，然后根据中位数所在组频数占全组频数的比例来推算中位

数所在位置的变量值。由于累计频数有由小到大和由大到小两种，因此中位数的计算公式也有两种：

$$M_i = L + \frac{\frac{\sum f}{2} - S_{m-1}}{f_m} \times d \qquad \text{（下限公式）}$$

$$M_i = U - \frac{\frac{\sum f}{2} - S_{m+1}}{f_m} \times d \qquad \text{（上限公式）}$$

式中，L 代表中位数所在组的下限；U 代表中位数所在组的上限；d 代表中位数所在组的组距；f_m 代表中位数所在组的频数；S_{m-1} 代表中位数以下各组的累计频数；S_{m+1} 代表中位数以上各组的累计频数。

（五）众数

众数是总体中出现次数最多的标志值，常用字母 M_O 表示。由于它出现的次数最多，所以可以用众数作为各标志值的代表值，代表总体单位的一般水平，反映数据分布的集中趋势。

众数通常按分组资料确定，根据变量数列的不同，确定众数可以采用不同的方法。

1. 由单项式变量数列确定众数

由单项式变量数列确定众数比较简单，只要找出次数最多的标志值即可。

2. 由组距式变量数列确定众数

对于组距式变量数列，首先确定出现次数最多的组，即众数所在组，然后用下式计算众数：

$$M_i = L + \frac{\Delta_1}{\Delta_1 + \Delta_2} \times d \qquad \text{（下限公式）}$$

或

$$M_i = U - \frac{\Delta_2}{\Delta_1 + \Delta_2} \times d \qquad \text{（上限公式）}$$

式中，L 代表众数所在组的下限；U 代表代表众数所在组的上限；d 代表众数所在组的组距；Δ_1 代表众数所在组次数与前一组次数之差；Δ_2 代表众数所在组次数与后一组次数之差。

例 4－12　现检测某厂生产的一批电子元件的耐用时间，检测资料如表 4－7 所示。

表 4－7　某厂电子元件耐用时间

按耐用时间分组/小时	产品件数/件	比例/%
1 050 ~ 1 100	3	6
1 100 ~ 1 150	5	10
1 150 ~ 1 200	8	16
1 200 ~ 1 250	14	28
1 250 ~ 1 300	10	20
1 300 ~ 1 350	6	12
1 350 ~ 1 400	4	8
合计	50	100

从表 4 - 7 中资料可以看出，出现次数最多的是 1 201 ~ 1 250 这一组，众数则在这一组。

按下限公式计算：

$$M_O = 1\ 200 + \frac{14-8}{(14-8)\ +\ (14-10)} \times 50 = 1\ 230\ （件）$$

按上限公式计算：

$$M_O = 1\ 250 - \frac{14-10}{(14-8)\ +\ (14-10)} \times 5 = 1\ 230\ （件）$$

众数是一种位置平均数，不受极端值影响，当数列存在异常波动时，能够较准确地代表总体各单位的一般水平，在实际应用中较为普遍。如集市贸易上某种商品大多数的成交价格，大多数消费者服装和鞋帽的尺码，大多数家庭的人口数等，这些都是众数，能够表示一般水平的代表值。

需要指出的是，上面给出的众数的计算公式在等距数列的情况下，代表性是最强的，或者至少变量数列中间频数最多的几个组应该是等距的。否则，组距如果差异过大，众数的代表性就会大大降低，甚至失去意义。

三、众数、中位数和均值的关系

众数、中位数和均值是集中趋势的三个主要测度值，它们有不同的特点与应用场合。众数、中位数和均值三者之间的关系如图 4 - 1 所示。

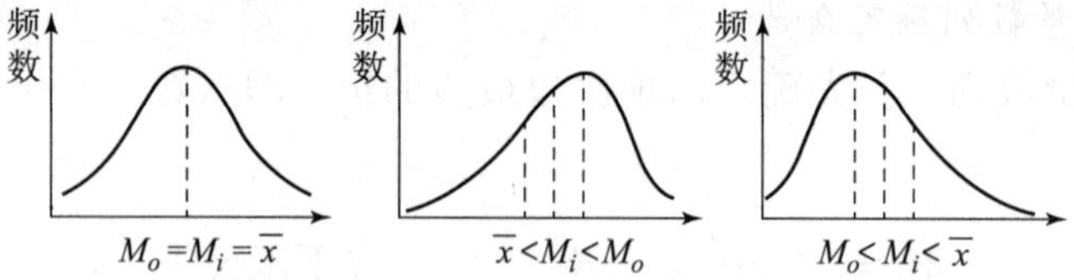

图 4 - 1　众数、中位数和均值三者之间的关系

（a）对称分布；（b）左偏分布；（c）右偏分布

从分布的角度来看，众数始终是一组数据分布的最高峰值，中位数是处于一组数据中间位置上的值，而均值是全部数据的算术平均。因此，对同一组数据计算众数、中位数和均值，三者之间具有以下关系：在单峰条件下，如果数据的分布是对称的，则众数、中位数和均值必定相等，即 $M_O = M_i = \bar{x}$；如果数据是左偏分布，说明数据存在极小值，必然拉动均值向极小值一方靠，众数和中位数由于是位置的代表值，不受极值的影响，因此三者之间的关系表现为：$\bar{x} < M_i < M_O$；如果数据是右偏分布，说明数据存在极大值，必然拉动均值向极大值一方靠，则 $M_O < M_i < \bar{x}$。

四、应用平均指标需注意的问题

1. 注意社会经济现象的同质性

同质性，就是总体各单位在被平均的标志上具有同类性，这是应用平均指标的基本原则。如果各单位在类型上是不同的，特别是在社会生产关系上存在着根本差别，那么这样的平均数不仅不能反映事物的本质和内存规律性，而且还会歪曲事物本质，掩盖事实真相，即使算出平均数的数值，也只是“虚构的”“不真实的”。例如，在研究农民收入水平的变化时，如果把长期在外打工和长期从事非农业生产劳动的农民，如从事工业、建筑业、商业的农民的收入与从事农业生产劳动的农民的收入合在一起来计算“农民的收入”，则平均的结果不能真实反映农民收入水平的真实变化，因为两者的收入无论是在构成上还是在使用的性质上都存在着显著的差异。只有在同质总体的基础上计算和应用平均指标，才有真实的社会经济意义。

2. 注意用组平均数补充说明总体平均数

平均指标反映了总体单位某一数量标志值的一般水平，但却掩盖了各组之间的差异。总体各组之间及组内各单位之间的差异往往影响总体的特征和分布规律，各组结构变动也会对总体变动产生影响。为了全面认识总体的特征和分布规律，需要将平均指标与统计分组结合起来，用组平均数补充说明总体平均数。

3. 注意用分配数列补充说明总体平均数

平均指标的重要特征是把总体各单位的数量差异抽象化，掩盖各单位的数量差异及其分布情况。因此，需要用分配数列补充说明总体平均数。

第二节　离散程度的测度

一、离散指标的概述

（一）标志变异指标的概念

集中趋势只是数据分布的一个特征，所反映的是各变量值向中心值聚集的程度，仅靠它描述数据是不充分的。例如，我们要检测厚度为 3 mm 的塑料布，若随机从工厂产品中选择 100 张，发现其平均厚度为 3 mm，这能说明所有的塑料布厚度如我们希望的 3 mm 吗？有可能出现这样的情况，即有 50 张塑料布的厚度为 1 mm，其余 50 张为 5 mm，此时得到平均厚度也为 3 mm。因此，我们需要确定塑料布的厚度是如何在均值 3 mm 的周围分散的，即分析各变量值之间的差异状况，这就需要考察数据的分散程度。数据分散程度是数据分布的另一个重要特征，所反映的是各变量值远离其中心值的程度，因此也称为离中趋势。集中趋势的各测度值是对数据一般水平的一个概括性度量，对一组数据的代表程度取决于该组数据的离散水平。测定数据离散程度的指标，我们通常叫作标志变异指标，标志变异指标是反映总体各单位标志值差异程度的综合指标，又称标志变动度。数据的离散程度越大，集中趋势的测度值对该组数据的代表性就越差；离散程度越小，其代表性就越好。离中趋势的各测度值（变异指标或离散指标）就是对数据离散程度所做的描述。分布的离散程度可以从不同角度，运用不同的变异指标进行考察。

常见的标志变异指标有极差、异众比率、分位差、平均差、标准差和方差离散系数等，其中标准差是最为重要的变异指标。

（二）标志变异指标的作用

1. 标志变异指标反映总体数据分布的离中趋势

现象总体数据总是围绕着总体平均数变动，平均数是个变动中心，统计平均数反映数据的集中趋势。而标志变异指标表明总体各单位数据的分散程度，反映总体数据相对于变动中心来说的离中趋势。总体数据变动差异越大，变异指标数值越大，表明总体数据的离中趋势越大；反之，变异指标数值越小，表明总体数据的离中趋势越小。所以说标志变异指标反映总体数据分布的离中趋势。

2. 标志变异指标可以衡量平均数的代表性

平均指标作为数据分布的代表值，其代表性如何，取决于各变量值之间的差异程度。这种关系表现为：变异指标越大，平均指标的代表性越小；反之，变异指标越小，平均指标的代表性就越大。

3. 标志变异指标可以说明现象总体变动的均衡性、稳定性

计算同类总体的标志变异并进行比较，可以观察标志值变动的稳定程度或均衡状态。例如，观察工业企业的生产情况，在研究生产计划完成程度的基础上，利用标志变异指标可以测定生产过程的均衡性；另外，测定产品质量的稳定性也需要利用标志变异指标。标志变异指标还是衡量投资风险程度的尺度，如果投资收益的标准差大，则说明投资收益的不确定性大，即风险大；如果投资收益的标准差小，则说明投资收益的风险小。

4. 标志变异指标是确定必要抽样单位数的必要依据

进行抽样调查时，为了合理地利用人力、物力、财力和时间，应正确地确定必要的样本单位数（具体内容见第八章抽样推断），抽取的样本单位数过多或过少都会影响样本平均指标的代表性，而标志变异指标的大小可以帮助我们正确地确定必要的样本单位数。

二、标志变异指标的计算

（一）极差

极差（Range）也称全距，是一组数据的最大值与最小值之差，用来反映数据的最大变动范围。其计算公式为

$$R = 最大标志值 - 最小标志值$$

例 4－13 有两个学习小组的统计学原理成绩分别为：

甲组：65 70 80 90 95

乙组：78 79 80 81 82

应用算术平均数计算两个小组的平均成绩都是 80 分。分别计算两个组的全距：

$$R_{甲} = 95 - 65 = 30\ （分）$$

$$R_{乙} = 82 - 78 = 4\ （分）$$

计算结果表明 $R_{甲} > R_{乙}$，说明第一组的分数变动程度远大于第二组的分数变动程度，或者说第一组资料的离中趋势远大于第二组资料的离中趋势。

对于组距分组数列，也可以近似表示为

$$R = 最高组上限 - 最低组下限$$

全距是描述数据离散程度的最简单的测度值，其计算简便，易于理解，能粗略地说明数据的变动范围，但全距受极端值的影响，不能全面而充分地反映现象总体数据的离散程度，一般不能用以评价平均数的代表性。

在实际工作中，全距计算比较简单、直观，常用来检查产品质量的稳定性和进行质量控制。在正常生产条件下，产品质量指标如强度、硬度、浓度、长度等的全距总在一定范围内波动，若全距超过给定的范围，就说明有异常情况出现。

不难看出全距的特点是：计算方法简单，容易被理解和应用；计算结果受极端数值影响很大；不能全面反映所有标志值的真实变动程度，应用组距数列测定全距必须参考原始数

据；只能粗略地描述数据离散程度。

（二）平均差

平均差是各单位标志值与其算术平均数的离差绝对值的算术平均数，一般用符号 $A.D$ 表示，用来反映总体分布的离中趋势。由于各标志值与算术平均数的离差之和等于零，因此计算平均差时，采用离差的绝对值。平均差越大，表明总体分布的离中趋势越大，标志变异程度也越大，平均数代表越低；反之，平均差越小，平均数代表越高。

由于所掌握的资料不同，平均差的计算公式有两种形式：简单平均差和加权平均差。

（1）根据未分组资料计算简单算术平均差，其公式为

$$A.D = \frac{\sum |x - \bar{X}|}{n}$$

例 4－14　某班 10 名女生和 10 名男生某门课程的期中考试成绩如表 4－8 所示，计算男女生组的平均差。

表 4－8　某班男、女生组成绩及平均差计算

女生组			男生组		
成绩 x	离差 $x-\bar{x}$	$\|x-\bar{x}\|$	成绩 x	离差 $x-\bar{x}$	$\|x-\bar{x}\|$
68	－12	12	60	－20	20
70	－10	10	62	－18	18
72	－8	8	63	－17	17
76	－4	4	65	－15	15
80	0	0	76	－4	4
82	2	2	88	8	8
85	5	5	95	15	15
88	8	8	96	16	16
89	9	9	97	17	17
90	10	10	98	18	18
合计	0	68	合计	0	148

$$\bar{X}_{女生} = \frac{\sum x}{n} = 80,\quad \bar{X}_{男生} = \frac{\sum x}{n} = 80$$

根据简单算术平均法计算两个组成绩的平均差分别为

$$A.D_{女生} = \frac{\sum |x - \bar{X}|}{n} = \frac{68}{10} = 6.8(分)$$

$$A.D_{男生} = \frac{\sum |x - \bar{X}|}{n} = \frac{148}{10} = 14.8(分)$$

通过计算可以看出，在平均成绩相等的情况下，女生组的平均差是 6.8 分，男生组的平均差是 14.8 分，男生组的平均差明显大于女生组，说明女生组平均成绩的代表性要大于男生组平均成绩的代表性，也说明女生的成绩比男生的成绩更加均匀。

（2）根据分组资料计算加权平均差，其公式为

$$A.D = \frac{\sum |x - \overline{X}| f}{\sum f}$$

例 4－15 利用表 4－9 的资料，计算加权平均差。

表 4－9 加权平均差计算

按日产量分组/ x/件	工人数 f/人	$\lvert x-\overline{X}\rvert$	$\lvert x-\overline{X}\rvert \cdot f$
15	2	3.375	6.750
18	1	0.375	0.750
19	3	0.625	1.250
21	2	3.625	7.250
合 计	8	—	16.000

$$A.D = \frac{\sum |x - \overline{X}| f}{\sum f} = \frac{16.000}{8} = 2(\text{件})$$

平均差考虑了每个标志值的离差，弥补了全距的不足，但由于对离差取绝对值不便于进行数学处理，因而在实际应用中受到了很大的限制。

（五）方差与标准差

标准差又称均方差，是总体各单位标志值与其算术平均数的离差平方的算术平均数的平方根。它是标志变异指标中最重要、最常用的指标，通常以符号“σ”表示。标准差的平方称为方差，用符号 σ^2 表示。

1. 变量标准差的计算

根据所掌握资料的不同，变量标准差的计算有简单平均法和加权平均法两种。

（1）未经分组整理的原始数据，采用简单平均法计算标准差。其计算公式为

$$\sigma = \sqrt{\frac{\sum (x - \overline{X})^2}{n}}$$

例 4－16 根据表 4－10 所示资料，编制男、女生成绩标准差计算表并比较平均成绩的代表性。

$$\sigma_{\text{女生}} = \sqrt{\frac{\sum (x - \bar{x})^2}{n}} = \sqrt{\frac{598}{10}} = 7.73(\text{分})$$

$$\sigma_{\text{男生}} = \sqrt{\frac{\sum (x - \bar{x})^2}{n}} = \sqrt{\frac{2\ 412}{10}} = 15.53(\text{分})$$

计算结果表明，男、女生两个组平均成绩相等，而女生组成绩的标准差小于男生组成绩的标准差，因而女生组平均成绩的代表性比男生组的要好。

（2）经过分组整理后的变量数列，采用加权平均法计算标准差。其计算公式为

$$\sigma = \sqrt{\frac{\sum (x - \bar{x})^2 f}{\sum f}}$$

表 4－10　某班男、女生组成绩标准差计算表

女生组			男生组		
成绩 x	离差 $x-\overline{X}$	离差平方 $(x-\overline{X})^2$	成绩 x	离差 $x-\overline{X}$	离差平方 $(x-\overline{X})^2$
68	－12	144	60	－20	400
70	－10	100	62	－18	324
72	－8	64	63	－17	289
76	－4	16	65	－15	225
80	0	0	76	－4	16
82	2	4	88	8	64
85	5	25	95	15	225
88	8	64	96	16	256
89	9	81	97	17	289
90	10	100	98	18	324
合计	0	598	合计	0	2 412

例 4－17　根据表 4－11 所示资料，采用加权平均法计算该村农户某年人均纯收入的标准差。

表 4－11　某村农户某年人均纯收入标准差计算表

按年人均纯收入分组/元	组中值 x	农户数 f/户	$x \cdot f$	$x-\bar{x}$	$(x-\bar{x})^2$	$(x-\bar{x})^2 f$
1 200～1 400	1 300	5	6 500	－726	527 076	2 635 380
1 401～1 600	1 500	10	15 000	－526	276 676	2 766 760
1 601～1 800	1 700	80	136 000	－326	106 276	8 502 080
1 801～2 000	1 900	130	247 000	－126	15 876	2 063 880
2 001～2 200	2 100	180	378 000	74	5 476	985 680
2 201～2 400	2 300	50	115 000	274	75 076	3 753 800
2 401～2 600	2 500	30	75 000	474	224 676	6 740 280
2 601～2 800	2 700	15	40 500	674	454 276	6 814 140
合计	—	500	1 013 000	—	—	34 262 000

$$\overline{X}=\frac{\sum xf}{f}=\frac{1\ 013\ 000}{500}=2\ 026(\text{元})$$

$$\sigma=\sqrt{\frac{\sum (x-\bar{x})^2 f}{\sum f}}=\sqrt{\frac{34\ 262\ 000}{500}}=261.77(\text{元})$$

当同类总体不同数据组的平均水平相等时，可以通过标准差的大小来比较平均水平的代表性，衡量现象总体的均衡性和稳定性。

在实际计算中，有时可将上述标准差公式进行变形，从而使计算更简便些。如：

对于未分组资料：$\sigma = \sqrt{\frac{\sum (x-\bar{x})^2}{n}} = \sqrt{\frac{\sum x^2}{n} - \left(\frac{\sum x}{n}\right)^2} = \sqrt{\overline{x^2} - \bar{x}^2}$

对于分组资料：$\sigma = \sqrt{\frac{\sum (x-\bar{x})^2 f}{\sum f}} = \sqrt{\frac{\sum x^2 f}{\sum f} - (\bar{X})^2}$

2. 是非标志标准差的计算

有些品质标志的表现可分为具有某种属性和不具有某种属性两种。比如，将全部产品分为合格品与不合格品两组；在评审企业内部控制系统时，将评审结果分为评审过关和不过关两组。这种用“是”与“否”、“有”与“无”来表示的标志称为是非标志或交替标志。

为方便对是非标志表现进行离散状况分析，一般对是非标志的表现进行量化处理，以0表示不具有某种属性的标志值，以1表示具有某种属性的标志值。

设 n 为总体单位数，其中具有某种属性的单位数用 n_1 表示，不具有某种属性的单位数用 n_0 表示，则有 $n = n_1 + n_0$。各部分单位数在总体单位总数中所占的比例称为成数，其中具有某种属性的单位数的比例称为是的成数，用 p 表示；不具有某种属性的单位数的比例称为非的成数，用 q 表示。所以，$p + q = 1$。

交替标志的平均数与标准差分别为

$$\bar{x} = \frac{\sum xf}{\sum f} = \frac{1 \times n_1 + 0 \times n_0}{n_1 + n_0} = \frac{n_1}{n} = p$$

$$\sigma_p = \sqrt{\frac{\sum (x-\bar{x})^2 f}{\sum f}} = \sqrt{\frac{(1-p)^2 n_1 + p^2 n_0}{n}} = \sqrt{(1-p)^2 p + p^2 q}$$

由于 $p + q = 1$，所以 $q = 1 - p$。

$$\sigma_p = \sqrt{(1-p)^2 p + p^2 q} = \sqrt{p(1-p)(1-p+p)} = \sqrt{p(1-p)}$$

从而，是非标志的标准差为：$\sigma_p = \sqrt{p(1-p)}$。

计算结果表明，交替标志的平均数就是交替标志中具有某种属性的单位数在总体中所占的比例；其标准差就是具有某种属性的单位数在总体中所占比例和不具有这种属性的单位占总体比例的乘积的平方根。

例 4－18 某银行为提高工作效率，规定了为客户办理业务的时间，经观察有3%的业务超时，97%的业务符合规定，则该银行客服时间符合规定的标准差为

$$\sigma_p = \sqrt{p\ (1-p)} = \sqrt{0.97 \times 0.03} = 17.05\%$$

当是非标志的成数为0.5时，其标准差也等于0.5，是成数标准差的最大值。

标准差是每个标志值与其均值的平均离差，能准确地反映出数据的离散程度，具有数学性质上的优点，分析数值合理，是实际中应用最广泛的离散程度测度值。

标准差数值的大小受三个因素的影响：一是标志值的差异程度；二是总体一般水平的高低；三是计量单位。当所对比的两组数据属于不同类总体或水平高低不同时，不能采用标准差进行对比分析。

（六）离散系数

上面介绍的全距、平均差和标准差都是反映总体中各单位标志值分散程度的绝对值，

与平均指标有相同的计量单位。数值的大小，不仅受各单位标志值差异程度的影响，还要受到数列水平高低的影响，也就是说，上述离散程度测度值的大小与数列本身平均水平的高低有关。平均水平越高，标志值的绝对差异程度越大；平均水平越低，标志值的绝对差异程度越小。所以上述离散程度的测度值，只适用于平均水平相同的数列进行比较。若对比不同水平或不同计量单位的变量数列之间的标志变异程度，就不能直接用上述指标进行比较。为消除变量值水平高低和计量单位不同对离散程度测度值的影响，需要计算离散系数。

离散系数又称变异系数，是变异指标和平均指标的比值，用来反映总体分布的离散趋势。它消除了总体平均水平高低和计量单位不同对离散程度测度值的影响，可用于对不同类总体或不同水平总体的分布差异程度进行比较分析。

变异系数主要有全距系数、平均差系数、标准差系数等，其中最常用的是标准差系数。

标准差系数是标准差与其相应的均值之比，用 V_σ 表示，是反映数据离散程度的相对指标。其计算公式为

$$V_\sigma = \frac{\sigma}{\overline{X}} \times 100\%$$

例 4－19　某班两组学生统计基础成绩如表 4－12 所示，试问：两组学生平均成绩的代表性哪个大？为什么？

表 4－12　某班两组学生统计基础成绩

一组		二组	
成绩/分	人数/人	成绩/分	人数/人
64	1	70	1
70	3	73	2
76	4	76	3
82	3	79	2
88	1	82	1
合计	12	合计	9

通过计算可知，一组学生的平均成绩为 77.2 分，二组学生的平均成绩是 75.4 分。两组成绩的标准差分别为 6.645 3 分和 3.322 6 分。根据标准差系数公式，得出

$$V_{\sigma 1} = \frac{\sigma}{\overline{X}} \times 100\% = \frac{6.645\,3}{77.2} \times 100\% = 8.6\%$$

$$V_{\sigma 2} = \frac{\sigma}{\overline{X}} \times 100\% = \frac{3.322\,6}{75.4} \times 100\% = 4.4\%$$

显然二组的标准差系数小于一组，即二组成绩的变异程度低于一组，所以二组平均成绩的代表性高于一组。

离散系数作为测度总体离散程度的指标，其重要特点是不受计量单位和标志值水平的影响，消除了不同总体之间平均水平高低和计量单位不同方面的不可比性。离散系数大，说明

该总体分布的离散程度大；反之，说明该现象分布的离散程度小。离散系数适宜不同总体的比较。

第三节 偏态与峰度的测度

集中趋势和离散程度是数据分布的两个重要特征，但要全面了解数据分布的特点，还需要知道数据分布的形状是否对称、偏斜的程度以及分布的扁平程度等，这就需要通过偏度和峰度来进一步体现分布的形态特征，而这些测定是以标准差为基础进行的。

一、偏态及其测度

偏度是对分布偏斜方向及程度的测定。前面曾经讲到，在完全对称的分布中，算术平均数、中位数与众数是合而为一的。但在偏态分布中，三者的位置就分离了。其中算术平均数与众数分居两边，中位数居中。如果偏斜程度加大，则众数与算术平均数之间的距离越大。因此，算术平均数与众数之间的距离可以作为测定偏态的一个尺度。这是偏态绝对数，其单位与原数据的单位相同，单位不同的次数分布不能用偏态的绝对数进行比较，即使两数列单位相同，但如果平均水平不同的话，也不能用偏态的绝对数直接比较。为了使不同数列的偏态数值能够相互对比，就需要计算偏态的相对数。偏态的相对数是偏态的绝对数与其标准差之比，称为偏态系数，用 SK 表示。它排除了不同变量数列标准差各异的影响，便于偏态的对比。其公式为

$$SK = \frac{\overline{X} - M_0}{\sigma}$$

偏态系数取值范围是 $-3 \sim 3$，通常又在 $-1 \sim 1$。正系数表示正偏或称右偏，即在曲线右端留有较长的尾巴。负系数表示负偏或称左偏，即在曲线左端留有较长的尾巴。

测度偏态的另一个量度是 α 偏态系数，计算公式为

$$\alpha = \frac{\sum (X_i - \overline{X})^3}{n\sigma^3}$$

或

$$\alpha = \frac{\sum (X_i - \overline{X})^3 f_i}{(\sum f_i)\sigma^3}$$

式中，α 表示偏态系数；σ 表示标准差的三次方。

从上式可以看出，它是根据离差三次方的平均数再除以标准差的三次方得到的。当分布对称时，离差三次方后正负离差可以相互抵消，因而 α 的分子等于0，则 $\alpha = 0$；当分布不对称时，正负离差不能相互抵消，就形成了正的或负的偏态系数 α。当 α 为正值时，表示正偏离差值较大，可以判断为正偏或右偏；反之，当 α 为负值时，表示负离差数值较大，可判断为负偏或左偏。在计算 α 时，将离差三次方的平均数除以 σ^3，将偏态系数转化为相对数，α 的绝对值越大，表示偏斜的程度就越大。

例 4-20 某学校学生在一次募捐活动中按捐款金额分组的有关资料如表 4-13 所示，计算偏态系数。

表 4－13　学生按捐款金额分组资料

按纯收入分组/元	比例/%
5 以下	2.28
5～10	12.45
11～15	20.35
16～20	19.52
21～25	14.93
26～30	10.35
31～35	6.56
36～40	4.13
41～45	2.68
46～50	1.81
50 以上	4.94
合计	100.00

计算过程如表 4－14 所示。

表 4－14　学生按捐款金额分组资料偏态及峰度计算表

按纯收入分组/元	组中值 x	比例/% $\frac{f}{\sum f}$	$(x-\bar{x})^3\frac{f}{\sum f}$	$(x-\bar{x})^4\frac{f}{\sum f}$
5 以下	2.5	2.28	－154.64	2 927.15
5～10	7.5	12.45	－336.46	4 686.51
11～15	12.5	20.35	－144.87	1 293.53
16～20	17.5	19.52	－11.84	46.52
21～25	22.5	14.93	0.18	0.20
26～30	27.5	10.35	23.16	140.60
31～35	32.5	6.56	89.02	9 85.49
36～40	37.5	4.13	1 710.43	2 755.00
41～45	42.5	2.68	250.72	5 282.94
46～50	47.5	1.81	320.74	8 361.98
50 以上	52.5	4.94	1 481.81	46.41.33
合计	—	100.00	1 689.25	72 521.25

根据表中资料计算得到

$$\bar{x} = \sum \frac{xf}{f} = 21.429$$

$$\sigma = \sqrt{\sum (x-\bar{x})^2 \frac{f}{\sum f}} = 12.809\ (元)$$

$$M_O = 10 + \frac{20.35 - 12.45}{(20.35 - 12.45) + (20.35 - 19.52)} \times 5 = 14.525$$

$$m_3 = \frac{\sum (x - \bar{x})^3}{n} = \sum (x - \bar{x})^3 \frac{f}{\sum f} = 1\ 689.25$$

依据以上计算结果得

$$SK = \frac{\bar{x} - M_0}{\sigma} = \frac{21.429 - 14.525}{12.809} = 0.571$$

$$\alpha = \frac{m_3}{\sigma^3} = \frac{1\ 689.25}{12.089^3} = \frac{1\ 689.25}{1\ 766.733\ 9} = 0.956$$

从计算结果可以看出，偏态系数为正值，而且数值较大，说明学生捐款金额的分布为右偏分布，即捐款较少的学生占多数，而捐款较多的学生占少数，而且偏斜的程度较大。

二、峰度及其测度

峰度是集中趋势高峰的形状，用来反映频数分布曲线顶端尖峭或扁平程度的指标。有时两组数据的算术平均数、标准差和偏态系数都相同，但它们分布曲线顶端的高耸程度不同。通常与正态分布比较而言，若分布的形态比正态分布更陡更高，则称其为尖峰分布；若比正态分布更矮更胖，则称其为平峰分布。

例如，有两组数据的频数分布如表 4 – 15 所示。

表 4 – 15 两组数据的频数分布

标志值	第一组频数	第二组频数
1	0	2
2	6	2
3	8	6
4	8	16
5	8	6
6	6	2
7	0	2
合计	36	36

两组数据的算术平均数都是 4，标准差都是 1.33，偏态系数都是 0，但两组数据的频数分布折线图的形状却明显不同。

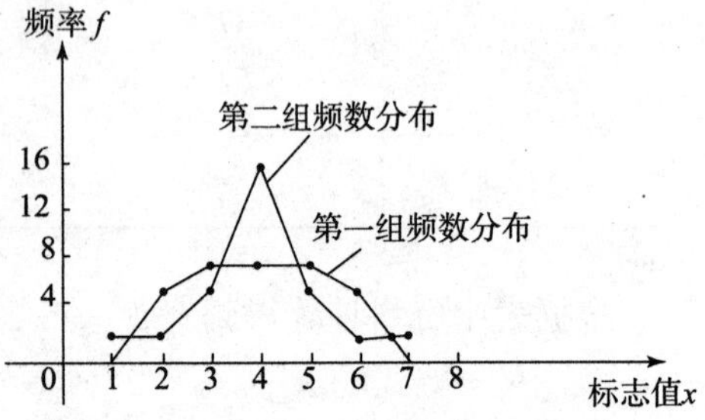

图 4 – 2 两组数据的频数分布折线图

如图 4 – 1 所示，频数分布折线一个尖峭些，一个平缓些。由此可见，算术平均数、标准差、偏态系数都相同的频数分布，其分布的高耸程度并不一定相同，也就是说峰度也是分布的一个特征。

计算峰度常用的指标是峰度系数，计算公式如下：

$$K = \frac{\sum (x-\bar{x})^4 f}{\sigma^4 \sum f} = \frac{m_4}{\sigma^4}$$

式中，K 代表峰度系数；σ^4 代表标准差的 4 次方；$\frac{\sum (x-\bar{x})^4 f}{\sum f}$ 代表四阶中心距 m_4。

用峰度系数说明分布的尖峰和扁平程度，是通过与正态分布的峰度系数进行比较而言的。正态分布的峰度系数等于 3，当 $K>3$ 时，为尖峰分布；当 $K<3$ 时，为平峰分布。

例 4－21　仍以表 4－13 为例，计算学生捐款金额分布的峰度系数。

根据表中资料，计算结果如下：

$$m_4 = \frac{\sum (x-\bar{x})^4 f}{\sum f} = 72\ 521.25$$

$$K = \frac{m_4}{\sigma^4} = \frac{72\ 521.25}{12.089^4} = 3.4$$

通过计算结果我们可以看出，峰度系数为 3.4，大于 3，说明学生捐款金额的分布呈现尖峰分布，捐款金额低的学生占较大比例。

本章小结

集中趋势是指一组数据向某一中心值靠拢的倾向，测度集中趋势也就是寻找数据一般水平的代表值或中心值。

平均指标又叫平均数，是社会经济统计广泛应用的一种综合指标，在统计学中有着重要的地位。它是反映同质总体内各单位某一数量标志值在一定时间、地点条件下所达到的一般水平，是总体内各单位参差不齐的标志值的代表值。平均指标通常分为数值平均数和位置平均数两大类。其中数值平均数主要包括算术平均数、调和平均数、几何平均数等；位置平均数主要包括中位数、众数。算术平均数是平均数最普遍的形式，平时人们谈到平均数而又未特别说明其形式时，通常指的就是算术平均数。它包括简单算术平均数、加权算术平均数。在分配数列中，平均数的大小不仅取决于总体各单位标志值，同时也取决于各单位标志值的次数。如果某组的次数较大，则说明该组的标志值个数较多，即该组标志值的大小对平均数的影响就越大，次数少的标志值对平均数的影响也相应地小。权数除用总体各组单位数即次数或称频数形式表示外，还可以用比例或称频率的相对数形式表示。用次数和频率两种形式计算的加权算术平均数，计算的结果是一致的。当各组权数相同时，加权算术平均数就变成了简单算术平均数，简单算术平均数是加权算术平均数的特例。

调和平均数是总体各单位标志值倒数的算术平均数的倒数，又称倒数平均数（或调和均值）。统计中的调和平均数，主要是作为算术平均数的变形来使用的。两者在本质上是一致的，区别是计算时使用了不同的数据。调和平均数也分简单调和平均数和加权调和平均数两种计算形式。由相对数或平均数计算平均数时，若所掌握的资料是相对数或平均数的分子资料，则将其作为权数，采用加权调和平均数计算；若所掌握的是相对数或平均数的分母资料，则将其作为权数，采用加权算术平均数进行计算。

几何平均数是 n 个变量值连乘积，主要用于计算平均比率和平均速度。根据所掌握资料的表现形式不同，几何平均数分为简单几何平均数和加权几何平均数两种形式。

中位数和众数是根据其在分配数列中所处的位置确定的，因此被称为位置平均数。中位数的确定方法，是将总体各单位标志值按大小顺序排列，处于数列中点位置的即中位数。众数是总体中出现次数最多的标志值，可以用众数作为各标志值的代表值，代表总体单位的一般水平，反映数据分布的集中趋势。因此，对同一组数据计算众数、中位数和均值，三者之间具有以下关系：在单峰条件下，如果数据的分布是对称的，则众数、中位数和均值必定相等，即 $M_O = M_e = \bar{x}$；如果数据是左偏分布，则说明数据存在极小值，必然拉动均值向极小值一方靠，众数和中位数由于是位置的代表值，不受极值的影响，因此三者之间的关系表现为：$\bar{x} < M_e < M_O$；如果数据是右偏分布，则说明数据存在极大值，必然拉动均值向极大值一方靠，则 $M_o < M_e < \bar{x}$。

应用平均指标需注意的问题：注意社会经济现象的同质性；注意用组平均数补充说明总体平均数；注意用分配数列补充说明总体平均数。

标志变异指标是反映总体各单位标志值差异程度的综合指标，又称标志变动度。数据的离散程度越大，集中趋势的测度值对该组数据的代表性就越差；离散程度越小，其代表性就越好。离中趋势的各测度值（变异指标或离散指标）就是对数据离散程度所做的描述。分布的离散程度可以从不同角度，运用不同的变异指标进行考察。

常见的标志变异指标有极差、分位差、平均差、标准差和方差、离散系数等，其中标准差是最为重要的变异指标。标志变异指标的作用主要有：标志变异指标反映总体数据分布的离中趋势；标志变异指标可以衡量平均数的代表性；标志变异指标可以说明现象总体变动的均衡性、稳定性；标志变异指标是确定必要抽样单位数和计算抽样误差的必要依据。标志变异指标的计算包括：极差，平均差，方差与标准差，变异系数。标准差又称均方差，是总体各单位标志值与其算术平均数的离差平方的算术平均数的平方根。它是标志变异指标中最重要、最常用的指标。

当所对比的两组数据属于不同类总体或水平高低不同时，就不能采用标准差进行对比分析，需要计算离散系数。离散系数又称变异系数，是变异指标和平均指标的比值，用来反映总体分布的离散趋势。它消除了总体平均水平高低和计量单位不同对离散程度测度值的影响，可用于对不同类总体或不同水平总体的分布差异程度进行比较分析。变异系数主要有全距系数、平均差系数、标准差系数等，其中最常用的是标准差系数。标准差系数是标准差与其相应的均值之比，是反映数据离散程度的相对值。

有些品质标志的表现可分为具有某种属性和不具有某种属性两种。这种用“是”与“否”、“有”与“无”来表示的标志称为是非标志或交替标志。

集中趋势和离散程度是数据分布的两个重要特征，但要全面了解数据分布的特点，还需要知道数据分布的形状是否对称、偏斜的程度以及分布的扁平程度等，这就需要通过偏度和峰度来进一步体现分布的形态特征，峰度是集中趋势高峰的形状，用来反映频数分布曲线顶端尖峭或扁平程度的指标；偏度是对分布偏斜方向及程度的测定。

技能训练题

一、单项选择（在备选答案中，选择一个正确答案，将其序号写在括号内）

1. 若已知各组变量值和各组标志总量，则计算平均数应采用的方法是（　　）。

A. 算术平均法　　B. 调和平均法　　C. 几何平均法　　D. 上述各法均可

2. 比较不同现象平均数的代表性时，应该用（　　）指标反映。

A. 全距　B. 平均差　C. 标准差　D. 标志变异系数

3. 标志变动度指标说明（　　）。

A. 数量标志的差异程度

B. 品质标志的差异程度

C. 总体单位的差异程度

D. 总体单位某一数量标志各标志值的差异程度

4. 使用标准差比较标志变异程度的条件是（　　）。

A. 同类现象　B. 不同类现象

C. 平均数相等的同类现象　D. 平均数不等的同类现象

5. 标准差系数抽象了（　　）。

A. 总体指标数值大小的影响　B. 总体单位数多少的影响

C. 标志变异程度的影响　D. 平均水平高低的影响

6. 有甲、乙两个变量数列，已知 $\bar{x}_{甲}=70$，$\bar{x}_{乙}=7.07$，$\delta_{乙}=7$，$\delta_{乙}=3.41$，则有（　　）。

A. 甲数列的平均数更具代表性　B. 乙数列的平均数更具代表性

C. 两数列的平均数代表性一致　D. 乙数列离差程度较小

7. 在一特定数列中（　　）。

A. 平均数说明其集中趋势，标志变异指标说明其离中趋势

B. 平均数说明其离中趋势，标志变异指标说明其集中趋势

C. 二者均说明其集中趋势

D. 二者均说明其离中趋势

8. 标志变异程度的相对数指标是（　　）。

A. 全距　B. 平均差　C. 标准差　D. 标准差系数

9. 两个总体的平均数不相等，标准差相等，则（　　）。

A. 平均数大，代表性大　B. 平均数小，代表性大

C. 两个总体的平均数代表性相同　D. 无法判断

10. 两个总体的平均数相等，则（　　）。

A. 两个总体的平均数代表性相同　B. 标准差大的平均数代表性大

C. 标准差系数大的平均数代表性大　D. 标准差小的平均数代表性大

11. 已知4个水果店苹果的单价和销售额，要求计算4个店的平均单价，应用（　　）。

A. 简单算术平均数　B. 加权算术平均数

C. 加权调和平均数　D. 几何平均数

12. 凡是变量值的连乘积等于总比率或总速度时，要计算其平均比率或平均速度都可以采用（　　）。

A. 算术平均法　B. 调和平均法　C. 几何平均法　D. 中位数法

13. 如果次数分布中各个标志值扩大为原来的2倍，各组次数都减小为原来的1/2，则算术平均数（　　）。

A. 增加到原来的1/2　B. 稳定不变

C. 减少到原来的1/2　D. 扩大为原来的2倍

14. 某公司所属三个企业计划规定的产值分别为500万元、600万元、700万元。执行结果，计划完成程度分别为100%、115%、110%，则该公司三个企业的平均计划完成程度为（　　）。

A. 108.3%　　B. 108.9%　　C. 106.2%　　D. 108.6%

15. 一班和二班统计学平均考试成绩分别为78分和83分，成绩的标准差分别为9分和12分，可以判断（　　）。

A. 一班的平均成绩有较大的代表性　　B. 二班的平均成绩有较大的代表性

C. 两个班的平均成绩有相同的代表性　　D. 无法判断

16. 各总体单位的标志值都不相同时（　　）。

A. 众数不存在　　B. 众数是最小的变量值

C. 众数是最大的变量值　　D. 众数是处于中间位置的变量值

17. 用是非标志计算平均数，其计算结果为（　　）。

A. $p+q$　　B. $p-q$　　C. $1-p$　　D. p

18. 计算离散系数是为了比较（　　）。

A. 不同分布数列的相对集中程度　　B. 不同水平数列的标志变动度的大小

C. 相同水平数列的标志变动度的大小　　D. 两个数列平均数的绝对离差

19. 鉴别计算算术平均数的方法是否正确的标准，是其公式是否符合（　　）。

A. 标志总量除以总体总量　　B. 总体总量除以标志总量

C. 标志总量乘以总体总量　　D. 标志总量开项数方根

20. 标志变异指标的数值越小，表明（　　）。

A. 总体分布越集中，平均指标的代表性越大

B. 总体分布越集中，平均指标的代表性越小

C. 总体分布越分散，平均指标的代表性越大

D. 总体分布越分散，平均指标的代表性越小

21. 甲、乙两个数列比较，甲数列的标准差大于乙数列的标准差，则两个数列平均数的代表性（　　）。

A. 甲数列大于乙数列　　B. 乙数列大于甲数列

C. 相同　　D. 并不能确定哪一个更好

22. 在变量数列中，如果变量值较小的一组权数较大，则计算出来的算术平均数（　　）。

A. 接近于变量值大的一方　　B. 接近于变量值小的一方

C. 不受权数的影响　　D. 无法判断

23. 权数对于算术平均数的影响，取决于（　　）。

A. 权数的经济意义

B. 权数本身数值的大小

C. 标志值的大小

D. 权数对应的各组单位数占总体单位数的比例

24. 平均指标是说明总体各单位某一（　　）在一定时空条件下一般水平的综合指标。

A. 品质标志　　B. 数量标志　　C. 数量标志值　　D. 品质标志值

二、多项选择（在备选答案中，选择两个或两个以上正确答案，将其序号写在括号内）

1. 平均指标的基本公式$\frac{\text{标志总量}}{\text{总体总量}}$中，（　　）。

A. 分子是分母具有的标志值　　B. 分母是分子具有的标志值

C. 分子是分母的具有者　　D. 分母是分子的具有者

E. 分子、分母是同一总体中的两个总量

2. 利用标准差比较两个总体的平均数代表性大小，适用于（　　）。

A. 两个总体的平均数相等　　B. 两个总体的单位数相等

C. 两个总体的标准差相等　　D. 两个平均数的计量单位相同

E. 两个平均数反映的现象性质相同

3. 下列指标中属于平均指标的有（　　）。

A. 人均国民收入　　B. 人均钢产量

C. 商品平均价格　　D. 人均粮食消费量

E. 粮食平均亩产量

4. 下列哪些情况下能进行数列间差异程度的对比，不能直接用标准差指标对比？（　　）

A. 变量数列的性质不同（计量单位不同）

B. 同性质的变量数列，但计量单位不同

C. 计量单位相同，但平均数不同

D. 平均数不同，但计量单位也不同

E. 计量单位相同，平均数也相同

5. 下列指标属于平均数的是（　　）。

A. 某企业 2001 年职工的平均工资是 1 200 元

B. 某大学 1999 年平均每个学生入学成绩

C. 某商业企业 2001 年平均每个销售员的销售额为 90. 2 万元

D. 某地区 2001 年平均每人的粮食消费量是 170 千克

E. 某地区 2000 年平均每个农业人口的收入是 984 元

6. 加权算术平均数的大小（　　）。

A. 受各组次数多少的影响　　B. 受各组标志值大小的影响

C. 受各组标志值和次数的共同影响　　D. 不受各组标志值大小的影响

E. 与各组次数分布多少无关

7. （　　）时，加权算术平均数等于简单算术平均数。

A. 各组次数相等　　B. 各组次数不等

C. 各组次数都等于 1　　D. 各组变量值不等

E. 变量数列为组距数列

8. 标志变异指标中的标准差和变异系数的区别是（　　）。

A. 两者作用不同　　B. 两者计算方法不同

C. 两者适用条件不同　　D. 指标表现形式不同

E. 与平均数的关系不同

9. 计算算术平均数时，由于所掌握的资料不同，可用的公式有（　　）。

A. $\frac{\text{总体单位总量}}{\text{总体标志总量}}$　　B. $\frac{\sum x}{n}$　　C. $\frac{\sum xf}{\sum f}$　　D. $\sum x \frac{f}{\sum f}$

E. $\frac{\sum kw}{\sum w}$

10. 权数对平均数的影响作用表现在（　　）。

A. 当标志值比较大而次数较多时，平均数接近于标志值大的一方

B. 当标志值比较小而次数较少时，平均数接近标志值较小的一方

C. 当标志值比较小而次数较多时，平均数接近标志值较小的一方

D. 当标志值比较大而次数较少时，平均数靠近标志值较大的一方

E. 当各组次数相同时，对平均数没有影响

11. 下列应采用调和平均法计算的情况有（　　）。

A. 已知各企业计划完成百分比及实际产值求平均计划完成百分比

B. 已知商品单价和商品销售额求平均价格

C. 已知分组的粮食亩产量及各组粮食总产量求总的平均亩产

D. 已知同类数种产品单位成本及总生产费用求平均单位产品成本

E. 已知投入的劳动时间相同，求单位产品耗时

12. 几何平均数主要适用于（　　）。

A. 变量值的代数和等于标志总量的情况

B. 具有等比关系的变量数列

C. 变量值的连乘积等于总比率的情况

D. 变量值的连乘积等于总速度的情况

E. 求平均比率时

13. 同一总体中，平均数与标准差、标准差系数的关系是（　　）。

A. 标准差越大，平均数的代表性越大　　B. 标准差系数与平均数的代表性成正比

C. 标准差的大小与平均数的代表性成反比　　D. 标准差系数越大，平均数的代表性越小

E. 标准差系数越小，平均数的代表性越大

14. 标志变异指标可以反映（　　）。

A. 平均数代表性的大小　　B. 总体单位标志值分布的集中趋势

C. 总体单位标志值的离中趋势　　D. 生产过程的均衡性

E. 产品质量的稳定性

15. 不同总体间的标准差不能进行简单对比，这是因为（　　）。

A. 标准差不一致　　B. 平均数不一致

C. 计量单位不一致　　D. 总体单位数不一致

E. 上述原因都对

16. 众数（　　）。

A. 是位置平均数

B. 是总体中出现次数最多的标志值

C. 不受极端值的影响

D. 适用于总体单位数多，有明显集中趋势的情况

E. 是处于变量数列中点位置的那个标志值

17. 中位数是（　　）。

A. 由标志值在变量数列中所处的位置决定的

B. 由标志值出现的次数决定的

C. 总体单位水平的平均值

D. 总体一般水平的代表值

E. 不受总体中极端数值影响的

18. 有些离中趋势指标是用有名数表示的，它们是（　　）。

A. 极差　　B. 平均差　　C. 标准差　　D. 平均差系数

E. 四分位差

19. 在各种平均数中，不受极端值影响的平均数是（　　）。

A. 算术平均数　　B. 调和平均数　　C. 中位数　　D. 几何平均数

E. 众数

20. 平均数的作用是（　　）。

A. 反映总体的一般水平　　B. 反映总体的规模

C. 测定总体各单位的离散程度　　D. 测定总体各单位分布的集中趋势

E. 对不同时间、不同地点、不同部门的同质总体平均数进行对比

21. 有些标志变异指标是用无名数表示的，如（　　）。

A. 全距　　B. 平均差　　C. 标准差　　D. 平均差系数

E. 标准差系数

22. 下列属于平均指标的是（　　）。

A. 某市人均住房面积　　B. 每平方公里所住的人口数

C. 某产品的平均等级　　D. 某企业的工人劳动生产率

E. 某企业各车间的平均产品合格率

23. 平均指标与强度相对数指标的区别是（　　）。

A. 前者反映数值的一般水平，后者主要反映数量联系程度

B. 前者可以反映现象的普遍程度，后者可以反映现象的强弱程度

C. 前者是有名数，后者是无名数

D. 平均指标基本公式中分子与分母属于同一总体，分母是分子的承担者，后者则不然

E. 有些强度相对数指标带有平均的含义，但从本质上说不是平均数

24. 下列指标中属于位置平均数的是（　　）。

A. 算术平均数　　B. 调和平均数

C. 几何平均数　　D. 中位数

E. 众数

25. 标志变异指标可以（　　）。

A. 反映社会经济活动过程的均衡性　　B. 说明变量的离中趋势

C. 测定集中趋势指标的代表性　　D. 衡量平均数代表性的大小

E. 表明生产过程的节奏性

26. 在两个总体的平均数不等的情况下，比较它们的代表性大小，可以采用的标志变异

指标是（ ）。

A. 全距 B. 平均差 C. 平均差系数 D. 标准差

E. 标准差系数

三、填空题

1. 计算平均数所使用的权数，既可以是次数，也可以是（ ）。

2. 社会经济统计中，常用的平均指标有（ ）、（ ）、（ ）、中位数和众数。

3. 算术平均数不仅受（ ）大小的影响，而且也受（ ）多少的影响。

4. 各变量值与其算术平均数离差之和等于（ ），各变量值与其算术平均数离差平方和为（ ）。

5. 调和平均数是平均数的一种，是（ ）的算术平均数的（ ），又称（ ）平均数。

6. 几何平均数是计算平均比率和平均速度最适用的一种方法，凡是变量值的连乘积等于（ ）或（ ）的现象，都可以使用几何平均数计算平均比率或平均速度。

7. 众数取决于（ ）最多的变量值，因此不受（ ）的影响，中位数只受极端值的（ ）影响，不受其（ ）的影响。

8. 平均指标说明分布数列中变量值的（ ），而标志变异指标则说明变量值的（ ）。

9. 标志变动度与平均数的代表性成（ ）。

10. 在组距数列中，以各组组中值作为各组的标志值计算平均数，是假定各组内的标志值是（ ）的。

11. 中位数是位于数列（ ）的那个标志值，众数则是总体中出现次数（ ）的某一标志值。它们也称为平均数。

12. 标志变异系数，是标志变异的绝对指标与（ ）的比值。

13. 标准差系数是（ ）与（ ）之比，其计算公式为σ/x。

14. 对某村6户居民家庭共30人进行调查，所得的结果是，人均收入400元，其离差平方和为5 100 000，则标准差是（ ），标准差系数是（ ）。

15. 在对称分配的情况下，平均数、中位数与众数是（ ）的。在偏态分配的情况下，平均数、中位数与众数是（ ）的。如果众数在左边、平均数在右边，则称为（ ）偏态。如果众数在右边、平均数在左边，则称为（ ）偏态。

16. 采用分组资料，计算平均差的公式是（ ），计算标准差的公式是（ ）。

四、判断题（把正确的符号“√”或错误的符号“×”填写在题前的括号内）

1.（ ）在资料已分组时，形成变量数列的条件下，计算算术平均数或调和平均数时应采用简单式；反之，采用加权式。

2.（ ）当未知计算平均数的基本公式中的分子资料时，应采用加权算术平均数方法计算。

3.（ ）在评价两组数列的平均数的代表性时，采用标准差指标。

4.（ ）算术平均数的大小，只受总体各单位标志值大小的影响。

5.（ ）人均粮食产量、人均国民收入、人口平均年龄都是平均指标。

6.（　　）权数对算术平均数的影响作用取决于权数本身绝对值的大小。

7.（　　）中位数和众数都属于平均数，因此它们数值的大小受到总体内各单位标志值大小的影响。

8.（　　）当各标志值的连乘积等于总比率或总速度时，宜采用几何平均法计算平均数。

9.（　　）总体中各标志值之间的差异程度越大，标准差系数就越小。

10.（　　）众数是总体中出现最多的次数。

11.（　　）同一数列，同时计算平均差、标准差，二者必然相等。

12.（　　）如果两个数列的极差相同，则它们的离中程度相同。

13.（　　）如果权数都相等，则加权算术平均数等于简单算术平均数。

14.（　　）当未知计算平均数的基本公式中的分子资料时，应采用加权算术平均数方法计算。

15.（　　）离中趋势指标既反映了数据组中各标志值的共性，又反映了它们之间的差异性。

16.（　　）若两组数据的平均数与标准差均相同，则其分布也是相同的。

五、简答题

1. 平均指标在统计分析中有什么意义？常用的平均指标有哪几种？
2. 算术平均数有什么特点和数学性质？选择加权算术平均数中的权数应注意什么问题？
3. 什么是调和平均数？它与算术平均数之间有什么联系？
4. 几何平均数所平均的对象有什么特点？
5. 中位数和众数各有什么特点？
6. 算术平均数、中位数和众数之间有什么关系？
7. 变异指标与平均指标在描述变量分布时有什么不同？
8. 平均差与标准差有什么异同？
9. 标准差系数与标准差在表示变异程度时有什么区别与联系？
10. 什么是偏度和峰度？如何进行测算？

六、计算题

1. 资料如表 4－16 所示，试问：哪一市场蔬菜价格高？为什么？

表 4－16　不同等级蔬菜市场资料

蔬菜等级	价格/元	销售额/元	
		南市场	北市场
1	0.21	2 100	4 200
2	0.18	7 000	3 500
3	0.15	4 700	4 700

2. 甲、乙两柜组店员按年销售额分组资料如表 4－17 所示，试计算：

（1）甲、乙两柜组每人年平均销售额各是多少？

（2）甲、乙两柜组每人年平均销售额哪个代表性大？

表 4-17 甲、乙两柜组店员按年销售额

甲柜组		乙柜组	
年销售额/千元	人数/人	年销售额/千元	人数比例/%
20 以下	2	20	13.21
20~30	4	25	21.57
30~40	5	28	26.09
40~50	6	30	30.43
50 以上	3	35	8.70

3. 一、二两车间资料如表 4-18 所示，要求：

(1) 填写表中空栏数字。

(2) 对两个车间的人均产量做出评价。

表 4-18 甲、乙、丙组两车间资料

工人组别	一车间			二车间		
	产量/件	工人数/人	人均产量/件	产量/件	工人数/人	人均产量/件
甲	6 000	30		1 890		
乙	3 750		375	6 000	10	260
丙	1 400			5 200	20	
合计	11 150	50		13 090	50	

4. 已知甲商店职工人数如表 4-19 所示，要求：计算该商店职工的平均工资和标准差。另有一个乙商店职工的日平均工资为 65 元，其标准差为 11 元。试问哪个商店职工的平均工资更具有代表性？

表 4-19 甲商店职工人数

按日工资分组/元	职工人数/人
38	4
43	3
51	7
59	3
69	3
合计	20

5. 已知某学校学生甲班人数如表 4-20 所示，要求：计算甲班学生的平均成绩和标准差。另有一个乙班学生的平均成绩为 75 分，其标准差为 9 分。试问哪个班的平均成绩更具有代表性？

表 4－20　某学校学生甲班人数

按学习成绩分组/分	学生人数/人
60 以下	2
60～70	3
71～80	8
81～90	5
90 以上	2
合计	20

6. 对 10 名成年人和 10 名幼儿的身高进行抽样调查，结果如表 4－21 所示，要求：

（1）要比较成年组和幼儿组的身高差异，应采用什么样的指标测度值？为什么？

（2）比较分析哪一组的身高差异大。

表 4－21　10 名成年人和 10 名幼儿的身高资料　　厘米

成年组	**166**	**169**	**172**	**177**	**180**	**170**	**172**	**174**	**168**	**173**
幼儿组	68	69	68	70	71	73	72	73	74	75

7. 某地区 3 个企业计划完成情况及一等品资料如表 4－22 所示，试分别计算：

（1）3 个企业产量平均计划完成百分比。

（2）平均实际一等品率。

（3）如果将计划产量改为实际产量，试计算 3 个企业产量平均计划完成百分比。

表 4－22　某地区 3 个企业计划完成情况及一等品资料

企业	计划产量/件	计划完成/%	实际一等品率/%
甲	500	103	96
乙	340	101	98
丙	250	98	95

8. 某厂三个车间一季度生产情况：第一车间实际产量为 190 件，完成计划的 95%；第二车间实际产量为 250 件，完成计划的 100%；第三车间实际产量为 609 件，完成计划的 105%。三个车间产品产量的平均计划完成程度为多少？

另外，第一车间产品单位成本为 18 元/件，第二车间产品单位成本为 12 元/件，第三车间产品单位成本为 15 元/件，则三个车间平均单位成本为多少元？

以上平均指标的计算是否正确？如不正确请说明理由并改正。

9. 1990 年某月甲、乙两农贸市场某农产品价格和成交量、成交额资料如表 4－23 所示，试问哪一个市场农产品的平均价格较高？并说明原因。

表 4-23 1990 年某月甲、乙两农贸市场某农产品价格和成交量、成交额资料

品种	价格/（元·斤$^{-1}$）	甲市场成交额/万元	乙市场成交量/斤
甲	1.1	1.2	20 000
乙	1.4	2.8	10 000
丙	1.5	1.5	10 000
合计	—	5.5	40 000

10. 某厂甲、乙两个工人班组，每班组有 8 名工人，每个班组每个工人的月生产量记录如下：

甲班组：20 40 60 70 80 100 120 70

乙班组：67 68 69 70 71 72 73 70

(1) 计算甲、乙两组工人平均每人产量。

(2) 计算全距、平均差、标准差、标准差系数，比较甲、乙两班组平均每人产量的代表性。

11. 某人在银行存了一笔款，前 6 年的年利润率为 5%，后 4 年的年利润率为 6%，求该笔存款的年平均利润率（按复利计算）。

12. 某工业集团公司工人工资情况如表 4-24 所示，计算该集团工人的平均工资。

表 4-24 某工业集团公司工人工资情况

按月工资分组/元	企业个数	各组工人所占比例/%
4 000 ~ 5 000	3	20
5 000 ~ 6 000	6	25
6 000 ~ 7 000	4	30
7 000 ~ 8 000	4	15
8 000 以上	5	10
合计	22	100

13. 对某地区 120 家企业按利润额进行分组，结果如表 4-25 所示，要求：

(1) 计算 120 家企业利润额的众数、中位数、四分位数和均值。

(2) 计算利润额的四分位差和标准差。

(3) 计算分布的偏态系数和峰度系数。

表 4-25 某地区 120 家企业按利润额分组结果

按利润额分组/万元	企业数/个
200 ~ 300	19
300 ~ 400	30
400 ~ 500	42
500 ~ 600	18
600 以上	11
合计	120

14. 某企业有两个生产车间，甲车间有 20 名工人，人均日加工产品数为 78 件，标准差为 8 件；乙车间有 30 名工人，人均日加工产品数为 72 件，标准差为 10 件。将两个车间放在一起，计算日加工产品数的平均值及标准差。

15. 某班共有 60 名学生，在期末的统计学考试中，男生的平均成绩为 75 分，标准差为 6 分；女生的平均考试成绩为 80 分，标准差为 6 分。根据给出的条件回答下面的问题：

（1）如果该班的男女学生各占一半，全班考试成绩的平均数是多少？标准差又是多少？

（2）如果该班中男生为 36 人，女生为 24 人，全班考试成绩的平均数是多少？标准差又是多少？

（3）如果该班中男生为 24 人，女生为 36 人，全班考试成绩的平均数是多少？标准差又是多少？

（4）比较（1）、（2）和（3）的平均考试成绩有何变化，并解释其原因。

（5）比较（2）和（3）的标准差有何变化，并解释其原因。

（6）如果该班的男女学生各占一半，全班学生中考试成绩在 64.5 ~ 90.5 分的人数大概有多少？

16. 已知某地区农民家庭按年人均收入分组的资料如表 4 – 26 所示，要求：计算该地区平均每户人均收入的中位数、均值及标准差。

表 4 – 26　已知某地区农民家庭按年人均收入分组的资料

按人均收入分组/元	家庭户数占总户数比例/%
100 以下	2.3
100 ~ 200	13.7
200 ~ 300	19.7
300 ~ 400	15.2
400 ~ 500	15.1
500 ~ 600	20.0
600 以上	14.0
合计	100.0

17. 根据表 4 – 27 资料，计算算术平均数、中位数、众数以及标准差和标准差系数。

表 4 – 27　某一作业资料

按完成某一作业所需时间分组/分钟	工人数/人
10 ~ 20	6
20 ~ 30	25
30 ~ 40	32
40 ~ 50	23
50 ~ 60	7
60 ~ 70	5
70 ~ 80	2
合计	100

第五章

概率分布与假设检验

学习目标

- ▶ 熟悉概率、古典概率的概念
- ▶ 掌握古典概率事件概率计算公式
- ▶ 掌握条件概率的概念及计算
- ▶ 掌握全概率公式
- ▶ 掌握贝叶斯（Bayes）公式
- ▶ 掌握随机变量的概念及种类
- ▶ 掌握离散型随机变量的概率分布
- ▶ 掌握连续型随机变量的概率分布
- ▶ 掌握假设检验的概念
- ▶ 掌握假设检验的检验法则
- ▶ 熟悉假设检验的一般步骤
- ▶ 掌握总体均值假设检验

案例导入

从经典案例理解统计学中的假设检验

生活中存在大量的非统计应用的假设检验，一个众所周知的例子就是对罪犯的审讯。

当一个人被控告为罪犯时，他将面临审讯。控告方提出控诉后，陪审团必须根据证据做出决策。事实上，陪审团就进行了假设检验。这里有两个要被证明的假设：第一个称为原假设，用 H_0 表示，表示被告无罪；第二个假设称为备择假设，用 H_1 表示，表示被告有罪。

当然，陪审团不知道哪个假设是正确的，他们要根据控辩双方所提供的证据做出判断。这里只有两种可能：判定被告有罪或无罪释放。在统计应用中，判定被告有罪就相当于拒绝原假设，而判定被告无罪也就相当于不能拒绝原假设。应当注意，我们并不能接受原假设。在罪犯审判中，接受原假设意味着被告无罪。在我们司法系统中，并不允许这样的判定。

当我们进行假设检验时，存在两种可能的错误；第一类错误是当原假设正确时，我们却拒绝了它；第二类错误被定义为当原假设有错误时，我们却并没有拒绝。在上面的例子中，第一类错误就是一个无罪的人被判定有罪。当一个有罪的被告被判定无罪时，第二类错误就发生了。我们把发生第一类错误的概率记为 a，通常它也被称作显著性水平。第二类错误发生的概率记为 b。发生错误的概率 a 和 b 是相反的关系，这就意味着任何尝试减少某一类错误的方法都会使另外一类错误发生的概率增加。

在司法系统中，第一类错误被认为更加严重。这样，司法系统的构建就要求第一类错误发生的概率要很小。要达到这样的结果，往往会对起诉证据进行限制（原告必须证明罪犯有罪，而被告则不需要证明什么），同时要求陪审团只有具有“远非想象的证据”时才能判定被告有罪。在缺少大量证据的情况下，尽管有一些犯罪证据，陪审团也必须判定其无罪。这样的安排必然使有罪的人被判无罪的概率比较大。美国最高法院法官奥利弗·温德尔·霍姆斯曾经用下面一段话描述了第一类错误发生的概率与第二类错误发生概率之间的关系。他说，“判定 100 个有罪的人无罪，要比判 1 个无罪的人有罪好得多。”在霍姆斯看来，发生第一类错误的概率应该是第二类错误的 1/100。

这里一些关键的概念如下：

（1）这里有两个假设，一个叫作原假设，另一个叫作备择假设。

（2）这个检验过程从假设原假设是正确的开始。

（3）这个过程的目的是判定是否有足够的证据判断备择假设是正确的。

（4）这里有两个推断：拒绝原假设，赞成备择假设；不拒绝原假设。

（5）在任何检验中，有两类可能的错误：第一类是原假设正确却拒绝它，第二类错误是当原假设不正确时却未能拒绝。

$$P(\text{第一类错误}) = a$$
$$P(\text{第二类错误}) = b$$

我们把这些概念引申到统计假设检验中。在罪犯审讯的例子中，“足够的证据”定义为“超越合理怀疑的证据”。在统计学中，我们需要利用检验统计量的样本分布来定义“足够的证据”。假设检验基于样本统计量的抽样分布。一个假设检验的结果是对样本统计量的一个概率表述。计算检验统计量，并确定当原假设正确时有多大发生的可能性。如果概率很小，我们可断定原假设为真的假定不成立，应该拒绝它。

参考文献：凯勒．沃拉克．统计学：在经济和管理中的应用［M］．北京：中国人民大学出版社，2006.

思考

从这个经典案例中我们看到了假设检验的重要性。那么什么是假设检验？怎样进行假设检验？什么是原假设？什么是备择假设？假设检验中经常犯哪两类错误？

第一节　概　率

一、概率的概念

有关概率的问题在日常生活中经常出现。例如，生男孩或生女孩的概率有多大？在填报大学志愿时，在多大程度确定被第一志愿录取？根据市场预测，某种产品今后几年年销售量800件的概率为多少？某运动队出线的概率有多大？体育彩票的中奖率是多少？等等。从上面的问题中我们可以知道概率是与某事件发生的机会、可能性，或确定与程度有关的一个词，这个词的使用已大大超出了统计的范围。上述的事件也被称为随机事件，因为在一组相同条件下，事件可能出现也可能不出现。

概率简单地说就是一个数。更确切地说，它是一个在0和1之间的数，用来描述一个事件发生的经常程度。小概率（接近零）的事件很少发生，而大概率（接近1）的事件则经常发生。例如，飞机飞行发生事故的概率就很小，一年中至少有一场台风袭击我国南部沿海的概率就很大，因为在大部分年份中发生的台风都多于一场。

（一）频率（统计概率）

人们最早研究概率是从研究频率开始的。在相同条件下进行 n 次试验，事件 A 发生的次数 m 称为频数。频数 m 与试验次数 n 的比值 $\frac{m}{n}$ 称为在 n 次试验中事件 A 发生的频率，记作：

$$f(A)=\frac{m}{n}$$

事件 A 表示抛硬币试验中出现“正面”，如在10次抛掷中正面出现4次，则事件 A 出现的频率是40%。频率反映事件 A 在 n 次试验中发生的可能性大小，与试验次数有关，因而频率具有随机性。大数定律表明，当 n 无限增大时，事件 A 发生的频率趋近它的概率 $P(A)$。

（二）古典概率

若一随机试验满足：第一，样本空间是有限的，即基本事件的个数有限；第二，每个基本事件发生的可能性均相等，则称此试验为古典概率模型，又称等概率模型。在该模型下，事件 A 发生的概率称为古典概率，记作：

$$f(A)=\frac{m(A\text{ 中所包含的基本事件数})}{n(\text{基本事件总数})}$$

（三）概率的现代数学定义

现代数学常常从集合论的角度定义概率。设 E 为一随机试验，Ω 为其样本空间，对于 E 的每一个事件 A 赋予一个实数，记作 $P(A)$，称为事件 A 的概率，要求集合函数 $P(\cdot)$ 满足下列条件：

（1）对每一个事件 A，有 $P(A)\geqslant 0$；

（2）$P(\Omega)=1$；

（3）设 A_1，A_2，…是两两互不相容的事件，即对于 $i\neq j$，有 $A_iA_j=\Phi$（i，$j=1$，2，…），则有 $P(A_1+A_2+A_3+\cdots)=P(A_1)+P(A_2)+P(A_3)+\cdots$，即 $P(\cdot)$ 具备可列可加性。

由概率的定义可以推出概率具备如下基本性质：

（1）$P(\Phi)=0$；

（2）$P(A)\leqslant 1$；

（3）有限可加性：若 A_1，A_2，…，A_n 互不相容，则有

$$P(A_1+A_2+\cdots+A_n)=P(A_1)+P(A_2)+\cdots+P(A_n)。$$

二、概率的计算

（一）古典概率

1. 古典概率定义

一种试验，如果具有以下两个特点，则称为古典概率：试验的样本空间的元素只有有限个；试验中每个基本事件发生的可能性相同。

2. 古典概率事件概率计算公式

$$P(A) = \frac{A\text{包含的基本事件的个数 }m}{\text{基本事件的点数 }n}$$

计算事件 A 概率的关键是计算基本事件的点数 n 和事件 A 已包含的个数 m。

例 5-1 滨江宾馆共有职工 200 人，其中女性 160 人，现从所有职工中任选一人，选得男性的概率是多少？

根据题意，现样本点总数为 200，事件 A “选得男性” 中包含的样本点数即男职工人数为 $200-160=40$（人），因此：

$$P(A) = \frac{40}{200} = \frac{1}{5} = 0.2$$

（二）条件概率计算

1. 条件概率

设 A、B 是两个事件，且 $P(A)>0$，称

$$P(BA) = \frac{P(AB)}{P(A)}$$

为事件 A 发生的条件下事件 B 发生的概率。

不难验证，条件概率 $P(A)$ 符合概率定义中的三个条件，即

（1）对于每一事件 B，都有 $P(B|A)\geqslant 0$；

（2）$P(S)=1$；

（3）设 B_1，B_2，…是两两不相容的事件，则有

$$P(\bigcup_{i=1}^{\infty} B_i \mid A) = \sum_{i=1}^{\infty} P(B_i \mid A)$$

2. 乘法定理

由条件概率的定义，我们可以得到概率乘法公式，即

对于任何事件 A、B，若 $P(A)>0$，$P(B)>0$，则有

$$P(AB) = P(B)P(A|B)$$

$$P(AB) = P(A)P(B|A)$$

若 A、B 事件相互独立，则

$$P(AB) = P(A)P(B)$$

例 5-2 已知 10 只晶体管中有 3 件次品，现从中不重复抽取 2 只，求两次都是次品的概率。

根据题中条件，设 $A=\{$第一次抽到次品$\}$，$B=\{$第二次抽到次品$\}$。

$$P(A)=\frac{3}{10}$$

$$P(B|A)=\frac{2}{9}$$

所以 $P(AB)=P(A)P(B|A)=\frac{3}{10}\times\frac{2}{9}=\frac{1}{15}$

（三）全概率公式

设事件 B_1，B_2，…，B_n是样本空间 S 的一个部分为 n 个不相容事件，且

$$P(B_i)>0\quad(i=1,2,\cdots,n)$$

则，$$P(A)=P(A|B_1)P(B)+P(A|B_2)P(B_2)+\cdots+P(A|B_n)P(B_n)$$

上式称为全概率公式。当事件 A 比较复杂，而 $P(B_i)$ 和 $P(AB_i)$ 都容易计算或已知时，可以利用全概率公式求解。

例 5-3 某商店出售的是某公司三个分厂生产的同型号空调，这三个厂的空调比例为 3∶2∶1，它们的不合格品率分别为 0.01、0.12、0.05。某顾客从这批空调中任意选取一台，试求顾客购到不合格空调的概率。

根据题中条件，设 $A=$ ｛顾客购到不合格空调｝，$B=$ ｛顾客购到第 i 个分厂生产的空调｝（$i=1, 2, 3, \cdots$），显然，B_1、B_2、B_3是样本空间的一个划分，且两两互不相容。依题意又知

$$P(A|B_1)=0.01, P(A|B_2)=0.12, P(A|B_3)=0.05$$

则由全概率公式可得

$$P(A)=\sum P(B_i)P(A\mid B_i)=\frac{3}{6}\times 0.01+\frac{1}{6}\times 0.12+\frac{2}{6}\times 0.05=\frac{1}{24}=0.041\ 67$$

（四）贝叶斯（Bayes）公式

贝叶斯公式在概率论和概率计算中具有重要地位。设事件 B_1，B_2，…，B_n为 n 个不相容事件，且 $\bigcup_{i=1}^{n}B_i=\Omega$，$P(B_i)>0(i=1, 2, 3, \cdots)$，则对任何一事件 A，有 $P(A)>0$，可得

$$P(B_i\mid A)=\frac{P(A\mid B_i)P(B_i)}{\sum_{i=1}^{n}P(A\mid B_i)P(B_i)}\qquad(i=1,2,\cdots,n)$$

例 5-4 在上例中，若已知顾客已经购到不合格的空调，试求这一不合格空调分别出自三个分厂的可能性。

根据题意，计算条件概率分别为 $P(B_1|A), P(B_2|A), P(B_3|A)$。

$$P(B_1\mid A)=\frac{P(AB_1)}{P(A)}=\frac{P(B_1)P(A\mid B_1)}{\sum_{i=1}^{3}P(B_i)P(A\mid B_i)}=\frac{\frac{3}{6}\times 0.01}{\frac{1}{24}}=\frac{3}{25}$$

$$P(B_2\mid A)=\frac{P(B_2)P(A\mid B_2)}{\sum_{i=1}^{3}P(B_i)P(A\mid B_i)}=\frac{\frac{1}{6}\times 0.02}{\frac{1}{24}}=\frac{12}{25}$$

$$P(B_3 \mid A) = \frac{P(B_3)P(A \mid B_3)}{\sum_{i=1}^{3} P(B_i)P(A \mid B_i)} = \frac{\frac{2}{6} \times 0.05}{\frac{1}{24}} = \frac{10}{25}$$

第二节　随机变量及其概率分布

一、随机变量的概念

为了更好地研究随机现象，需要将随机现象与变量联系起来，把随机事件看作某个随机变量在试验中可能取得的不同数值。

例如，已知一批产品共100件，其中10件为次品。对这批产品进行产品质量的抽样检验，现从中随机抽取10件，问：抽到的次品数是多少?

设 X 表示抽到的次品数，显然 X 的可能取值为0，1，2，…，10中的任一个，是不确定的，因此 X 是变量；由于随机抽取，所以检验前无法确定 X 的取值，但对任一具体的检验结果，X 的取值又是完全确定的，即每一检验结果都唯一对应一个 X 的实数值。由此引出随机变量的定义：随机试验 E 的每一个可能结果 ω 都唯一对应一个实数值 $X(\omega)$，则称实值变量 $X(\omega)$ 为随机变量，简记为 X。随机变量的可能取值结果记为 X。

有许多随机试验的结果不是用数值表示的，如上例对产品质量进行抽样检验，若随机抽取一件产品，检验其质量，结果可能为“合格品”或“不合格品”，即基本事件为“合格品”和“不合格品”，但是我们可以规定 X 的取值为：1——“合格品”，0——“不合格品”。这样就把该随机试验的结果完全数量化了。同时 X 的取值也是不能事先确定的，因此上述定义对所有随机试验都适用。

随机变量有两个特点：变量的取值具有随机性，即不能事先确定 X 取哪一个值；变量取值的规律性，即完全可以确定 X 取哪一个值或 X 在某一区间内取值的概率。

按照随机变量可能取值性质的不同，随机变量分为离散型（Discrete）随机变量和连续型（Continuous）随机变量两种。其中如果随机变量 X 的全部可能取值能够一一列举，则称 X 为离散型随机变量。如在一批产品中“取到产品的个数”“单位时间内收到呼叫的次数”等都是离散型变量。如果随机变量 X 的全部可能取值不能一一列举，则称 X 为连续型随机变量。如检验一批日光灯的质量，其“耐用时数”、实际测量中的“测量误差”等都是连续型随机变量。

二、概率分布

（一）离散型随机变量的概率分布

1. 0—1 分布

设离散型随机变量 X 只可能取0和1两个值，概率分布如表5－1所示：

表5－1　0－1分布

X	1	0
$P(X-x_1)$	p	q

其中，p，$q>0$，为常量，$p+q=1$，则称 X 服从 0—1 分布。

例如，100 件产品中，有 97 件正品，3 件次品，现从中随机抽取一件，假如抽得每件的机会均相同，则抽得正品的概率为 0.97，抽得次品的概率为 0.03。

定义随机变量 X 如下：

$$N=\begin{cases}1 \text{（取得正品）}\\0 \text{（取得次品）}\end{cases}$$

则有

$$P\{X=1\}=0.97$$
$$P\{X=0\}=0.03$$

任何一个只有两种可能结果的随机现象，都可以用一个服从 0—1 分布的离散型随机变量来描述，如产品的合格与不合格、新生儿性别的男与女，等等。

2. 二项分布

设单次试验中，某事件 A 发生的概率为 p（$0<p<1$），现将此试验重复进行 n 次，则 A 发生 x 次的概率为

$$P\{\text{“}A \text{ 发生 } x \text{ 次”}\}=C_n^x p^x q^{n-x}(x=1,2,\cdots,n)(q=1-p)$$

这种概率模型称为独立试验序列概型，其特点是：

（1）每次试验的结果只有两种可能：A、$\bar{A}$。

（2）重复 n 次：这里的重复指 n 次试验中各次试验的条件总是相同的，因此，在每次试验中 A 发生的概率都是 p，并且各次试验的结果是相互独立的。通常称具有上述特征的 n 次独立试验为 n 重贝努里试验，满足独立试验序列概型的概率分布称为二项分布，即如果随机变量 X 的概率分布是：

$$P\{X=x\}=C_n^x p^x q^{n-x}(x=0,1,2,\cdots,n)$$

式中，$0<p<1$，$q=1-p$，则称随机变量 X 服从二项分布，记作：$X\sim B(n,\ p)$。

三、连续型随机变量的概率分布

在常见的连续型随机变量的概率分布中，最重要的是正态分布。

1. 正态分布的定义

如果随机变量 X 的概率密度为

$$f(x)=\frac{1}{\sqrt{2\pi}\sigma}e^{-\frac{1}{2\sigma^2}(x-\mu)^2}$$

μ，σ 均为常数，且 $\sigma>0$，$-\infty<x<+\infty$，则称 X 服从正态分布，记作：$X\sim N(\mu,\ \sigma^2)$。正态分布密度曲线如图 5－1 所示。

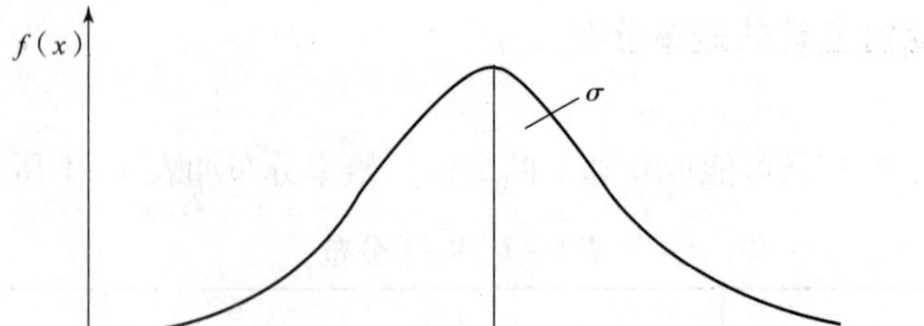

图 5－1　正态分布密度曲线

2. 正态分布密度函数$f(x)$的曲线特征

正态分布密度函数$f(x)$的曲线特征：

（1）呈钟形，相对于$x=\mu$对称；

（2）在$x=\mu$处取极大值；

（3）在$x=\mu\pm\sigma$处有拐点；

（4）当$x\to\pm\infty$时，曲线以x轴为其渐近线；

（5）若μ不变，则当σ变大时，曲线渐平缓，反之则陡峭；若σ不变，则曲线的对称轴随μ不同而不同。

由此可见，只要给出μ及σ两个参数，就能确定正态分布的位置和形态。正态分布的随机变量X介于两个确定值x_1、x_2之间的概率可以表示为

$$P\{x_1 < x < x_2\} = \int_{x_1}^{x_2} f(x)\,\mathrm{d}x$$

表现在正态分布图上，相当于曲线之下横轴之上介于$x=x_1$，$x=x_2$之间的面积。

3. 标准正态分布

如果正态分布的密度函数$f(x)$的参数$\mu=0$，$\sigma=1$，即$X\sim N(0,1)$，则为标准正态分布。

一般的正态分布可以通过化简转换成标准正态分布，过程如下：

首先在$f(x)=\frac{1}{\sqrt{2\pi}\sigma}\mathrm{e}^{-\frac{1}{2\sigma^2}(x-\mu)^2}$中，设$z=\frac{x-\mu}{\sigma}$，则$\mathrm{d}z=\frac{\mathrm{d}x}{\sigma}$，即$\mathrm{d}x=\sigma\mathrm{d}z$。

然后将z代入$f(x)$中，并对$f(x)$在区间（x_1，x_2）上积分，得

$$\begin{aligned}\int_{x_1}^{x_2} f(x)\,\mathrm{d}x &= \int_{x_1}^{x_2}\frac{1}{\sqrt{2\pi}\sigma}\mathrm{e}^{-\frac{(x-\mu)^2}{2\sigma^2}}\sigma\mathrm{d}z\\ &= \int_{x_1}^{x_2}\frac{1}{\sqrt{2\pi}\sigma}\mathrm{e}^{-\frac{c^2}{2}}\sigma\mathrm{d}z\\ &= \int_{x_1}^{x_2}\frac{1}{\sqrt{2\pi}}\mathrm{e}^{-\frac{c^2}{2}}\mathrm{d}z\end{aligned}$$

式中，$\Phi(z)=\frac{1}{\sqrt{2\pi}}\mathrm{e}^{-\frac{x^2}{2}}$称为标准正态分布的密度函数。

标准正态分布的分布函数用Φ（x）来表示，即

$$\Phi(x) = P\{X \leqslant x\} = \int_{-\infty}^{x}\Phi(z)\,\mathrm{d}z \quad (-\infty < z < +\infty)$$

最后，z落在（$-z_0$，$+z_0$）上的概率为

$$P\{-z_0 < Z < +z_0\} = \int_{-\infty}^{+\infty}\Phi(z)\,\mathrm{d}z = 2\int_{-\infty}^{+\infty}\Phi(z)\,\mathrm{d}z = 2\Phi(z_0) - 1$$

利用标准正态分布可以将其概率积分的具体数值编成标准正态分布表，这样，对于任何正态分布，可通过将其转换成标准化变量$Z=\frac{X-\mu}{\sigma}$，在已知Z值的前提下，利用标准正态分布表就可以方便地求出概率值。

第三节 假设检验

一、假设检验概述

（一）假设检验的概念

假设检验是利用样本的实际资料来检验事先对总体某些数量特征所做的假设是否可信的一种统计分析方法。它是先对研究总体的参数做出某种假设，然后通过样本的观察来确定假设是否成立。为了对假设检验有一个直观的认识，通过一个例子来说明假设检验的基本思想。

如某厂生产大量袋装食品，按规定每袋质量不小于 50 克。从一批产品中随机抽取 50 袋，发现有 6 袋质量低于 50 克。若规定不符合标准的比例达到 5%，则该批产品就不得出厂，那么该批产品能否出厂？

对于该批产品的不合格率我们事先并不知道，要根据样本的不合格率估计该批产品的不合格率，然后与规定的不合格率标准，即不超过 5% 相比，做出该批产品能否出厂的决定。也就是说，我们首先假设该批产品的不合格率不超过 5%，然后用样本的不合格率来检验是否正确。这就是一个假设检验问题。

通过以上例子我们可以看出，假设检验是我们所关心的，但却又是未知的总体参数先做出假设，然后抽取样本，利用样本所提供的信息，对假设的正确性进行判断的过程。

假设检验的主要目的在于判断原假设的总体和当前抽样所取自的总体是否发生了显著的差异。它通常用样本统计量和总体参数假设值之间差异的显著性来说明，差异小，假设值的真实性就可能大；差异大，假设值的真实性就可能小。因此，假设检验又称为显著性检验。

假设检验是进行经济管理和决策的有利工具。

（二）假设检验的检验法则

假设检验过程就是比较样本观察结果与总体假设的差异，差异显著，超过了临界点，拒绝 H_0；反之，差异不显著，接受 H_0。

（三）假设检验的一般步骤

统计假设检验的一般过程可以总结为下述几个步骤：

（1）根据实际问题提出原假设 H_0 和备择假设 H_1。通过对实际问题的分析，首先确定所研究的总体，然后依据要解决的问题，做出关于总体的某个论断，即做出关于总体参数的原假设 H_0，同时还要做出备择假设 H_1。

（2）确定适当的检验统计量及分布。选择什么统计量作为检验统计量，需要考虑的因素与参数估计相同。例如，检验用的样本容量大小，原总体方差已知还是未知等。在不同的条件下，应选择不同的检验统计量，使之能反映样本特点，并且在 H_0成立的条件下其分布已知。

（3）规定显著性水平 α，并确定 α 水平的拒绝域。首先根据问题的需要，给出小概率 α，即显著性水平的大小。然后根据检验统计量的分布和显著水平的大小，求出临界值和拒绝域。

（4）根据样本值计算检验统计量的值。实际抽样，并将样本观察值代入检验统计量中，求得其具体值。

（5）做出统计决策。依（1）、（2）、（3）步建立具体检验标准，用第（4）步提供的统计量的观测值做出统计决策。若样本统计量的值落入拒绝域，则拒绝 H_0，接受备择假设 H_1；反之，接受原假设 H_0。

（四）假设检验中的两类错误

我们做出判断的依据是通过比较检验统计量的样本数值做出统计决策。由于统计量是随机变量，据之所做的判断不可能保证百分之百正确，即我们进行假设检验时不可避免地会出现误判而犯错误。在假设检验中，可能犯两类错误。

第Ⅰ类错误：小概率事件虽然在一次试验中发生的可能性很小，但依然有可能出现，如果小概率事件发生了，而我们却因此拒绝了原假设，犯了“以真为假”的错误。当 H_0 为真时，可能做出拒绝实际上成立的 H_0 的判断，这类错误称为犯第Ⅰ类错误，也称为“弃真”或“拒真”。所谓“弃真”，顾名思义，就是原假设实际上是正确的，却被当成错误拒绝了。犯第Ⅰ类错误的概率为 $P\{$拒绝 $H_0|H_0$ 为真$\}=\alpha$，α 一般称为检验水平。

第Ⅱ类错误：当我们接受原假设时，就有可能犯了“以假为真”的错误，即当 H_0 不真时，却做出接受实际上不成立的 H_0 的判断，这类错误称为犯第Ⅱ类错误，也称为“取伪”或“受伪”。所谓“取伪”，顾名思义，就是本来原假设是错误的，却被当成正确的内容接受了。犯第Ⅱ类错误的概率为 $P\{$接受 $H_0 \mid H_1$ 为假$\}=\beta$。检验决策与两类错误的关系如表5－2所示。

表5－2　检验决策与两类错误的关系

检验决策 \ H_0 状况	H_1 为真	H_2 非真
拒绝 H_0	犯第Ⅰ类错误（α）	正确
接受 H_0	正确	犯第Ⅱ类错误（β）

二、总体均值假设检验

总体均值的假设检验是常用的参数检验方法。它是检验当前的总体均值是否和事先假设的总体均值（例如生产规程规定的产品平均质量水平、根据理论计算的标准水平和根据历史资料计算的平均水平等）存在着显著性差异，可根据研究问题的要求和样本资料的条件灵活运用各种检验方法。

均值的假设检验可分单一总体均值的假设检验和两总体均值之差的假设检验。它们的检验统计量的确定要根据总体是否服从正态分布，总体方差是否已知，以及样本的大小来确定。通常采用 Z 检验法和 t 检验法。Z 检验法适用于总体方差已知的平均值检验，而 t 检验法则适用于总体方差未知以及在小样本情况下的平均值检验。分别讨论如下：

（一）正态总体均值的检验——总体方差已知

当总体为正态分布，且总体方差已知时，可选择的检验统计量为 Z。

$$Z=\frac{\bar{x}-\mu_0}{\sigma/\sqrt{n}}$$

当 $\mu=\mu_0$ 时，统计量服从 $N(0,1)$。

给定显著性水平 α，检验3种类型的规则如下：

1. 双侧检验

$$H_0:\ \mu=\mu_0 \qquad H_1:\ \mu\neq\mu_0$$

检验规则为：

当 $|Z|<|Z_{\frac{\alpha}{2}}|$ 时，接受 H_0，拒绝 H_1。

当 $|Z|\geqslant|Z_{\frac{\alpha}{2}}|$ 时，拒绝 H_0，接受 H_1。

例5-5 某厂商声称其开发的新产品合成钓鱼线的强度服从正态分布，且平均强度为8千克力①，标准差为0.5千克力。先从中随机抽取50条，测试结果为平均强度为7.8千克力。问在显著性水平为0.05的情况下，能否接受该厂商的声称？

由题中已知条件可知，该检验为双侧检验，$\mu_0=8$ 千克力，$\sigma=0.5$ 千克力，$n=50$，$\bar{x}=7.8$ 千克力。

（1）提出原假设和备择假设。

$$H_0:\ \mu=8 \qquad H_1:\ \mu\neq 8$$

（2）确定适当的统计量。

当总体为正态分布时，样本均值 $\bar{x}$ 服从均值为 μ，总体方差为 $\frac{\sigma^2}{n}$ 的正态分布，这时的检验统计量为 Z。

$$Z=\frac{\bar{x}-\mu_0}{\frac{\sigma}{\sqrt{n}}}$$

统计量 Z 服从标准正态分布。

（3）规定显著性水平 α。$\alpha=0.05$，查表可以得出临界值：

$$Z_{\frac{\alpha}{2}}=\pm 1.96$$

（4）根据样本值计算检验统计量的值。

$$Z=\frac{\bar{x}-\mu_0}{\frac{\sigma}{\sqrt{n}}}=\frac{7.8-8}{\frac{0.5}{\sqrt{50}}}=-2.829$$

（5）做出统计决策。

由于计算出的 Z 值落入拒绝域，所以拒绝 H_0，接受 H_1。这意味着新合成的钓鱼线的平均强度与厂商所声称的有显著差别。

2. 左侧检验

$$H_0:\ \mu\geqslant\mu_0 \qquad H_1:\ \mu<\mu_0$$

检验规则为：

当 $Z>-Z_\alpha$ 时，接受 H_0，拒绝 H_1。

---

① 1千克=9.80665牛。

当 $Z\leqslant -Z_{\alpha}$ 时，拒绝 H_0，接受 H_1。

例 5－6　某工厂对废水进行处理，要求处理后的水中某种有毒物质的浓度小于 19 mg/L。现抽取 $n=10$ 的样本，得到 $\bar{x}=17.1$ mg/L，假设有毒物质的含量服从正态分布，且已知总体方差 $\sigma^2=8.5$，问：在显著性水平 $\alpha=0.05$ 的情况下，处理后的废水是否合格？

根据题中条件，我们希望得到的结论是“合格”，即 $\mu<19$，在检验中取其反面为原假设，因此采用左侧检验。

（1）提出原假设和备择假设。

$$H_0: \mu\geqslant 19 \qquad H_1: \mu<19$$

（2）确定适当的统计量。总体分布为正态分布，且总体方差已知，故选择 Z 统计量。

（3）规定显著性水平 α。$\alpha=0.05$，这是一个左侧检验的问题，拒绝域在左侧，所以临界值应为负，查表，$-Z_{\alpha}=-1.645$。

（4）计算检验统计量的值。在本例中，已知，$\mu=19$，$\sigma^2=8.5$，$n=10$，$\bar{x}=17.1$，求得

$$Z=\frac{\bar{x}-\mu_0}{\frac{\sigma}{\sqrt{n}}}=\frac{17.1-19}{\sqrt{\frac{8.5}{10}}}=-2.06$$

（5）做出统计决策。因为 $Z\leqslant -Z_{\alpha}$，所以 Z 的值落在拒绝域，所以拒绝 H_0，接受 H_1，即认为经处理后的废水是合格的。

3. *右侧检验*

$$H_0: \mu\leqslant\mu_0 \qquad H_1: \mu>\mu_0$$

检验规则为：

当 $Z\geqslant Z_{\alpha}$ 时，拒绝 H_0，接受 H_1。

当 $Z<Z_{\alpha}$ 时，接受 H_0，拒绝 H_1。

例 5－7　电视机显像管批量生产的质量标准为平均寿命为 1 200 小时，标准差为 300 小时。某电视机厂宣称其生产的显像管质量大大超过规定标准。为了进行验证，随机抽取了 10 件作为样本，测得其平均使用寿命为 1 245 小时。能否说明该厂显像管质量显著地高于规定标准？

上述问题的检验过程为：

$$H_0: \mu\leqslant 1\,200 \qquad H_1: \mu>1\,200$$

取 $\alpha=0.05$，因为这是一个右侧检验，所以拒绝域在右侧，临界值 $Z_{\alpha}=1.645$。

由题意知，$\mu_0=1\,200$，$\sigma=300$，$n=100$，$\bar{x}=1\,245$，故检验统计量 Z 值为

$$Z=\frac{\bar{x}-\mu_0}{\frac{\sigma}{\sqrt{n}}}=\frac{1\,245-1\,200}{\frac{300}{\sqrt{100}}}=-1.5$$

由于 $Z<Z_{\alpha}$，落入拒绝域，所以接受 H_0，拒绝 H_1，即还不能说该厂产品质量显著地高于规定标准。

（二）正态总体均值的检验——总体方差未知

当总体服从正态分布，但总体方差 σ^2 未知时，需用样本方差 S^2 替代。此时应取 t 作为检验统计量，并且 t 服从自由度为 $n-1$ 的 t 分布，即

$$t=\frac{\bar{x}-\mu_0}{S/\sqrt{n}}$$

换句话说，当总体方差未知而用样本方差替代时，只需用 t 统计量取代 Z 统计量，其他步骤与前面完全相同。

例 5－8 某乡统计员报告说，其所在乡平均每个农户的家庭年收入为 5 000 元，为核实其上报数据是否真实，市统计局从该乡随机抽取 25 户农户，得到平均年收入 4 930 元，标准差为 150 元，假定农户的年收入服从正态分布，试在 5% 的显著水平下检验乡统计员的说法是否真实。

首先建立原假设和备择假设：

$$H_0: \mu=5\ 000 \qquad H_1: \mu\neq 5\ 000$$

然后选择统计量，由于总体方差未知，故用样本方差代替，用 t 统计量。根据题中所给条件：$\mu_0=50\ 000$，$s=150$，$n=25$，$\bar{x}=4\ 930$，求得

$$t=\frac{\bar{x}-\mu_0}{\frac{s}{\sqrt{n}}}=\frac{4\ 993-5\ 000}{\frac{150}{\sqrt{25}}}=-2.333$$

当 $\alpha=0.05$，自由度 $n-1=24$ 时，查表得 $t_{\frac{\alpha}{2}}(24)=2.064$。因为 $|t|>t_{\frac{\alpha}{2}}$，所以，拒绝 H_0，接受 H_1。即乡统计员上报数据不真实。

例 5－9 某厂生产一种金属线，其抗拉强度的均值为 10 620 千克，为检验其经过工艺改进后抗拉强度是否有所提高，从新生产的产品中随机抽取了 10 根，测得平均抗拉强度为 10 631 千克，标准差为 81 千克。设抗拉强度服从正态分布，问：在 $\alpha=0.05$ 的显著水平下，可否认为抗拉强度比过去有所提高？

根据题中条件：

$$H_0: \mu\leqslant 10\ 620 \qquad H_1: \mu>10\ 620$$

已知，$\mu_0=10\ 620$，$s=81$，$n=10$，$\bar{x}=10\ 631$，则

$$t=\frac{\bar{x}-\mu_0}{\frac{s}{\sqrt{n}}}=\frac{10\ 631-10\ 620}{\frac{81}{\sqrt{10}}}=0.429$$

查 t 分布表，得 $t_{0.05}(9)=1.833$。

因为 $t=0.429<1.833$，所以接受 H_0，即可以认为抗拉强度没有明显提高。

（三）非正态总体均值的检验

我们讨论的许多总体，其变量并非都服从正态分布。但当样本为大样本，即样本容量 n 很大（如 $n\geqslant 30$）时，根据中心极限定理知 $\bar{x}$ 的抽样分布近似为正态分布，如 σ^2 已知，可选用

$$Z=\frac{\bar{x}-\mu_0}{\sigma/\sqrt{n}}$$

作为检验统计量，当 $\mu=\mu_0$ 时，统计量近似服从 N（0，1）。如果 σ^2 未知，则可用 s^2 代替，检验方法与正态总体条件下的检验相同。

例 5－10 一个食品加工者关心 500 克的切片菠萝罐头是否装得太满。质量部门随机抽取了 50 瓶罐头进行检验，发现平均质量为 510 克，样本标准差为 8 克。试根据 5% 的显著性

水平检验，判断该罐头是否装得太满。

根据题中条件：

$$H_0: \mu \leqslant 500 \qquad H_1: \mu > 500$$

虽然不知道总体分布形式，但 $n=50$ 为大样本，所以计算统计量 Z：

$$Z=\frac{\bar{x}-\mu_0}{\frac{s}{\sqrt{n}}}=\frac{510-500}{\frac{8}{\sqrt{50}}}=8.75$$

当 $\alpha=0.05$ 时，查表 $Z_\alpha=1.645$。

因为 $Z=8.75>Z_\alpha=1.645$，落入拒绝域，所以拒绝 H_0，接受 H_1。

即根据样本资料，在 5% 的显著性水平下，可以认为这种罐头的平均质量大于原定标准。

本章小结

人们最早研究概率是从研究频率开始的。在相同条件下进行 n 次试验，事件 A 发生的次数 m 称为频数，频数 m 与试验次数 n 的比值 $\frac{m}{n}$ 称为在 n 次试验中事件 A 发生的频率。若一随机试验满足：一是样本空间是有限的，即基本事件的个数有限；二是每个基本事件发生的可能性均相等，则称此试验为古典概率模型，又称等概率模型。现代数学常常从集合论的角度定义概率。设 E 为一随机试验，Ω 为其样本空间，对于 E 的每一个事件 A 赋予一个实数，记作 $P(A)$，称为事件 A 的概率。概率的计算有古典概率计算、条件概率计算、全概率公式、贝叶斯（Bayes）公式。

随机变量的定义：随机试验 E 的每一个可能结果 ω 都唯一对应一个实数值 $X(\omega)$，则称实值变量 $X(\omega)$ 为随机变量，简记为 X。随机变量的可能取值结果记为 x。随机变量有两个特点：变量的取值具有随机性，即不能事先确定 X 取哪一个值；变量的取值具有规律性，即完全可以确定 X 取哪一个值或 X 在某一区间内取值的概率。按照随机变量可能取值性质的不同，随机变量分为离散型（Discrete）随机变量和连续型（Continuous）随机变量两种。离散型随机变量的概率分布，包括0—1 分布、二项分布。连续型随机变量的概率分布最重要的是正态分布。

假设检验是利用样本的实际资料来检验事先对总体某些数量特征所做的假设是否可信的一种统计分析方法。假设检验的检验法则是比较样本观察结果与总体假设的差异。差异显著，超过了临界点，拒绝 H_0；反之，差异不显著，接受 H_0。统计假设检验的一般过程可以总结为下述几个步骤：根据实际问题提出原假设 H_0 和备择假设 H_1。确定适当的检验统计量及分布。规定显著性水平 α，并确定 α 水平的拒绝域。根据样本值计算检验统计量的值。假设检验中经常犯两类错误。第Ⅰ类错误：这类错误称为犯第Ⅰ类错误，也称为“弃真”或“拒真”。第Ⅱ类错误：这类错误称为犯第Ⅱ类错误，也称为“取伪”或“受伪”。

总体均值的假设检验是常用的参数检验的方法。它是检验当前的总体均值是否和事先假设的总体均值存在着显著性差异。可根据研究问题的要求和样本资料的条件灵活运用各种检验方法。均值的假设检验可分单一总体均值的假设检验和两总体均值之差的假设检验。它们的检验统计量的确定要根据总体是否服从正态分布，总体方差是否已知，以及样本的大小来确定。通常采用 Z 检验法和 t 检验法。Z 检验法适用于总体方差已知的平均值检验，而 t 检验法则适用于总体方差未知以及在小样本情况下的平均值检验。

技能训练题

一、单项选择题（在备选答案中，选择一个正确答案，将其序号写在括号内）

1. 古典概率的特点应为（　　）。

A. 基本事件是有限个，并且是等可能的

B. 基本事件是无限个，并且是等可能的

C. 基本事件是有限个，但可以具有不同的可能性

D. 基本事件是无限个，但可以具有不同的可能性

2. 随机试验所有可能出现的结果，称为（　　）。

A. 基本事件　　B. 样本　　C. 全部事件　　D. 样本空间

3. 以等可能性为基础的概率是（　　）。

A. 古典概率　　B. 经验概率　　C. 试验概率　　D. 主观概率

4. 任一随机事件出现的概率（　　）。

A. 在 -1 与 1 之间　　B. 小于 0　　C. 不小于 1　　D. 在 0 与 1 之间

5. 若 $P(A)=0.2$，$P(B)=0.6$，$P(A|B)=0.4$，则 $P(BA)=$（　　）。

A. 0.8　　B. 0.08　　C. 0.12　　D. 0.24

6. 若 A 与 B 是任意的两个事件，且 $P(AB)=P(A)\cdot P(B)$，则可称事件 A 与 B（　　）。

A. 等价　　B. 互不相容　　C. 相互独立　　D. 相互对立

7. 若两个相互独立的随机变量 X 和 Y 的标准差分别为 6 与 8，则 $X+Y$ 的标准差为(　　)。

A. 7　　B. 10　　C. 14　　D. 无法计算

8. 抽样调查中，无法消除的误差是（　　）。

A. 登记性误差　　B. 系统性误差　　C. 随机误差　　D. 责任心误差

9. 假设检验中，犯了原假设 H_0 实际是不真实的，却由于样本的缘故而做出的接受 H_0 的错误，此类错误是（　　）。

A. α 类错误　　B. 第Ⅰ类错误　　C. 取伪错误　　D. 弃真错误

10. 一种零件的标准长度为 5 cm，要检验某天生产的零件是否符合标准要求，建立的原假设和备选假设为（　　）。

A. $H_0: \mu=0$，$H_1: \mu\neq 0$　　B. $H_0: \mu=5$，$H_1: \mu\neq 5$

C. $H_0: \mu\geqslant 5$，$H_1: \mu<5$　　D. $H_0: \mu\leqslant 0$，$H_1: \mu>0$

11. 一个 95% 的置信区间是指（　　）。

A. 总体参数有 95% 的概率落在这一区间内

B. 总体参数有 5% 的概率未落在这一区间内

C. 在用同样方法构造的总体参数的多个区间中，有 95% 的区间包含该总体参数

D. 在用同样方法构造的总体参数的多个区间中，有 95% 的区间不包含该总体参数

12. 假设检验中，如果增大样本容量，则犯两类错误的概率（　　）。

A. 都增大　　B. 都减小

C. 都不变　　D. 一个增大一个减小

13. 一家汽车生产企业在广告中宣称“该公司的汽车可以保证在2年或24 000公里内无事故”，但该汽车的一个经销商认为保证“2年”这一项是不必要的，因为汽车车主在2年内行驶的平均里程超过24 000公里。假定这位经销商要检验假设H_0: $\mu \geqslant 24\ 000$，H_1: $\mu < 24\ 000$，取显著水平为$\alpha = 0.01$，并假设为大样本，则此项检验的拒绝域为（　　）。

A. 2. 30z　　B. 2. 31z　　C. 2. 32z　　D. 2. 33z

14. 某种感冒冲剂规定每包质量为12克，超重或过轻都是严重问题。从过去的生产数据得知标准为0. 4克，质检员抽取25包冲剂称重检验，平均每包质量为11. 85克。假定产品质量服从正态分布。如果产品质量服从正态分布，那么感冒冲剂的每包质量是否符合标准要求？（　　）

A. 符合　　B. 不符合

C. 无法判断　　D. 不同情况下有不同结论

15. 若在右侧检验情况下，样本均值小于假设的总体参数，则（　　）。

A. 有可能拒绝原假设　　B. 肯定拒绝原假设

C. 有可能接受原假设　　D. 肯定接受原假设

16. 若原假设为$\mu \geqslant 400$，对立假设为$\mu < 400$，先抽取一个样本，其均值为420，则下面哪一种说法是正确的？（　　）

A. 肯定接受原假设　　B. 有可能接受原假设

C. 肯定拒绝原假设　　D. 有可能拒绝原假设

17. 当总体为正态总体，σ^2已知，n大于30时，可以选择（　　）作为检验统计量。

A. t统计量　　B. F统计量　　C. Z统计量　　D. χ^2统计量

18. 现在要进口一批钢板，要求其平均拉力强度至少为3 000公斤/平方厘米，由于接受一批不合格产品所蒙受损失的风险较大，所以建立的假设为（　　）。

A. 左侧检验　　B. 右侧检验

C. 双侧检验　　D. 以上三种中的任何一种都可以

19. 在右侧检验情况下，检验的统计量为Z，则拒绝域为（　　）。

A. $Z < Z\alpha$　　B. $Z > Z\alpha$　　C. $Z < -Z\alpha$　　D. $Z > -Z\alpha$

20. 用简单随机重复抽样方法选取样本时，如果要使抽样平均误差降低50%，则样本容量需要扩大到原来的（　　）。

A. 2倍　　B. 3倍　　C. 4倍　　D. 5倍

21. 某产品规定的标准寿命为1 300小时，甲厂称其产品超过此规定。随机选取甲厂100件产品，测得均值为1 345小时，已知标准差为300小时，计算得到样本均值大于等于1 345的概率是0. 067则在：H_0：$\mu = 1\ 300$，H_1：$\mu > 1\ 300$的情况下，有（　　）成立。

A. 若$\alpha = 0.05$，则接受H_0　　B. 若$\alpha = 0.05$，则接受H_1

C. 若$\alpha = 0.10$，则接受H_0　　D. 若$\alpha = 0.10$，则拒绝H_1

22. 进行假设检验时，所选择的检验统计量（　　）。

A. 是样本的函数　　B. 可以包含假设的总体参数

C. 是个随机变量　　D. 数值可以由抽取的样本计算出来

23. 在假设检验中，总体参数是（　　）。

A. 未知的　　B. 已知的　　C. 确定的　　D. 不确定的

24. 假设检验中，检验统计量的确定取决于（　　）。

A. 总体的分布形式　　B. 总体的大小

C. 样本的大小　　D. 总体方差是否已知

25. 若在右侧检验情况下，样本均值大于假设的总体参数，则（　　）。

A. 有可能拒绝原假设　　B. 肯定拒绝原假设

C. 有可能接受备择假设　　D. 肯定接受原假设

26. 若原假设为 $\mu \geqslant 500$，对立假设为 $\mu < 500$，先抽取一个样本，其均值为 480，则下面哪一种说法是正确的？（　　）

A. 肯定接受原假设　　B. 有可能接受原假设

C. 肯定拒绝原假设　　D. 有可能拒绝原假设

27. 每次试验可能出现也可能不出现的事件称为（　　）。

A. 必然事件　　B. 样本空间　　C. 随机事件　　D. 不可能事件

28. 下面的分布中哪一个不是离散型随机变量的概率分布？（　　）。

A. 二点分布　　B. 二项分布　　C. 泊松分布　　D. 正态分布

29. 经验数据表明，某电话订票点每小时接到订票电话的数目 X 是服从常数为 120 的泊松分布，请问该订票点每 10 分钟内接到订票电话数目 Y 的分布类型是（　　）。

A. 正态分布　　B. 泊松分布　　C. 二项分布　　D. 超几何分布

30. 某种酒制造商听说市场上有 54% 的顾客喜欢他们所产品牌的酒，另外 46% 的顾客不喜欢他们所产品牌的酒，为证实该说法，现从市场随机抽取容量为 n 的样本，其中有 x 位顾客喜欢他们所产品牌的酒，则 x 的分布服从（　　）。

A. 正态分布　　B. 二项分布　　C. 泊松分布　　D. 超几何分布

二、多项选择题（在备选答案中，选择两个或两个以上正确答案，将其序号写在括号内）

1. 数学期望的基本性质有（　　）。

A. $E(c)=c$　　B. $E(XY)=E(X)E(Y)$

C. $E(XY)=E(X)$　　D. $E(XY)=E(X)$

2. 概率密度曲线（　　）。

A. 位于 X 轴的上方　　B. 位于 X 轴的下方

C. 与 X 轴之间的面积为 0　　D. 与 X 轴之间的面积为 1

E. 与 X 轴之间的面积不定

3. 重复抽样的特点是（　　）。

A. 每次抽选时，总体单位数始终不变

B. 每次抽选时，总体单位数逐渐减少

C. 各单位被抽中的机会在每次抽选中相等

D. 各单位被抽中的机会在每次抽选中不等

E. 各次抽选相互独立

4. 对于抽样误差，下面说法正确的是（　　）。

A. 抽样误差是随机变量
B. 抽样平均误差是一系列抽样指标的标准差
C. 抽样误差是估计值与总体参数之间的最大绝对误差
D. 抽样误差是违反随机原则而产生的偏差
E. 抽样平均误差值越小，表明估计的精度越高
5. 显著性水平与检验拒绝域的关系：(　　)。
A. 显著性水平提高（α 变小），意味着拒绝域缩小
B. 显著性水平降低，意味着拒绝域扩大
C. 显著性水平提高，意味着拒绝域扩大
D. 显著性水平降低，意味着拒绝域扩大化
E. 显著性水平提高或降低，不影响拒绝域的变化
6. β 错误（　　）。
A. 是在原假设不真实的条件下发生
B. 是在原假设真实的条件下发生
C. 取决于原假设与真实值之间的差距
D. 原假设与真实值之间的差距越大，犯 β 错误的可能性就越小
E. 原假设与真实值之间的差距越小，犯 β 错误的可能性就越大

三、填空题

1. 在做假设检验时容易犯的两类错误是（　　）和（　　）。

2. 如果提出的原假设是总体参数等于某一数值，则这种假设检验称为（　　）；若提出的原假设是总体参数大于或小于某一数值，则这种假设检验称为（　　）。

3. 假设检验有两类错误，分别是：（　　），也叫第Ⅰ类错误，是指原假设 H_0 是（　　）的，却由于样本缘故做出了（　　）H_0 的错误；（　　），叫第Ⅱ类错误，是指原假设 H_0 是（　　）的，却由于样本缘故做出（　　）H_0 的错误。

4. 在统计假设检验中，控制犯第Ⅰ类错误的概率不超过某个规定值 α，则 α 称为（　　）。

5. 假设检验的统计思想是小概率事件在一次试验中可以认为基本上是不会发生的，该原理称为（　　）。

6. 用古典法求算概率，在应用上有两个缺点：它只适用于有限样本点的情况；它假设（　　）。

7. 有一批电子零件，质量检查员必须判断是否合格，假设此电子零件的使用时间大于或等于 1 000，则为合格，小于 1 000 时，则为不合格，那么可以提出的假设为（　　）。（用 H_0，H_1 表示）

8. 一般在样本的容量被确定后，犯第Ⅰ类错误的概率为（　　），犯第Ⅱ类错误的概率为（　　），若减少（　　），则（　　）。

9. 某厂家想要调查职工的工作效率，用方差衡量工作效率差异，工厂预计的工作效率为至少制作零件 20 个/小时，随机抽样 30 位职工进行调查，得到样本方差为 5，试在显著性水平为 0.05 的要求下，问该工厂的职工的工作效率（　　）（有，没有）达到该标准。

10. 若事件 A 和事件 B 不能同时发生，则称 A 和 B 是（　　）事件。

11. 在一副扑克牌中单独抽取一次，抽到一张红桃的概率是（　　）；在一副扑克牌中单独抽取一次，抽到一张红桃A的概率是（　　）。

四、判断题（把正确的符号"√"或错误的符号"×"填写在题前的括号内）

1.（　　）如果拒绝原假设将会造成企业严重的经济损失，那么 α 的值应取得小一些。

2.（　　）统计假设总是成对提出的，即既要有原假设 H_0，也要有备择假设 H_1。

3.（　　）犯第Ⅱ类错误的概率与犯第Ⅰ类错误的概率是密切相关的，在样本一定的条件下，α 小，β 就增大；α 大，β 就减小。为了同时减小 α 和 β，只有增大样本容量，减小抽样分布的离散性，这样才能达到目的。

4.（　　）随着显著性水平 α 取值的减小，拒绝假设的理由将变得充分。

5.（　　）假设检验是一种决策方法，使用它不犯错误。

6.（　　）在假设检验中，接受域和拒绝域是互斥的。

7.（　　）假设检验的形式有原假设和对立假设。

8.（　　）在假设检验中，若接受原假设就说明原假设一定是正确的。

9.（　　）假设检验的目的在于判断样本统计量的值与假设的总体参数之间是否存在显著的差异。

10.（　　）当样本量很大时，t 分布近似于正态分布。

11.（　　）贝叶斯公式反映了"因果"的概率规律，并做出了"由因索果"的推广。

12.（　　）两事件互斥，表示其中一个事件的发生必然导致另一事件的发生。

13.（　　）事件发生的频率表示事件发生的频繁程度。

14.（　　）正态分布表现为其取值具有对称性，极大部分取值集中在区间外，只有少量取值落在以对称点为中心的小区间内。

15.（　　）在随机试验中，试验之前不知道哪一个结果会发生，同时所有的结果也是未知的。

五、计算题

1. 一个具有 $n=64$ 个观察值的随机样本抽自于均值等于20、标准差等于16的总体。

（1）给出 $\bar{x}$ 的抽样分布（重复抽样）的均值和标准差。

（2）描述 $\bar{x}$ 的抽样分布的形状。你的回答依赖于样本容量吗？

（3）计算标准正态 z 统计量对应于 $\bar{x}=15.5$ 的值。

（4）计算标准正态 z 统计量对应于 $\bar{x}=23$ 的值。

2. 一个具有 $n=100$ 个观察值的随机样本选自于 $\mu=30$，$\sigma=16$ 的总体。试求下列概率的近似值：

（1）$P\{\bar{x}\geqslant 28\}$。

（2）$P\{22.1\leqslant \bar{x}\leqslant 26.8\}$。

（3）$P\{\bar{x}\leqslant 28.2\}$。

（4）$P\{\bar{x}\geqslant 27.0\}$。

3. 某工人生产了 n 个零件，用 A_i 表示该工人生产的第 i 个零件是正品（$1\leqslant i\leqslant n$），试用 A_i 表示下列事件：

（1）没有一个零件是次品。

（2）至少有一个零件是次品。

（3）仅仅有一个零件是次品。

（4）至少有一个零件是正品。

4. 一个具有 $n=900$ 个观察值的随机样本选自于 $\mu=100$ 和 $\sigma=10$ 的总体。

（1）你预计 $\bar{x}$ 的最大值和最小值是什么？

（2）你认为 $\bar{x}$ 至多偏离 μ 多远？

（3）为了回答（2）你必须要知道 μ 吗？请解释。

5. 考虑一个包含 x 的值等于0，1，2，…，97，98，99 的总体。假设的取值的可能性是相同的，则运用计算机对下面的每一个 n 值产生 500 个随机样本，并对每一个样本计算 $\bar{x}$。对于每一个样本容量，构造 $\bar{x}$ 的 500 个值的相对频率直方图。当 n 值增加时，在直方图上会发生什么变化？存在什么相似性？这里 $n=2$，$n=5$，$n=10$，$n=30$ 和 $n=50$。

6. 一只口袋中有 10 个球，其中红球 5 个，白球 3 个，黄球 2 个，从中任意抽取 3 只，试求：

（1）3 个都是红球的概率。

（2）有一个是白球的概率。

（3）至少有一个是黄球的概率。

（4）红球数不多于 2 个的概率。

7. 美国汽车联合会（AAA）是一个拥有 90 个俱乐部的非营利联盟，对其成员提供旅行、金融、保险以及与汽车相关的各项服务。1999 年 5 月，AAA 通过对会员调查得知一个 4 口之家出游中平均每日餐饮和住宿费用大约是 213 美元（《旅行新闻》（Travel News），1999 年 5 月 11 日）。假设这个花费的标准差是 15 美元，并且 AAA 所报道的平均每日消费是总体均值。又假设选取 49 个 4 口之家，并对其在 1999 年 6 月期间的旅行费用进行记录。

描述 $\bar{x}$（样本家庭平均每日餐饮和住宿的消费）的抽样分布。特别说明 $\bar{x}$ 服从怎样的分布以及 $\bar{x}$ 的均值和方差是什么。证明你的回答。

对于样本家庭来说平均每日消费大于 213 美元的概率是什么？大于 217 美元的概率呢？在 209 美元和 217 美元之间的概率呢？

8. 技术人员对奶粉装袋过程进行了质量检验。每袋的平均质量标准为 $\mu=406$ 克，标准差为 $\sigma=101$ 克。监控这一过程的技术人每天随机抽取 36 袋，并对每袋质量进行测量。现考虑这 36 袋奶粉所组成样本的平均质量 $\bar{x}$。

（1）描述 $\bar{x}$ 的抽样分布，并给出 $\mu_{\bar{x}}$ 和 $\sigma_{\bar{x}}$ 的值，以及概率分布的形状。

（2）求 $P\{\bar{x}\leqslant 400.8\}$。

（3）假设某天技术人员观察到 $\bar{x}=400.8$，这是否意味着装袋过程出现问题了呢？为什么？

9. 在本章的统计实践中，某投资者考虑将 1 000 美元投资于 $n=5$ 种不同的股票。每一种股票月收益率的均值为 $\mu=10\%$，标准差 $\sigma=4\%$。对于这 5 种股票的投资组合，投资者每月的收益率是 $\bar{r}=\sum\frac{r_i}{5}$。投资者的每月收益率的方差是 $\sigma_{\bar{r}}^2=\frac{\sigma^2}{n}=3.2$，它是投资者所面临风险的一个度量。

假如投资者将 1 000 美元仅投资于这 5 种股票的其中 3 种，则这个投资者所面对的风险将会增加还是减少？请解释。

假设将 1 000 美元投资在另外 10 种收益率与上述完全一样的股票，试度量其风险，并与只投资 5 种股票的情形进行比较。

10. 从 A 市的 16 名学生测得其智商的平均值为 107，样本标准差为 10，而 B 市的 16 名学生测得智商的平均值为 112，标准差为 8，问：这两组学生的智商有无显著差别？

11. 某机器制造出的肥皂厚度为 5 厘米，要了解该机器性能是否良好，随机抽取 10 块肥皂作为样本，测得平均厚度为 5.3 厘米，标准差为 0.3 厘米，试分别以 0.05、0.01 的显著性水平检验机器性能是否符合厚度规定。

12. 某地区小麦的一般生产水平为亩产 250 千克，其标准差为 30 千克。现用一种化肥进行试验，随机抽取 25 亩地，抽样结果平均亩产为 270 千克，试以 0.05 的显著性水平检验这种化肥能否使小麦明显增产。

13. 某厂生产的钢丝抗拉强度服从 $N(u,\sigma^2)$，$\sigma=40$ 公斤/平方厘米。现从一批钢丝中随机抽取 9 根，所得样本均值较 u 大 20 公斤/平方厘米，能否认为这批钢丝的抗拉强度较往常有显著提高（$\alpha=0.05$）？

14. 某种新型建材单位面积的平均抗压力服从正态分布，均值为 5 000 公斤，标准差为 120 公斤。公司每次对 50 块这种新型建材的样本进行检验以决定这批建材的平均抗压力是否小于 5 000 公斤。公司规定样本均值如小于 4 970 就算不合格，求这种规定下犯第 Ⅰ 类错误的概率。

15. 某电池厂生产的某号电池，历史资料表明平均发光时间为 1 000 小时，标准差为 80 小时。在最近生产的产品中抽取 100 个电池，测得平均发光时间为 990 小时。若给定显著性水平为 0.025，问：新生产的电池发光时间是否有明显的降低？

16. 某种大量生产的袋装食品，按规定不得少于 250 克。今从一批食该品中任意抽取 50 袋，发现有 6 袋低于 250 克。若规定不符合标准的比例超过 5% 就不得出厂，则该批食品能否出厂？（$\alpha=0.05$）

17. 用一台自动包装机包装葡萄糖，按规格每袋净重 0.5 千克。长期积累的数据资料表明，每袋的实际净重服从正态分布，标准差为 0.015 千克。现在从成品中随机抽取 8 袋，结果其净重分别为 0.479，0.5006，0.518，0.511，0.524，0.488，0.515，0.512。试根据抽样结果说明：

（1）标准差有无变化？

（2）袋糖的平均净重是否符合规格？（$\alpha=0.05$）

18. 某电视台要了解某次电视节目的收视率，随机抽取 500 户城乡居民作为样本，调查结果，其中有 160 户城乡居民收视该电视节目，有人认为该电视节目收视率低于 30%，给定显著性水平为 0.025，你认为这个人说的有道理吗？

19. 万里橡胶制品厂生产的汽车轮胎平均寿命为 40 000 公里，标准差为 7 500 公里。该厂经过技术革新试制了一种新轮胎，若比原轮胎平均寿命明显延长，则可大批量生产。技术人员抽取了 100 只新轮胎，测得平均寿命为 41 000 公里，汽车轮胎的平均寿命服从正态分布。试利用样本观察的结果，说明该厂是否应大批量生产这种新轮胎。（$\alpha=0.05$）

20. 从一批商品中随机抽出 9 件，测得其质量（千克）分别为：

21.1，21.3，21.4，21.5，21.3，21.7，26.4，21.3，21.6

设商品质量服从正态分布：

（1）商品的质量平均值为多少？

（2）已知商品质量的标准差 $\sigma=0.15$ 千克，求商品的平均质量 μ 的置信区间（$x=0.05$）。

（3）σ 未知，求商品的平均质量 μ 的置信区间（$x=0.05$）。

21. 在任何生产过程中，产品质量的波动都是不可避免的。产品质量的变化可被分成两类：由特殊原因所引起的变化（例如，某一特定的机器）和由共同的原因所引起的变化（例如，产品的设计很差）。

一个去除了质量变化的所有特殊原因的生产过程被称为稳定的或者是在统计控制中的。剩余的变化只是简单的随机变化。假如随机变化太大，则管理部门不能接受，但只要消除变化的共同原因，便可减少变化（Deming，1982，1986；De Vor，Chang，和 Sutherland，1992）。

通常的做法是将产品质量的特征绘制到控制图上，然后观察这些数值随时间如何变动。例如，为了控制肥皂中碱的数量，可以每小时从生产线中随机地抽选 $n=5$ 块试验肥皂作为样本，并测量其碱的数量，不同时间的样本含碱量的均值 $\bar{x}$ 描绘在图 5－2 中。假设这个过程是在统计控制中的，则 $\bar{x}$ 的分布将具有过程的均值 μ，标准差具有过程的标准差除以样本容量的平方根，$\sigma_{\bar{x}}=\frac{\sigma}{\sqrt{n}}$。下面的控制图中水平线表示过程均值，两条线称为控制极限度，位于 μ 的上下 $3\sigma_{\bar{x}}$的位置。假如 $\bar{x}$ 落在界限的外面，则有充分的理由说明目前存在变化的特殊原因，这个过程一定是失控的。

当生产过程是在统计控制中时，肥皂试验样本中碱的百分比将服从 $\mu=2\%$ 和 $\sigma=1\%$ 的近似的正态分布。

（1）假设 $n=4$，则上下控制极限应距离 μ 多远？

（2）假如这个过程在控制中，则 $\bar{x}$ 落在控制极限之外的概率是多少？

（3）假设抽取样本之前，过程均值移动到 $\mu=3\%$，则由样本得出这个过程失控的（正确的）结论的概率是多少？

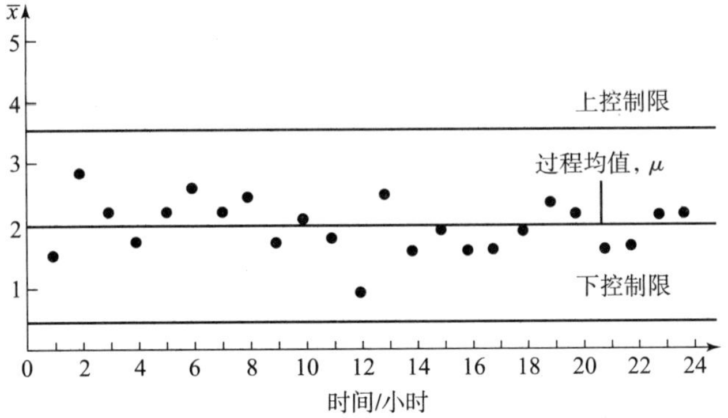

图 5－2　不同时间样本生成含量的均值

22. 某灯泡厂生产的灯泡的平均寿命是 1 120 小时，现从一批新生产的灯泡中抽取 8 个样本测得其平均寿命为 1 070 小时，样本方差 =（　　），试检验灯泡的平均寿命有无变化（显著性水平为 0.05 和 0.01）。

23. 为降低贷款风险，某银行内部规定要求平均每笔贷款数额不能超过 120 万元。随着经济发展，贷款规模有增大趋势。现从一个 $n=144$ 的样本测得平均贷款额为 128.1 万元，$S=45$ 万元，用 0.01 的显著性水平检验贷款的平均规模是否明显超过 120 万元。

第六章

抽样估计

学习目标

- ▶ 掌握抽样调查的概念、特点和作用
- ▶ 熟悉抽样估计的概念及特点
- ▶ 掌握全及总体和样本总体的概念
- ▶ 熟悉抽样设计的基本要求
- ▶ 掌握全及指标和样本指标的概念及种类
- ▶ 掌握样本容量及样本个数的概念
- ▶ 掌握重复抽样和不重复抽样两种抽样方法
- ▶ 掌握抽样平均误差的概念及计算
- ▶ 掌握抽样误差的概念及影响因素
- ▶ 掌握抽样设计的组织形式及各自特点
- ▶ 掌握影响必要样本容量的因素
- ▶ 掌握抽样极限误差的概念及计算
- ▶ 掌握区间估计概念及计算方法
- ▶ 掌握一个优良估计量必须符合的标准
- ▶ 熟悉点估计方法

案例导入

盖洛普与民意调查

20 世纪 30 年代早期，盖洛普很受欢迎。他成为 Drake 大学新闻系的系主任，然后转至西北大学。在此期间，他从事美国东北部报刊的读者调查。1932 年夏天，一家新的广告代理商——电扬广告公司邀请他去纽约创立一个旨在评估广告效果的调查部门，并制定一套调查方案。同年，他利用他的民意测验法帮助他的岳母竞选艾奥瓦州议员。这使他确信他的抽样调查方法不仅在数豆子和报刊读者调查方面有效，并有助于选举人。只要了解到抽样范围具有广泛性，白人、黑人，男性、女性，富有、贫穷，城市、郊区，共和党、民主党，只要有一部分人代表他们所属的总体，就可以通过采访相对少的一部分人来预测选举结果或反映公众对其关心问题的态度。盖洛普证实，通过科学抽样，可以准确地估测出总体的指标。同时，在抽样过程中，可以节省大量资金。

在1996年11月，比尔·克林顿以49%的得票率当选为美国总统，与之相对，前参议员罗伯特·多尔的得票率为41%，无党派罗斯·佩洛特的得票率仅为9%，在这次大选前，不少大选民意调查已经预测到克林顿的胜利，这些民意调查的结果与世纪选举的结果十分相似，其误差不超过2%。

那么民意调查专家是否对900万选民都进行了访问呢？这当然是不可能的，实际上民意调查专家只访问了不到2 000个选民，就得出如此精确的预测结果。我们将在本章探讨的就是调查研究者是如何完成诸如此类的潜在观察的。但是因为没有人能对每一件事物进行观察，所以调查研究的一个首要问题就是决定观察什么和不观察什么的问题。举例来说，如果我们想研究选民的行为，那么应该着手研究哪些选民？这是我们要探讨的问题。

资料来源：范伟达．市场调查教程［M］．上海：复旦大学出版社，2002.

思考

通过上面的案例，我们了解到盖洛普通过科学抽样来预测选举结果或反映公众对其关心问题的态度，进而可以准确地估测出总体的指标。那么什么是抽样推断？在抽样推断中应注意哪些问题？怎样由样本指标推断总体指标？

第一节　抽样估计的基本概念

一、抽样估计的概念及特点

抽样估计的过程表述如下：以概率论为理论基础，先确定一抽样指标或估计量，然后从实际中抽取一个样本资料，将观察值代入估计量，其数值就是要估计的总体指标的估计值。因为估计量是随机变量，所以还需研究其概率分布，以判断估计量的优良性、可靠程度、误差等。抽样估计不仅是对现象总体进行科学的估计与推算的一种方法，也是收集统计资料的一种方法，因此也称为抽样调查。

抽样调查是一种非全面调查。由于抽样调查只调查总体中的部分单位，调查单位少，因此与全面调查相比，抽样调查可以节省较多的人力、财力、物力，而且抽样调查可以达到全面调查的目的。抽样调查具有如下特点：

第一，抽样调查按随机原则，从总体中抽取总体单位。所谓随机原则，是指总体中每个总体单位都有相同的中选机会，选中哪个单位纯属偶然，不受调查者主观意愿的影响。

第二，根据抽样调查的结果，可以推断总体的有关数量特征。例如，通过抽查一部分产品的质量，就可以推断出该批全部产品的质量。当进行全市居民家计调查时，只要按照随机原则抽取部分家庭抽样调查，根据抽样调查的结果，就可以推断全市居民家庭的家计水平。

第三，抽样调查必然存在抽样误差，但抽样误差的大小可以事先计算并加以控制。因为抽样调查以概率论和数理统计为基础，所以抽样推断的结果具有一定的可靠程度。

由于抽样调查具有其他调查方式无法相比的优越性，因此抽样调查这种方法在社会经济工作中得到了广泛的应用，有着重要的作用。归纳起来，主要有以下几点：

第一，在不可能进行全面调查的情况下要采用抽样调查。对于无限总体，不可能采取全面调查。例如，要了解江河湖海中水质的污染程度。对于有破坏性的产品质量的检验，如电子元件的使用寿命、炮弹的平均射程等，只能抽取一部分样品进行检查，并以此推断总体产品的质量。

第二，有些现象总体范围过大，总体单位又过于分散，在很难或不必要进行全面调查的情况下，可以采用抽样调查的方法，如居民家计调查、电视节目收视率的调查、森林木材蓄积量的调查等。

第三，应用抽样调查的结果，可以对全面调查的结果进行检查和修正。许多社会经济现象虽然可以进行全面调查，但同时进行抽样调查，如果能把两者结合起来应用也将具有重要意义。全面调查由于范围广、工作量大、工作人员多，因此存在较多误差的可能性较大。在全面调查之后，随机抽取部分单位进行抽样调查，利用抽样调查的结果，对全面调查的结果进行检查和修正，可以进一步提高全面调查结果的准确性。如我国每 10 年进行一次人口普查，期间每 5 年进行一次 1% 的人口抽样调查，从内容上补充全面调查。

二、抽样调查中的几个基本概念

（一）全及总体和样本总体

全及总体即调查对象的全部单位构成的整体，即具有同一性质的若干单位的集合体，称为全及总体或母体，简称总体。例如，研究全国农村居民的家庭收入情况，全部农村居民户就是所要研究的全及总体。全及总体的单位数反映总体的容量，用符号 N 表示。根据总体容量 N 及其相应的变量值的个数的多少，全及总体可以分为有限总体和无限总体。

抽样总体简称样本，是指从全及总体中按照随机原则抽取一部分单位构成的集合体。抽样总体的单位数反映样本容量，用符号 n 表示。根据样本容量 n 的多少，可以划分为大样本和小样本。当 $n \geqslant 30$ 时，称为大样本，在社会经济现象的抽样调查中，绝大多数采取大样本；当 $n < 30$ 时，称为小样本。抽样总体的单位数远比全及总体的单位数少，n/N 称为抽样比例，通常是一个很小的数，要根据被研究对象的性质和具体的任务来确定抽样比例。

研究目的一旦确定，作为推断对象的全及总体也就相应确定，而从全及总体中抽取的作为观察对象的样本总体则是不确定的。从一个总体中可以抽取很多个样本，每次可能抽到哪个样本不是确定的，也不是唯一的，而是可变的。明白这一点对于理解抽样估计原理很重要。

（二）全及指标和样本指标

统计是通过指标来达到对总体的认识的。根据全及总体各单位的标志值或标志属性计算的，反映总体数量特征的综合指标称为全及指标。全及指标是总体变量的函数，其数值是由总体各单位的标志值或标志属性决定的，一个全及指标的指标值是确定的、唯一的，所以称为总体参数。

常用的全及指标有总体平均数（$\overline{X}$）、总体标准差（σ）或总体方差（σ^2）。

设总体中 N 个总体单位的某项标志的标志值分别为 X_1，X_2，…，X_N，则：

若资料未分组：

$$\bar{X}=\frac{X_1+X_2+\cdots+X_N}{N}=\frac{\sum X}{N} \tag{6-1}$$

$$\sigma=\sqrt{\frac{\sum(X-\bar{X})^2}{N}} \tag{6-2}$$

若资料已分组：

$$\bar{X}=\frac{X_1F_1+X_2F_2+\cdots+X_NF_N}{F_1+F_2+\cdots+F_N}=\frac{\sum XF}{\sum F} \tag{6-3}$$

$$\sigma=\sqrt{\frac{\sum(X-\bar{X})^2F}{\sum F}} \tag{6-4}$$

式中，F 表示各组标志值出现的频数。

对于属性总体，由于各单位的标志不能用数量来表示，因此需要研究其成数。设总体中具有某一标志表现的总体单位数为 N_1，不具有这一标志表现的总体单位数为 N_2，则具有和不具有某种标志表现的成数分别为

$$P=\frac{N_1}{N},\ Q=\frac{N_2}{N} \tag{6-5}$$

$$P+Q=1$$

是非标志的标准差为

$$\sigma_P=\sqrt{P(1-P)} \tag{6-6}$$

全及指标所反映的总体范围是明确的，指标的计算方法是已知的，所以全及指标的数值是客观存在的、唯一确定的数值。但是，通常这个数值是未知的，需要用抽样调查的方法来推算。

样本指标是由样本中各单位标志值或标志属性计算的，是反映样本数量特征的综合指标，或称为统计量。样本指标是样本变量的函数，是用来估计总体参数的。常用的样本指标有样本平均数（$\bar{x}$）、样本标准差（s）和样本方差（s^2）。

设样本中 n 个样本单位的某项标志的标志值分别为 x_1，x_2，…，x_n，则：

若资料未分组：

$$\bar{x}=\frac{x_1+x_2+\cdots+x_n}{n}=\frac{\sum x}{n} \tag{6-7}$$

$$s=\sqrt{\frac{\sum(x-\bar{x})^2}{n}} \tag{6-8}$$

若资料已分组：

$$\bar{x}=\frac{x_1f_1+x_2f_2+\cdots+x_nf_n}{f_1+f_2+\cdots+f_n} \tag{6-9}$$

$$s=\sqrt{\frac{(x-\bar{x})^2f}{\sum f}} \tag{6-10}$$

对于属性总体，设样本中具有某种标志表现的样本单位数为 n_1，不具有该种标志表现的样本单位数为 n_2，则具有和不具有该种标志表现的样本成数分别为

$$p = \frac{n_1}{n}$$

$$q = \frac{n_2}{n} \tag{6-11}$$

$$p + q = 1$$

样本是非标志的标准差为

$$s_p = \sqrt{p(1-p)} \tag{6-12}$$

方差为

$$s_p^2 = p(1-p)$$

样本指标的数值并不是唯一确定的，而是随样本变化的随机变量，是样本变量的函数。

（三）样本容量和样本个数

样本容量是指一样本所包含的单位数目，通常用“n”表示。如从 10 000 亩小麦中抽取 500 亩小麦，以了解其收获率，10 000 亩小麦是总体，样本容量 $n = 500$ 亩。样本还划分为小样本和大样本：当 $n < 30$ 时，为小样本；当 $n \geqslant 30$ 时，为大样本。大、小样本不仅表现在样本容量大小不同，而且在用样本指标对全及指标进行估计时的处理方法也有所不同。对社会经济现象进行抽样调查常常采用大样本。抽样数目的多少，与抽样误差及调查费用都有直接的关系。如果抽样数目过大，则虽然抽样误差很小，但调查工作量增大，耗费的时间和经费太多，体现不出抽样调查的优越性。反之，如果抽样数目太小，则虽然耗费少，但抽样误差太大，抽样推断就会失去价值。所以，抽样设计中的一个重要内容就是要确定适当的抽样数目。

样本个数又称样本可能数目。它不同于样本容量，是指从总体 N 个单位中任意抽取 n 个单位的观察结果构成样本的所有可能的配合数。样本个数是与抽样方法相联系的。

（四）抽样方法

抽样方法可分为重复抽样和不重复抽样两种。

重复抽样也称作重置抽样或有放回抽样，是指要从具有 N 个单位的总体中随机抽取一个单位数为 n 的样本，每次抽出一个单位记录其特征后，再放回总体中参加下一次抽选，这样连续抽 n 次即得到所需样本。也就是说，采用重复抽样，同一总体单位都有可能被重复抽中（即一个总体单位可以在同一样本中出现两次或两次以上），而且每次抽取是独立的，每次都是从 N 个总体单位中抽取。

从总体 N 个单位中，用重复抽样的方法，随机抽取 n 个单位组成样本，则共可抽取 N^n 个样本。

不重复抽样也称作不重置抽样或无放回抽样，是指每次从具有 N 个单位的总体中随机抽出一个单位后不再放回总体中，下一个样本单位再从余下的总体单位中抽取，这样连续抽取 n 次即得到一个单位数为 n 的样本。这种抽样方法实际上相当于一次从总体中同时抽取 n 个单位组成一个样本。采用不重复抽样方法，同一总体单位不可能被再次抽中，而且每次抽取不是独立的，上次抽取结果要影响下次抽选的结果。每次抽取是在不同数目的总体单位中进行的。

从总体 N 个单位中，用不重复抽样的方法，随机抽取 n 个单位组成样本，全部可能抽取的样本数目为 N，$N-1$，$N-2$，…，$N-n+1$。

抽样方法不同，样本的代表性也有所不同，抽样误差也就不同。与重复抽样相比，不重复抽样由于样本单位无重复，从而使样本结构与总体结构充分地相似，因此抽样误差较小。但当总体单位数非常大，而抽样比例较小，两者之间相差无几时，可以近似地把不重复抽样的抽样误差用重复抽样的误差代替。

第二节　抽样误差

一、抽样误差的概念及影响因素

（一）抽样误差的概念

抽样误差就是指样本指标和总体指标之间数量上的差异，具体指样本平均数与总体平均数之差（$\bar{x}-\bar{X}$）或样本成数与总体成数之差（$p-P$）。

在抽样中，误差的来源有两个方面。其中，一个是登记性误差，即在调查过程中由于观察、测量、登记、计算上的差错所引起的误差，这类误差是所有统计调查都可能存在的误差。另一类是代表性误差，即样本代替总体，由于样本结构不能与总体结构充分相似所产生的误差。代表性误差的产生有两种原因：一是违反抽样调查的随机原则，有意地选取了有倾向性的单位，据以计算出的指标必然出现偏高或偏低的情况，造成系统性偏误；二是即使遵循了随机原则，样本指标与总体指标也会出现偶然性的偏差，这就是抽样调查的抽样误差。抽样误差在抽样调查中是必然存在的，不可以避免，但可以事先计算并加以控制。抽样误差不是固定不变的，它的数值随样本的变化而变化，是一个随机变量。

（二）影响抽样误差的因素

（1）样本单位数的多少。在其他条件不变的情况下，抽样单位数越多，抽样误差就越小。因为随着样本单位数的增加，样本结构就会逐渐地接近总体结构，抽样误差会逐渐缩小。当样本单位等于总体单位时，抽样调查也就变成了全面调查。

（2）总体被研究标志的变异程度。在其他条件不变的情况下，总体单位的变异程度越小，抽样误差也就越小；反之，则越大。

（3）抽样方法。抽样方法不同，抽样误差也不同。重复抽样的误差要大于不重复抽样。

（4）抽样调查的组织形式。不同的抽样调查组织形式就有不同的抽样误差，而且同一种抽样组织形式的合理程度也影响抽样误差。本章所介绍的是最基本的抽样组织形式——简单随机抽样的抽样误差。

二、抽样平均误差

抽样平均误差是抽样误差的平均数，是反映抽样误差一般水平的指标。

我们知道，对于确定的总体来说，总体指标是确定的值，由于样本是按随机原则抽取的，从同一总体中抽取样本容量相同的样本可以有多种不同的抽法，所以抽样误差是一个随机变量。

抽样平均误差，从一般意义上说是所有抽样实际误差的平均水平，确切地说是根据随机原则抽样时所有可能出现的样本指标的标准差。它反映样本平均数（样本成数）与总体平均数（总体成数）的平均误差程度，常用μ表示。其用公式表示为

$$\mu_{\bar{x}}=\sqrt{\frac{\sum(x-\overline{X})^2}{k}}$$

$$\mu_p=\sqrt{\frac{\sum(p-P)^2}{k}}$$

式中，$\mu_{\bar{x}}$代表抽样平均数的抽样平均误差；μ_p 代表抽样成数的抽样平均误差；k 代表样本可能数目。

这些公式表明了抽样误差的意义。但是，由于样本可能数目很多，总体指标 $\overline{X}$ 和 P 也是未知的，因此用上述公式计算抽样平均误差其实是不可能的。数理统计学已经证明抽样平均误差与总体标准差、抽样数目和抽样方法等因素有关，并推导出计算抽样平均误差的公式。抽样指标有平均数和成数两种，所以抽样平均误差的计算公式也有计算平均数和计算成数两种，而且分别有重复抽样和不重复抽样的计算公式。计算公式如下：

在重复抽样条件下：

$$\mu_{\bar{x}}=\sqrt{\frac{\sigma^2}{n}}=\frac{\sigma}{\sqrt{n}} \tag{6-13}$$

$$\mu_p=\sqrt{\frac{{\sigma_p}^2}{n}}=\sqrt{\frac{P(1-P)}{n}} \tag{6-14}$$

在不重复抽样条件下：

$$\mu_{\bar{x}}=\sqrt{\frac{\sigma^2}{n}\frac{N-n}{N-1}} \tag{6-15}$$

$$\mu_P=\sqrt{\frac{P\ (1-P)}{n}\frac{N-n}{N-1}} \tag{6-16}$$

抽样平均误差的计算公式，重复抽样和不重复抽样相比，多了一个修正系数$\frac{N-n}{N-1}$，所以在其他条件相同的情况下，不重复抽样的抽样平均误差要小于重复抽样的抽样平均误差。当 N 很大时，$N-1$ 就可以用 N 代替，所以$\frac{N-n}{N-1}$就近似地等于 $1-\frac{n}{N}$。所以，一般在实际应用中，不重复抽样的抽样平均误差可以用下列公式计算：

$$\mu_{\bar{x}}=\sqrt{\frac{\sigma^2}{n}\left(1-\frac{n}{N}\right)} \tag{6-15}$$

$$\mu_p=\sqrt{\frac{P(1-P)}{n}\left(1-\frac{n}{N}\right)} \tag{6-16}$$

还应该指出，当 N 很大时，$\frac{n}{N}$很小，$1-\frac{n}{N}$近似等于 1，不论是用重复抽样还是不重复抽样公式计算抽样平均误差，其结果都相差无几。因此，在实际进行抽样调查时，尽管采用的是不重复抽样方式，但可以用重复抽样的计算公式计算抽样平均误差。

在上述公式中，σ 或 $\sqrt{P(1-P)}$是总体标准差，但通常在实际工作中这一资料是未知的。在计算抽样平均误差时，通常采用下列替代方法：

第一，用样本标准差代替总体标准差。只要是抽样样本分布接近于总体分布，样本标准差就接近总体标准差。

第二，用历史资料代替。如果历史上做过同类型的抽样调查或全面调查，就可以用过去所掌握的标准差数据代替。如果做过多次实验，但每次调查的标准差数据不同，则选用其中最大的标准差数据。成数方差在成数为 0.5 时方差最大，所以在有多个可供选择的数据时，应选择其中数值最接近 0.5 的成数，目的是使对抽样误差的估计有最大的把握程度。

第三，进行试验性抽样取得标准差数据。在进行抽样调查之前，可以进行小规模的试验性调查获得标准差数据代替总体标准差。

例 6－1　某灯泡厂生产电灯泡 100 000 个，从中随机抽取 500 个测定其耐用时间，所得分组资料如表 6－1 所示。

表 6－1　某厂灯泡耐用时间的分组资料

按灯泡的耐用时间分组/小时	组中值 x	灯泡个数 f/个
850 以下	800	50
850～950	900	100
951～1 050	1 000	150
1 051～1 150	1 100	110
1 151～1 250	1 200	70
1 250 以上	1 300	20
合计	—	500

根据规定，耐用时间在 850 小时以上为合格产品，计算该批灯泡耐用时间的抽样平均误差和合格率的抽样平均误差。

计算过程如下：

已知，$n=500$，$N=100\ 000$。

灯泡的平均耐用时间

$$\bar{x}=\frac{\sum xf}{\sum f}$$

$$=\frac{800\times50+900\times100+1\ 000\times150+1\ 100\times110+1\ 200\times70+1\ 300\times20}{500}$$

$$=\frac{511\ 000}{500}=1\ 022\text{（小时）}$$

样本方差

$$s^2=\frac{\sum(x-\bar{x})^2f}{\sum f}=\frac{8\ 458\ 000}{500}=16\ 916$$

将上述数据代入式（6－15），可得

$$\mu_{\bar{x}}=\sqrt{\frac{\sigma^2}{n}\left(1-\frac{n}{N}\right)}=\sqrt{\frac{16\ 916}{500}\left(1-\frac{500}{100\ 000}\right)}=5.80\text{（小时）}$$

若采用重复抽样的计算公式，则其计算结果如下：

$$\mu_{\bar{x}}=\sqrt{\frac{\sigma^2}{n}}=\sqrt{\frac{16\ 916}{500}}=5.82\text{（小时）}$$

灯泡的合格率

$$p=\frac{500-50}{500}=90\%$$

合格率的抽样平均误差计算如下：

不重复抽样：

$$\mu_p=\sqrt{\frac{P(1-P)}{n}\left(1-\frac{n}{N}\right)}=\sqrt{\frac{90\%\times(1-90\%)}{500}\left(1-\frac{500}{100\ 000}\right)}=1.342\%$$

重复抽样：

$$\mu_p=\sqrt{\frac{P(1-P)}{n}}=\sqrt{\frac{90\%\times(1-90\%)}{500}}=1.338\%$$

在该例中，因为总体方差未知，所以用样本方差代替进行计算，而且采用重复抽样和不重复抽样的计算公式，计算结果相差很小。

三、抽样极限误差

前面曾指出，实际抽样误差是无法计算的，只能用抽样平均误差来反映抽样误差的大小，而某一次具体抽样的实际抽样误差可能为正也可能为负，其绝对值可能大于抽样平均误差也可能小于抽样平均误差。一般情况下，我们只进行一次具体抽样。因此，我们不能只研究抽样平均误差，还必须研究某一次具体抽样的误差可能范围，这就需要引入抽样极限误差的概念。

抽样极限误差是指在一定概率下抽样误差的可能范围，也称为允许误差。它是指以样本统计量估计总体指标所允许的抽样误差的最大可能范围，也就是样本指标所允许取的最高值或最低值与总体指标之差的绝对值。若用 $\Delta_{\bar{x}}$、Δ_p 分别表示抽样平均数和抽样成数的抽样极限误差，则以不等式表示如下：

$$|\bar{x}-\bar{X}|\leqslant\Delta_{\bar{x}}$$

$$|p-P|\leqslant\Delta_p \tag{6-17}$$

若对不等式进行变换，则得到下列两个不等式：

$$\bar{X}-\Delta_{\bar{x}}\leqslant\bar{x}\leqslant\bar{X}+\Delta_{\bar{x}}$$

$$P-\Delta_p\leqslant p\leqslant P+\Delta_p \tag{6-18}$$

或

$$\bar{x}-\Delta_{\bar{x}}\leqslant\bar{X}\leqslant\bar{x}+\Delta_{\bar{x}}$$

$$p-\Delta_p\leqslant P\leqslant p+\Delta_p \tag{6-19}$$

上式表示，在一定概率下，可以认为样本指标（$\bar{x}$ 或 p）与相应总体指标（$\bar{X}$ 或 P）之间的误差绝对值不超过 $\Delta_{\bar{x}}$或 Δ_p。极限误差是抽样误差的可能范围，而不是完全肯定的范围。因此，这个可能范围的大小是与可能性的大小即概率紧密联系的。在抽样估计中，这个概率叫置信度，习惯上也称为可信程度、把握程度或概率保证程度等，用（$1-\alpha$）表示。很显然，在其他条件不变的情况下，抽样极限误差越大，相应的概率保证程度就越大。抽样估计时，我们总是希望估计的误差尽可能小，并且估计的把握程度尽可能大，但事实上，这两者往往是相互矛盾的。在其他条件不变的情况下，提高估计的把握程度会增大允许误差；减小允许误差，则会降低估计的把握程度。可见，抽样估计时并不能只顾提高估计的把握程度或只顾缩小允许误差。若误差范围太大，则估计的准确性太低，尽管把握程度提高了，抽样估计本身将失去实际意义；反之，若把握程度太低，则意味着错误估计的可能性太大，尽管误差范围很小，但估计结果的作用也不大。所以，实际中应根据具体实际情况，事先确定一个合理的概率把握程度，根据概率保证程度确定相应的误差范围；或先确定一个允许误差范围，再求相应的概率保证程度。两者之间的具体联系，可根据样本指标的抽样分布来确定。

基于概率估计的理论，抽样极限误差的大小通常要以抽样平均误差为标准来确定，表示为

$$\Delta_{\bar{x}} = t\mu_x \text{ 或 } \Delta_p = t\mu_p \tag{6-20}$$

式中，t 称为概率度，表示抽样极限误差是抽样平均误差的若干倍，与概率有关，是测量估计可靠程度的一个指标，可表示为

$$t = \frac{\Delta_{\bar{x}}}{\mu_x} \text{或 } t = \frac{\Delta_p}{\mu_p} \tag{6-21}$$

第三节　抽样估计

一、抽样估计

抽样调查的目的是用样本指标来推断总体指标。由于存在抽样误差，因此这种推断不是百分之百精确的。实际上抽样调查是对总体指标有科学依据的估计，这种方法称为抽样估计。

（一）抽样估计的理论基础

从数量方法来说，抽样估计是以概率论的基本理论之一——极限定理为基础的，极限定理就是采用极限的方法得出随机变量概率分布一系列定理的总称，内容广泛，其中的大数定律和中心极限定理为抽样估计提供了主要的数学依据。

1. 大数定律

大数定律又叫大数法则，说明由大量相互独立的随机变量构成的总体，其中每个变量虽有各种不同的表现，但对这些大量的变量加以综合平均，就可以消除由偶然因素引起的个别差异，从而使总体单位的某一标志的规律性及其共同特征能在一定的数量和质量上表现出来。

2. 中心极限定理

在社会经济现象中，有些随机变量表现为大量独立随机变量之和。例如，任意指定时刻城市用电量是大量用电量的总和，一个零件的实际尺寸与标准尺寸的偏差是原材料、设备、操作技术、经营管理水平等多种因素综合影响的结果，等等。中心极限定理就是研究随机变量之和在什么条件下渐近地服从正态分布。

（二）优良估计量的标准

优良估计量是从总体上来评价的。对于总体的同一参数，可以有不同的估计量。例如，对于总体平均指标进行估计，可以用样本平均数，也可以用样本中位数。我们希望选择一个相对优良的估计量。一个优良估计量必须符合下面三个标准。

1. 无偏性

无偏性是指用样本指标估计总体指标时，样本指标的平均数应等于总体平均数，也就是

说，每一个具体的样本指标与总体指标都可能有误差，但如果进行多次反复的抽样，各个样本指标的平均数应等于总体指标，即以这个样本指标作为总体指标的估计量，平均来说是没有偏误的。样本的算术平均数和样本成数，均符合无偏性的要求。

2. 一致性

一致性是指用样本指标估计总体指标时，随着样本容量不断增大，样本指标逐渐接近总体指标，当样本容量充分大时，样本指标也充分接近总体指标。容易证明，样本平均数和样本成数分别是总体平均数和总体成数的一致估计量。

3. 有效性

有效性是指对同一类型的几个无偏估计量，在估计总体指标时，应采用方差最小的那个估计量。因其方差最小，最具有代表性，所以估计更为有效。

（三）抽样估计的方法

抽样估计有两种方法：点估计和区间估计。

1. 点估计

点估计是根据样本指标给出总体指标的一个确定的估计值，是直接用样本统计量作为相应总体参数的估计值。例如，以样本平均数的实际值作为相应总体平均数的估计值；以样本成数的实际值作为相应总体成数的估计值。即：

样本平均数是总体平均数的点估计，$\bar{x}=\bar{X}$；

样本成数是总体成数的点估计，$p=P$。

例如，根据某地区样本资料计算得出粮食亩产600千克，就以600千克作为全地区粮食亩产水平的估计值。据点估计得出的关于总体的结论因样本的不同而异。当样本的代表性较高时，点估计的结论就比较准确。

点估计的方法简便易行，原理直观，可以作为行动决策的数量依据。但也有不足之处，即这种估计没有表明抽样估计的误差大小，也没有说明误差在一定范围内的概率有多大。要解决这个问题，就要采用区间估计的方法。

2. 区间估计

区间估计就是在一定的概率保证下，由样本指标推断出总体指标可能在的区间。其概率称为置信概率，概率的保证程度称为置信度，估计的取值区间称为置信区间。区间估计既说明估计结果的精度，又说明这个估计结果的可靠程度、保证程度，所以区间估计是比较科学的。

在一定的概率保证下，总体平均数和总体成数的置信区间为

$$\bar{x}-\Delta_{\bar{x}}\leqslant\bar{X}\leqslant\bar{x}+\Delta_{\bar{x}}$$

$$p-\Delta_p\leqslant P\leqslant p+\Delta_p$$

这里区间 $[\bar{x}-\Delta_{\bar{x}},\ \bar{x}+\Delta_{\bar{x}}]$ 和 $[p-\Delta_p,\ p+\Delta_p]$ 就是置信区间。我们估计 $\bar{X}$ 和 P 可能分别会落在这两个区间内，但是，$\bar{X}$ 和 P 是否一定会在所给出的区间内？显然并不一定是必然的。因为这两个区间是以样本指标 $\bar{x}$ 或 p 为中心来设计的，其区间的大小分别是 $2\Delta_{\bar{x}}$ 与 $2\Delta_p$，这样的区间也会随着抽到的样本而变化，不同的样本对应的置信区间也不同，当然，总体指标也不一定百分之百落在随机出现的某一区间内。也就是说，对于根据抽样的样本指标构造设计的区间，总体指标可能会在区间内，但也可能在这个区间之外。总体指标落在这个区间内的可能性，我们用概率来表示。这一概率，表明这

一估计的可靠程度的高低。

数理统计的研究表明，这种概率是与概率度直接有关的，即抽样误差的概率便是概率度 t 的函数，概率与概率度有一一对应的关系，根据概率，可以知道对应的概率度。实际应用中我们可以查正态概率分布表。表 6 - 2 摘录了几组常用的对应数据。

表 6 - 2　正态概率表

概率度 t	概率 $F(t)$
1	0.682 7
1.96	0.950 0
2	0.954 5
3	0.997 3
4	0.999 9

例 6 - 2　在某地区随机抽取 36 亩水稻，测得其平均亩产为 422 千克，亩产标准差为 30.61 千克，若要求抽样估计的误差不超过 10 千克，试估计该地区全部水稻的平均亩产所在的置信区间。

根据题中资料，已知 $n=36$，$\bar{x}=422$ 千克，$s=30.61$ 千克，$\Delta_{\bar{x}}=10$ 千克，将上述数据代入式（6 - 19），得到

$$422-10\leqslant\bar{X}\leqslant422+10$$

$$412\leqslant\bar{X}\leqslant432$$

$$\mu_{\bar{x}}=\frac{\sigma}{\sqrt{n}}=\frac{30.61}{\sqrt{36}}=5.10\text{（千克）}$$

$$t=\frac{\Delta_{\bar{x}}}{\mu_{x}}=\frac{10}{5.10}=1.96$$

查正态概率表得　　$F(t)=95\%$

以上计算结果表明，该地区水稻平均亩产在 412 ~ 432 千克，而这个推断的可靠程度达到 95%。

区间估计分为总体平均数的区间估计和总体成数的区间估计两种情况，下面分别以例题说明其计算过程及方法。

例 6 - 3　对一批某型号的电子元件共 5 000 件进行耐用性能的检测，按不重复抽样的方法随机抽取 250 件，测试结果如表 6 - 3 所示，要求以 95.45% 的概率保证程度推断该批电子元件的平均耐用时数的可能范围。

已知，$N=5\ 000$，$n=250$。

样本的平均耐用时数 $\bar{x}=\dfrac{1\times22+3\times56+5\times92+7\times60+9\times20}{250}=\dfrac{1\ 250}{250}$

$=5$（万小时）

样本方差 $s^2=\dfrac{(1-5)^2\times22+(3-5)^2\times56+(7-5)^2\times60+(9-5)^2\times20}{250}$

$=4.544$（万小时）

表 6-3　某批电子元件检测数据

耐用时数/万小时	组中值 x	元件个数/件 f
2 以下	1	22
2~4	3	56
4~6	5	92
6~8	7	60
8 以上	9	60
合计	—	250

$$\mu_{\bar{x}} = \sqrt{\frac{4.544}{250}\left(1-\frac{250}{5\ 000}\right)} = 0.13\text{（万小时）}$$

概率保证程度为 95.45%，查正态概率表，$t=2$，因此

$$\Delta_{\bar{x}} = 2 \times 0.13 = 0.26\text{（万小时）}$$

全部电子元件耐用时数所在区间为

$$45 - 0.26 \leqslant \bar{X} \leqslant 5 + 0.26$$

即

$$4.74 \leqslant \bar{X} \leqslant 5.26$$

该批电子元件的平均耐用时数在 4.74 万小时至 5.26 万小时之间。

例 6-4　为了研究某款式时装的销路，在市场上随机对 900 名顾客进行调查，结果有 540 人喜欢该款时装，要求以 90% 的概率保证程度估计该地区成年人喜欢该时装的比例。

根据题中条件得出：

$$p = \frac{540}{900} = 60\%$$

$$\mu_p = \sqrt{\frac{60\% \times (1-60\%)}{900}} = 1.63\%$$

因为 $F(t) = 95\%$，查正态概率表得 $t = 1.64$

$$\Delta_p = t\mu_p = 1.64 \times 1.63\% = 2.67\%$$

则

$$60\% - 2.67\% \leqslant P \leqslant 60\% + 2.67\%$$

即

$$57.33\% \leqslant P \leqslant 62.67\%$$

以 90% 的概率保证程度估计该市成年人喜欢该款时装的比例在 57.33%~62.67%。

二、必要样本容量的确定

在设计抽样方案过程中有一个重要的问题，就是样本容量确定为多大合适。样本容量的大小与抽样误差及调查费用都有直接的关系。如果样本容量过大，则虽然抽样误差很小，但调查工作量增大，耗费的时间和经费太多，体现不出抽样调查的优越性；反之，如果样本容量过小，则虽然耗费少但抽样误差过大，抽样推断就会失去价值。为了避免样本容量过大或过小，必须恰当地确定样本容量。

所谓必要样本容量，就是指为了使抽样误差不超过给定的误差允许范围，最少应抽取的样本单位数目。

（一）影响必要样本容量的因素

（1）总体各单位标志值的变异程度，即总体方差的大小。总体标志变异程度大，要求样本容量要大些；反之，样本容量可以小些。

（2）允许极限误差范围的大小。允许的极限误差范围越大，样本容量就越小；反之，允许的极限误差范围越小，样本容量就越大。

（3）抽样方法。在其他条件相同的条件下，重复抽样要比不重复抽样多抽取一些样本单位。

（4）抽样组织形式。不同的抽样调查组织形式所确定的样本容量不同。

（5）抽样推断的可靠程度的大小。推断的可靠程度要求越高，所需的样本容量就越多；反之，推断的可靠程度要求越低，所需的样本容量就越少。

（二）必要样本容量的计算公式

若规定在一定概率保证程度下，允许极限误差范围为 $\Delta_{\bar{x}}$ 或 Δ_p，则可推导出必要样本容量的计算公式。

1. 重复抽样的必要样本容量

（1）总体平均数的必要样本容量。

根据 $\Delta_{\bar{x}} = t\mu_x = t\mu_{\bar{x}} = t\dfrac{\sigma}{\sqrt{n}}$，得出

$$n = \frac{t^2\sigma^2}{\Delta_{\bar{x}}^2}$$

（2）成数的必要样本容量。

根据 $\Delta_p = t\mu_p = t\sqrt{\dfrac{P(1-P)}{n}}$，得出

$$n = \frac{t^2P(1-P)}{\Delta_p^2}$$

2. 不重复抽样的必要样本容量

（1）总体平均数的必要样本容量。

$$n = \frac{Nt^2\sigma^2}{N\Delta_{\bar{x}}^2 + t^2\sigma^2}$$

（2）成数的必要样本容量。

$$n = \frac{Nt^2P(1-P)}{N\Delta_p^2 + t^2P(1-P)}$$

应用上述公式计算样本容量应注意以下几个问题：

第一，上述公式计算的样本容量是最低的，也是最必要的样本容量。

第二，用上述公式计算时要求已知总体方差，但大多数情况下，总体方差是未知的。在实际应用中往往利用有关资料代替：

①如果曾经做过同类的全面调查，可用全面调查的有关数据代替。

②用以往相同或类似的样本数据代替。

③组织试验抽样。在正式调查之前，组织两次或两次以上试验性抽样，用试验样本中的方差较大值代替。

④成数方差在完全缺乏资料的情况下，可以用方差最大值0.25代替。

第三，如果进行一次抽样调查，同时对总体平均数和成数进行必要样本容量的确定，通常情况下，计算出的两个必要样本容量往往不等。为了同时满足两个推断的要求，一般在样本容量中选择较大的一个。

例6－5 某水泥厂要检验本月生产的10 000袋水泥的质量，根据上月资料，这种水泥每袋质量的标准差为25克。要求在95.45%的概率保证程度下，极限误差范围不超过5克，问：应抽取多少袋？

由条件知，$N=10\ 000$袋，$\sigma=25$克，$\Delta_{\bar{x}}=5$克，$F(t)=95.45\%$，即$t=2$。

在重复抽样条件下：

$$n=\frac{t^2\sigma^2}{\Delta_{\bar{x}}^2}=\frac{2^2\times25^2}{5^2}=100\text{（袋）}$$

在不重复抽样条件下：

$$n=\frac{Nt^2\sigma^2}{N^2\Delta_{\bar{x}}+t^2\sigma^2}=\frac{10\ 000\times2^2\times25^2}{10\ 000\times5^2+2^2\times25^2}=99.01\text{（袋）}$$

应抽取100袋水泥进行检验。

例6－6 某地区对种植树苗的成活率进行抽样调查。根据以往的经验，树苗的成活率分别为53%、49%、48%。问：若在允许误差不超过3%，概率保证程度在95%的情况下，应抽取多少株树苗？

计算如下：历史的总体成数有3个，选择其中方差最大的成数进行计算，即$P=49\%$，$F(t)=95\%$，查正态概率表，$t=1.96$，因此：

$$n=\frac{t^2P(1-P)}{\Delta_p^2}=\frac{1.96^2\times0.49\times(1-0.49)}{0.03^2}=1\ 067\text{（株）}$$

第四节 抽样调查的组织方式设计

一、抽样设计的基本要求

样本资料是统计推断的基础，而样本资料的有效收集又要依赖于科学的抽样设计。在实际工作中，抽样设计不仅关系到抽样工作的顺利进行，而且决定了抽样估计和检验的成败，甚至影响全局。因此，科学地设计抽样组织方式，以取得最佳的抽样效果，是一个十分重要的问题。

在抽样设计中，要科学地设计抽样组织方式，就要满足一些基本要求。

（1）要保证随机原则的实现。随机抽样是抽样推断的前提，离开了这个前提，推断的理论和方法也就失去了存在的基础。只有遵循了随机原则，才能够保证总体中所有的总体单位都有相同的中选机会。在实际应用中，如何保证随机原则的实现，需要考虑多种因素和抽样所采取的方法。

（2）要采取合适的组织形式。不同的抽样组织形式，会有不同的抽样误差，因而抽样的效果是不同的。一种科学的抽样调查组织形式往往可以以更少的样本单位取得更好的抽样效果。因此在抽样过程中，必须选择合理的抽样调查组织形式，并对所采用方法的抽样误差做出正确的估计，进一步和其他组织形式的抽样调查进行对比分析。

（3）要选择合适的样本容量。这个问题在抽样调查过程中是必然要遇到的一个问题。抽样单位数过多，会增加调查的工作量，人力、财力、物力都会相应地增加，造成不必要的浪费；但调查单位数过少，又直接影响样本的代表性，影响调查效果。因此在抽样过程中，要对样本容量的大小做出适当的选择。

（4）要重视调查费用因素。实际上，任何一项调查都是在一定费用限制的条件下进行的。抽样调查在组织设计过程中，力求选择费用最小的方案。一般来说，提高调查的准确性与节省调查费用之间往往是矛盾的，抽样误差要求的越小，则调查费用需要越多。因此，并非抽样误差最小的方案就是最优的方案。许多情况下，我们是在达到一定误差范围的要求下选择费用最小的方案。

二、抽样组织设计

（一）简单随机抽样

简单随机抽样又称为纯随机抽样，是按随机原则直接从总体中抽取若干单位，构造一个样本，然后根据样本指标对总体的相应指标进行推断的方法。由于这种抽样组织形式对于总体除了抽样框的名单外，不需要利用任何其他信息，所以客观上讲，它最符合随机原则，适用于均匀总体，即具有某种特征的单位均匀地分布于总体的各个部分。

简单随机抽样中抽选样本的常用方法有三种：

（1）直接抽样法。此方法直接从调查对象中随机抽取样本单位。如从成品仓库中任意抽取若干产品进行质量检验。

（2）抽签摸球。这是最原始的抽样方法，具体做法是将每一个被抽选的总体单位都用一个签或球代表，然后将它们搅均匀，从中随机摸取，抽中者即样本单位，直到抽满所需的样本容量 n 为止。显然，这种方法一般适用于总体单位比较少的情况。

（3）利用随机数字表。这种表可以用计算机或其他方法产生。表中 0，1，2，…，9 这 10 个数字出现的概率是相同的，但排列的先后顺序则是随机的。使用随机数字表时，必须先将每个总体单位编上号码，如总体有 900 个单位，则编码为 001，002，…，900；然后从表中任何一行或任何一列开始，横查、竖查、逆查、顺查，可以使用表中数据的头几位数，也可以使用表中数据的后几位数或中间几位数，碰到总体单位编号范围内的数码，就选定为样本单位，遇到重复出现的数字就弃之，直到抽取预定的样本单位数为止。某一种用法一经确定，就要使用该种方法直至把全部样本单位抽取完毕，中途不得改用其他方法。

简单随机抽样形式下抽样平均误差的计算公式如表 6－4 所示。

表 6－4　简单随机抽样形式下抽样平均误差的计算公式

	重置抽样	不重置抽样	备注
样本平均数误差	$\mu_X=\sqrt{\frac{\sigma^2(X)}{n}}$	$\mu_S=\sqrt{\frac{\sigma^2(X)}{n}\left(1-\frac{n}{N}\right)}$	可用 S 代替 σ
样本成数误差	$\mu_P=\sqrt{\frac{P(1-P)}{n}}$	$\mu_P=\sqrt{\frac{P(1-P)}{n}\left(1-\frac{n}{N}\right)}$	可用 p 代替 P

简单随机抽样的优点是简便、直观，但在实践上受到许多限制，如当总体很大时对每个

单位编号、抽签等都会遇到难以克服的困难。从理论上说，简单随机抽样最符合随机原则，它的抽样误差容易得到数学上的论证，所以可以作为发展其他更复杂的抽样设计的基础，同时也是衡量其他抽样组织形式抽样效果的比较标准。

（二）机械抽样

1. 机械抽样的概念和特点

机械抽样又称等距抽样或系统抽样。它是先将总体各单位按某一标志排列，然后依固定顺序和间隔来抽选样本单位的组织方法。

机械抽样是不重复抽样，通常可以保证被抽选的单位在总体中均匀分布，缩小各单位之间的差异程度，提高样本的代表性。

2. 样本抽取方法

由于研究的任务和被研究对象本身特点的影响，在按某一标志排队时，可以按时间上、空间上以及人为的排列顺序，并按同等间隔机械地抽取单位。根据所选排列标志与研究目的之间的关系，有两种具体的等距抽样方法。

（1）无关标志排队法。它是指总体单位采用与调查项目没有任何关系的标志进行排队的方法。无关标志排队法具体操作比较简单，所以在实际工作中是常用的一种方法。例如在对连续加工的产品进行质量检验时，常常要间隔一定时间抽取一部分单位进行检验，由于时间间隔一般与产品质量无直接联系，因此属于无关标志。这种抽样方法与简单随机抽样方法相似。

（2）有关标志排队法。它是指总体单位采用与调查项目有关的标志进行排队的方法。如进行家计调查时按职工的上年月均收入来排队；进行农产品量调查时，按近几年粮食平均亩产量水平进行排队等。

在按某一标志将总体各单位排队后，如何抽取一个单位呢？一般地，如果按无关标志排队，可以从第一个间隔内的任意一个单位开始抽取；如果按有关标志排队，考虑到样本的代表性，一般从第一个间隔居中的单位开始抽取。用机械抽样方法抽取样本单位，应注意间隔和现象本身的周期循环相重合的问题，以避免影响抽样总体的代表性，发生系统性误差。如对商店零售额进行调查时，不宜采用七日为间隔，因为商品零售存在七日循环的周期，如果采用七日间隔，可能会造成系统性误差。

（三）类型抽样

类型抽样也称分层抽样，是实际工作中广泛应用的抽样方式。其抽样方法是：先按一定标志对总体各单位进行分类，然后分别从每一类中按随机原则抽取一定单位，从而构成样本。

具体而言，设总体由 N 个单位组成，把总体分为 k 组，使 $N = N_1 + N_2 + \cdots + N_k$，然后从每组的 N_i 中取 n_i 单位构成总容量为 n 的样本，即 $n = n_1 + n_2 + \cdots + n_i$。$k$ 组是根据一定标志划分的，各组单位数一般是不同的，但是怎样从 N_i 中取 n_i 呢？通常按比例取样，即按各组单位数占总体单位数的比例来分配各组应抽样本单位数，单位数较多的组应该多取样，单位数较少的组则少取样，以保持各组样本单位数与各组单位数之比都等于样本总容量与总体单位数之比。

通过分组，可以将总体中标志值比较接近的总体单位归为一组，使组内差异减小，加大了组间差异。因为要在各组内抽取样本单位，所以这就使得样本结构和总体结构充分地相似，提高了样本的代表性。

例如要调查某地区农作物的收获量，先把该地区的土地按山区、丘陵、平原进行分组，然后再从各组中按随机原则抽取样本单位，显然样本的代表性较高，可以减少抽样误差，获得较好的抽样效果。

（四）整群抽样

和前面三种抽样组织形式不同，整群抽样是将总体各单位划分为若干群，然后以群为单位从中随机抽取部分群，对中选群的所有单位进行全面调查的抽样组织方式。

整群抽样抽取的单位不再是原总体单位，而是“群”，这使得抽样更为简单。例如，要抽查某地区家庭的收入情况，不是以“户”为单位，而是将所有居民户划分成社区，以社区为单位，随机抽取出若干社区，对中选社区内的所有居民户进行全面调查。

整群抽样的优点是组织工作比较方便，确定一群就可以抽出许多单位进行观察。但是，以“群”为单位，抽取的被调查单位比较集中，影响了被调查单位在总体中的均匀分布，代表性较低，抽样误差较大。

（五）多阶段抽样

前面介绍的几种抽样方式都属于单阶段抽样，即经过一次抽选就可以直接确定样本单位的抽样方法。在调查范围小、调查单位比较集中时，通常采用上述方法。如果调查对象中调查单位很多，分布面很广，直接抽选样本单位很困难，则要采用多阶段抽样。

多阶段抽样就是把抽取样本单位的过程分为两个或更多阶段进行。先从总体中抽选若干大的样本单位，也叫第一阶段单位，然后从被抽中的若干大的单位中抽选较小的样本单位，也叫第二阶段单位，依次类推，直到最后抽出样本单位。

本章小结

抽样估计不仅是对现象总体进行科学的估计与推算的一种方法，也是收集统计资料的一种方法，因此也称为抽样调查。抽样调查是一种非全面调查。抽样调查具有如下特点：

第一，抽样调查按随机原则，从总体中抽取总体单位。第二，根据抽样调查的结果，可以推断总体的有关数量特征。第三，抽样调查必然存在抽样误差，但抽样误差的大小可以事先计算并加以控制。抽样调查中的几个基本概念如下：一是全及总体和样本总体。二是全及指标和样本指标。全及指标是总体变量的函数，其数值是由总体各单位的标志值或标志属性决定的，一个全及指标的指标值是确定的、唯一的，所以称为总体参数。常用的全及指标有总体平均数、总体标准差或总体方差。样本指标是由样本中各单位标志值或标志属性计算的，是反映样本数量特征的综合指标，或称为统计量。样本指标是样本变量的函数，是用来估计总体参数的。常用的样本指标有：样本平均数、样本标准差、样本方差。三是样本容量和样本个数。样本容量是指一样本所包含的单位数目。四是抽样方法。抽样方法可分为重复抽样和不重复抽样两种。

抽样误差就是指样本指标和总体指标之间在数量上的差异。具体指样本平均数与总体平均数之差，或样本成数与总体成数之差。在抽样中，误差的来源有两个方面：一个是登记性误差；另一个是代表性误差。抽样误差在抽样调查中是必然存在的，不可以避免，但可以事先计算并加以控制。抽样误差不是固定不变的，它的数值随样本的变化而变化，是一个随机变量。影响抽样误差的因素包括样本单位数的多少，总体被研究标志的变异程度，抽样方法，抽样调查的组织形式。

抽样平均误差是抽样误差的平均数，是反映抽样误差一般水平的指标。确切地说是在随机原则抽样时，所有可能出现的样本指标的标准差。它反映样本平均数（样本成数）与总体平均数（总体成数）的平均误差程度，常用μ表示。

抽样极限误差是指在一定概率下抽样误差的可能范围，也称为允许误差。它是指以样本统计量估计总体指标所允许的抽样误差的最大可能范围，也就是样本指标所允许取的最高值或最低值与总体指标之差的绝对值。抽样极限误差的大小通常要以抽样平均误差为标准来确定。

抽样估计的理论基础有大数法则和中心极限定理。所谓优良估计量，是从总体上来评价的。对于总体的同一参数，可以有不同的估计量。一个优良估计量必须符合下面三个标准：无偏性、一致性、有效性。抽样估计有两种方法：点估计和区间估计。

所谓必要样本容量，就是指为了使抽样误差不超过给定的误差允许范围，最少应抽取的样本单位数目。影响必要样本容量的因素包括：总体各单位标志值的变异程度，允许极限误差范围的大小，抽样方法，抽样组织形式，抽样推断的可靠程度的大小。

必要样本容量的计算分为：重复抽样的必要样本容量，其包括总体平均数的必要样本容量和成数的必要样本容量；不重复抽样的必要样本容量，其包括总体平均数的必要样本容量和成数的必要样本容量。

在抽样设计中，要科学地设计抽样组织方式，就要满足以下一些基本要求：

（1）要保证随机原则的实现。

（2）要采取合适的组织形式。

（3）要选择合适的样本容量。

（4）要重视调查费用因素。

抽样组织设计包括：

（1）简单随机抽样，又称为纯随机抽样。

（2）机械抽样，又称为等距抽样或系统抽样。

（3）类型抽样，也称为分层抽样，是实际工作中广泛应用的抽样方式。

（4）整群抽样。

（5）多阶段抽样。

技能训练题

一、单项选择题（在备选答案中，选择一个正确答案，将其序号写在括号内）

1. 在总体方差不变的条件下，要使抽样平均误差为原来的1/2，则样本单位数必须（　）。

A. 增大到原来的2倍　　B. 增大到原来的4倍

C. 比原来增大2倍　　D. 比原来增大4倍

2. 某电子管生产厂，对生产线的元件每隔一小时取下5分钟的产品进行全部检查，这是（　　）。

A. 既有登记误差，又有代表性误差　　B. 只有登记误差，没有代表性误差

C. 只有代表性误差

D. 既没有登记误差，又没有代表性误差

3. 抽样调查需要遵守的基本原则是（　　）。

A. 准确性原则

B. 随机性原则

C. 代表性原则

D. 可靠性原则

4. 抽样误差的大小（　　）。

A. 既可以避免，也可以控制

B. 既不能避免，也不能控制

C. 只能控制，不可避免

D. 只能避免，不可控制

5. 成数与成数方差的关系是（　　）。

A. 成数越接近 1，方差越大

B. 成数越接近 0，方差越大

C. 成数越接近 0.5，方差越大

D. 成数越接近 0.25，方差越大

6. 在进行简单随机抽样时，为使抽样平均误差减少 25%，则抽样单位数应（　　）。

A. 增加 25%　　B. 减少 13.75%　　C. 增加 43.75%　　D. 减少 25%

7. 抽样平均误差（　　）。

A. 是样本指标与总体指标的实际误差范围

B. 是样本指标与总体指标的理论误差范围

C. 是所有可能样本的样本指标与总体指标之间的标准差

D. 是某一样本的指标与总体指标之间的标准差

8. 在其他情况一定的情况下，样本单位数与抽样误差之间的关系是（　　）。

A. 样本单位数越多，抽样误差越大

B. 样本单位数越多，抽样误差越小

C. 样本单位数与抽样误差无关

D. 抽样误差是样本单位数的 10%

9. 抽样极限误差是指抽样指标和总体指标之间（　　）。

A. 抽样误差的平均数

B. 抽样误差的标准差

C. 抽样误差的可靠程度

D. 抽样误差的可能范围

10. 在重复纯随机抽样条件下，若误差范围扩大一倍，则样本单位数（　　）。

A. 只需原来的 1/2

B. 只需原来的 1/4

C. 只需原来的 1 倍

D. 只需原来的 2 倍

11. 抽样数目的多少与（　　）。

A. 允许误差成正比

B. 概率度成正比

C. 总体标准差成反比

D. 抽样平均误差成正比

12. 进行区间估计时，提高概率把握程度，（　　）。

A. 估计的区间会增大

B. 估计区间会减少

C. 抽样平均误差会增大

D. 抽样平均误差会减少

13. 样本平均数和全及总体平均数中（　　）。

A. 前者是一个确定值，后者是随机变量

B. 前者是随机变量，后者是一个确定值

C. 两者都是随机变量

D. 两者都是确定值

14. 抽样极限误差是指抽样指标和总体指标之间（　　）。

A. 抽样误差的平均数

B. 抽样误差的标准差

C. 抽样误差的可靠程度　　D. 抽样误差的可能范围

15. 在其他条件相同的情况下，不重复抽样的平均误差（　　）。

A. 大于重复抽样的平均误差

B. 小于重复抽样的平均误差

C. 等于重复抽样的平均误差

D. 既可大于，也可小于或等于重复抽样的平均误差

16. 对 400 名大学生抽取 19% 进行不重复抽样调查，优等生比例为 20%，概率为 0.954 5，则优等生比例的极限误差为（　　）。

A. 4.0%　　B. 4.13%　　C. 9.18%　　D. 8.26%

17. 在重复的简单随机抽样中，当概率保证程度从 68.27% 提高到 95.45% 时（其他条件不变），必要的样本容量将会（　　）。

A. 增加 1 倍　　B. 增加 2 倍　　C. 增加 3 倍　　D. 减少一半

18. 在其他条件不变的情况下，提高估计的概率保证程度，其估计的精确程度会（　　）。

A. 随之扩大　　B. 保持不变　　C. 随之缩小　　D. 无法确定

19. 在其他条件不变的前提下，若要求误差范围缩小 1/3，则样本容量（　　）。

A. 增加 9 倍　　B. 增加 8 倍

C. 为原来的 2.25 倍　　D. 增加 2.25 倍

20. 对某种连续生产的产品进行质量检验，要求每隔一小时抽出 10 分钟的产品进行检验，这种抽查方式是（　　）。

A. 简单随机抽样　　B. 类型抽样　　C. 等距抽样　　D. 整群抽样

21. 在抽样调查中（　　）。

A. 只存在登记性误差，不存在代表性误差

B. 只存在代表性误差，不存在登记性误差

C. 既不存在登记性误差，也不存在代表性误差

D. 既存在登记性误差，也存在代表性误差

22. 为了解某企业职工家庭收支情况，按该企业职工名册依次每 50 人抽取 1 人组成样本，在这个基础上，对每个家庭的生活费收入和支出情况进行调查，这种调查属于（　　）。

A. 简单随机抽样　　B. 等距抽样　　C. 类型抽样　　D. 整群抽样

23. 抽样误差是指（　　）。

A. 在调查过程中由于观察、测量等差错所引起的误差

B. 在调查中违反随机原则出现的系统误差

C. 随机抽样而产生的代表性误差

D. 人为原因所造成的误差

24. 在一定的抽样平均误差条件下（　　）。

A. 扩大极限误差范围，可以提高推断的可靠程度

B. 扩大极限误差范围，会降低推断的可靠程度

C. 缩小极限误差范围，可以提高推断的可靠程度

D. 缩小极限误差范围，不改变推断的可靠程度

25. 抽样推断的主要目的是（　　）。

A. 对调查单位做深入研究　　B. 计算和控制抽样误差

C. 用样本指标来推算总体指标　　D. 广泛运用数学方法

26. 抽样调查与典型调查的主要区别是（　　）。

A. 所研究的总体不同　　B. 调查对象不同

C. 调查对象的代表性不同　　D. 调查单位的选取方式不同

27. 抽样估计的可靠性和精确度（　　）。

A. 是一致的　　B. 是矛盾的　　C. 成正比　　D. 无关系

28. 抽样推断的精确度和极限误差的关系是（　　）。

A. 前者高说明后者小　　B. 前者高说明后者大

C. 前者变化而后者不变　　D. 两者没有关系

29. 点估计的优良标准是（　　）。

A. 无偏性、数量性、一致性　　B. 无偏性、有效性、数量性

C. 有效性、一致性、无偏性　　D. 及时性、有效性、无偏性

30. 若样本均值为120，抽样平均误差为2，则总体均值在114～126的概率为（　　）。

A. 0.682 7　　B. 0.90　　C. 0.954 5　　D. 0.997 3

31. 若有多个成数资料可供参考，则确定样本容量或计算抽样平均误差应该使用（　　）。

A. 数值最大的那个成数　　B. 数值最小的那个成数

C. 0.5　　D. 数值最接近或等于0.5的那个成数

32. 影响分类抽样平均误差大小的主要变异因素是（　　）。

A. 类内方差　　B. 类间方差　　C. 总体方差　　D. 样本方差

33. 抽样时需要遵循随机原则的原因是（　　）。

A. 可以防止一些工作中的失误　　B. 能使样本与总体有相同的分布

C. 能使样本与总体有相似或相同的分布　　D. 可使单位调查费用降低

二、多项选择题（在备选答案中，选择两个或两个以上正确答案，将其序号写在括号内）

1. 常见的抽样组织形式有（　　）。

A. 简单随机抽样　　B. 等距抽样　　C. 分层抽样　　D. 重复抽样

E. 不重复抽样

2. 影响抽样误差的因素有（　　）。

A. 总体各单位标志值差异程度大小　　B. 抽样方法的不同

C. 总体各单位的多少　　D. 抽样调查的组织形式

E. 样本单位数的多少

3. 抽样单位数取决于（　　）。

A. 全及总体标志变动度　　B. 抽样总体标志变动度

C. 抽样误差范围　　D. 抽样推断的可信程度

E. 抽样总体可信程度

4. 抽样误差是（　　）。

A. 抽样调查中所必然产生的误差

B. 抽样调查中可能产生的误差
C. 抽样调查工作中必然产生的登记误差
D. 由于随机原则的应用而产生的不可避免的误差
E. 由于随机原则的应用而产生的可以克服的误差

5. 在概率度一定的条件下（ ）。
A. 允许误差越大，应抽取的单位数越多　B. 允许误差越小，应抽取的单位数越多
C. 允许误差越小，应抽取的单位数越少　D. 允许误差越大，应抽取的单位数越少
E. 允许误差的大小和抽取单位数多少成反比关系

6. 在其他条件相同时，抽样平均误差减少到原来的 1/3，则抽样单位需要（ ）。
A. 增大到原来的 9 倍　B. 增大到原来的 3 倍
C. 比原来增加 9 倍　D. 比原来增加 3 倍
E. 比原来增加 8 倍

7. 在抽样调查中（ ）。
A. 样本是唯一的，样本指标也是唯一的
B. 样本是随机变量
C. 样本指标是随机变量
D. 样本不是唯一的，样本指标也不是唯一的
E. 总体不是唯一的，总体指标也不是唯一的

8. 从总体中抽取样本单位的具体方法有（ ）。
A. 简单随机抽样　B. 重复抽样
C. 不重复抽样　D. 等距抽样
E. 非概率抽样

9. 抽样调查方式的优越性表现在以下几个方面：（ ）。
A. 全面性　B. 经济性　C. 时效性　D. 准确性
E. 灵活性

10. 在其他条件不变的情况下，抽样极限误差的大小和置信度的关系是（ ）。
A. 抽样极限误差的数值越大，则置信度越大
B. 抽样极限误差的数值越小，则置信度越小
C. 抽样极限误差的数值越小，则置信度越大
D. 成正比关系
E. 成反比关系

11. 抽样调查的特点是（ ）。
A. 只对样本单位进行调查　B. 抽样误差可以计算和控制
C. 遵循随机原则　D. 以样本指标推断总体指标
E. 以上都正确

12. 影响样本容量大小的因素是（ ）。
A. 抽样的组织形式　B. 样本的抽取方法
C. 总体标准差大小　D. 抽样估计的可靠程度
E. 允许误差的大小

13. 要增大抽样推断的精确度，可采用的办法是（　　）。
A. 增加样本数量　　B. 缩小抽样误差范围
C. 缩小概率度　　D. 增大抽样误差范围
E. 增大概率度
14. 抽样估计的优良标准有（　　）。
A. 无偏性　　B. 数量性　　C. 偏性　　D. 一致性
E. 有效性
15. 统计调查中的登记性误差是（　　）。
A. 抽样估计值与总体参数值之差　　B. 不可以避免的
C. 可以加以改进的　　D. 可以事先计算出来的
E. 可以用改进调查方法的办法消除的
16. 抽样调查是（　　）。
A. 搜集资料的方法　　B. 推断方法
C. 全面调查方法　　D. 典型调查方法
E. 非全面调查方法
17. 在抽样调查中应用的抽样误差指标有（　　）。
A. 抽样实际误差　　B. 抽样平均误差
C. 抽样误差算术平均数　　D. 抽样极限误差
E. 抽样误差的概率度
18. 重复抽样的平均误差（　　）。
A. 总是大于不重复抽样的平均误差
B. 总是小于不重复抽样的平均误差
C. 有时大于或小于重复抽样的平均误差
D. 在 n/N 很小时，几乎等于不重复抽样的平均误差
E. 在$(N-n)/N$ 趋于 1 时，可采用不重复抽样的平均误差的方法计算
19. 从总体中可以抽选一系列样本，所以（　　）。
A. 总体指标是随机变量　　B. 样本指标是随机变量
C. 抽样指标是唯一确定的　　D. 总体指标是唯一确定的
E. 以上都对
20. 抽样调查适用于下列哪些场合？（　　）
A. 不宜进行全面调查而又要了解全面情况
B. 工业产品质量检查
C. 调查项目多、时效性强
D. 只需了解一部分单位的情况
E. 适用于任何调查
21. 概率度（　　）。
A. 就是置信概率　　B. 以抽样平均误差为单位
C. 是样本指标与总体指标的绝对误差范围
D. 表示极限误差是平均误差的几倍

E. 是表明抽样估计可靠程度的一个参数

22. 区间估计中，总体指标所在范围（　　）。

A. 是一个可能范围　　B. 是绝对可靠的范围

C. 不是绝对可靠的范围　　D. 是有一定把握程度的范围

E. 是毫无把握的范围

23. 抽样平均误差（　　）。

A. 是所有可能样本平均数的标准差

B. 是所有可能样本平均数的平均差

C. 是抽样推断中作为计算误差范围的衡量尺度

D. 是一种系统性误差

E. 反映抽样平均数与总体平均数的平均误差程度

三、填空题

1. 抽样推断是在（　　）的基础上，利用样本资料计算样本指标，并据以推算（　　）特征的一种统计分析方法。

2. 从全部总体单位中随机抽选样本单位的方法有两种，即（　　）抽样和（　　）抽样。

3. 影响抽样误差大小的因素有总体各单位标志值的差异程度、（　　）、（　　）和抽样调查的组织形式。

4. 总体参数区间估计必须具备估计值、（　　）和（　　）三个要素。

5. 从总体单位数为 N 的总体中抽取容量为 n 的样本，在重复抽样和不重复抽样条件下，可能的样本个数分别是（　　）和（　　）。

6. （　　）抽样是最基本的抽样组织方式，也是其他复杂抽样设计的基础。

7. 影响样本容量的主要因素包括（　　）、（　　）、（　　）、（　　）和抽样推断的可靠程度 $F(t)$ 的大小等。

8. 抽样总体就是按照（　　），从全及总体中抽取一部分单位组成的小总体。抽样总体简称为样本，一般地，样本容量 $n\geq$（　　）为大样本，$n<$（　　）为小样本。

9. 抽样估计优良标准应具备的三个要求是：（　　）、（　　）和（　　）。

10. 抽样极限误差是指（　　）指标和（　　）指标之间抽样误差的可能范围。

11. 在其他因素不变的情况下，抽样平均误差的大小与总体方差的大小成（　　）关系，与样本容量的大小成（　　）关系。

12. 简单随机抽样又称（　　），是从总体全部单位中（　　）抽取样本，使每个总体单位都有（　　）被抽中。

13. 样本估计的方法有（　　）和（　　）之分。

14. 常用的抽样组织形式有（　　）、（　　）、（　　）、（　　）和（　　）。

四、判断题（把正确的符号“√”或错误的符号“×”填写在题前的括号内）

1.（　　）研究目的一旦确定，全及总体也就相应确定，而从全及总体中抽取的抽样总体则是不确定的。

2.（　　）从全部总体单位中按照随机原则抽取部分单位组成样本，只可能组成一个样本。

3.（　　）在抽样推断中，作为推断的总体和作为观察对象的样本都是确定的、唯一的。

4.（　　）整群抽样为了降低抽样平均误差，在总体分群时注意增大群内方差以缩小群间方差。

5.（　　）当全及总体单位数很大时，重复抽样和不重复抽样计算的抽样平均误差相差无几。

6.（　　）抽样平均误差是表明抽样估计的准确度，抽样极限误差则是表明抽样估计准确程度的范围，两者既有区别，又有联系。

7.（　　）抽样平均误差反映抽样的可能误差范围，实际上每次的抽样误差可能大于抽样平均误差，也可能小于抽样平均误差。

8.（　　）重复抽样时若其他条件一定，而抽样单位数目增加 3 倍，则抽样平均误差为原来的 2 倍。

9.（　　）由于抽样调查存在抽样误差，所以抽样调查资料的准确性要比全面调查资料的准确性差。

10.（　　）在保证概率度和总体方差一定的条件下，允许误差的大小与抽样的数目多少成正比。

11.（　　）抽样估计置信度就是表明抽样指标和总体指标的误差不超过一定范围的概率保证程度。

12.（　　）扩大抽样误差的范围，会降低推断的把握程度，但会提高推断的准确度。

13.（　　）计算抽样平均误差，当缺少总体方差资料时，可以用样本方差来代替。

14.（　　）在其他条件不变的情况下，提高抽样估计的可靠程度，可以提高抽样估计的精确度。

15.（　　）抽样推断是利用样本资料对总体的数量特征进行估计的一种统计分析方法，因此不可避免地会产生误差，这种误差的大小是不能进行控制的。

16.（　　）抽样平均误差反映抽样的可能误差范围，实际上每次的抽样误差可能大于抽样平均误差，也可能小于抽样平均误差。

17.（　　）在其他条件不变的情况下，提高抽样估计的可靠程度，可以提高抽样估计的精确度。

18.（　　）在抽样推断中，推断的总体和观察对象的样本都是确定的、唯一的。

19.（　　）抽样估计置信度就是表明抽样指标和总体指标的误差不超过一定范围的概率保证程度。

五、简答题

1. 什么是抽样误差？影响抽样误差的因素有哪些？

2. 什么是抽样极限误差？它与抽样平均误差有何关系？

3. 什么是抽样推断？用样本指标估计总体指标应该满足哪三个标准才能被认为是优良的估计？

4. 抽样调查有哪些特点？

5. 什么是样本容量？影响样本容量的因素有哪些？

6. 什么是等距抽样与类型抽样？各有哪些方法？

7. 抽样中为什么要遵循随机原则？

8. 抽样估计的特点是什么？

9. 怎样进行区间估计？

六、计算题

1. 在一批成品中按不重复方法抽取 200 件进行检查，结果有废品 8 件，样本为成品量的$\frac{1}{20}$。当概率为 95.45% 时，可否认为这一批产品的废品率不超过 5%？并推断该批成品量的可能范围。

2. 某罐头厂仓库采用纯随机不重复抽样从 10 000 瓶抽取 100 瓶罐头，平均每罐的质量为 243 克，样本标准差为 10 克。

（1）以 99.73% 的可靠程度估计该批罐头平均每罐质量的区间范围。

（2）如果极限误差减少到原来的$\frac{1}{2}$，对可靠度要求不变，应抽取多少罐？

3. 某商店购进香料 5 000 包，抽样检验 100 包，得资料如表 6－5 所示。

（1）试根据表中资料计算抽样平均误差。

（2）已知这种香料每包规格不低于 150 克，试以 99.73% 的把握程度（即 $t=3$）：

①确定每包香料质量的抽样极限误差。

②估计这批香料平均每包质量范围，确定是否达规定质量的要求。

表 6－5 某商店购进香料的资料

每包质量/克	包数/包
148～149	10
149～150	20
150～151	50
151～152	20
合计	100

4. 某地种植小麦 600 亩，按照随机抽样调查了 300 亩，其平均产量为 650 斤，标准差为 15 斤。试以 95.45% 的把握程度估计全部小麦的平均亩产量和全部小麦的总产量。

5. 用不重复抽样的方法从 10 000 个电子管中随机抽取 4% 进行耐用性检查，样本计算结果平均寿命为 4 500 小时，样本寿命时数方差为 15 000，要求以 95.45% 的概率保证程度（$t=2$）估计该批电子管的平均寿命所在区间。

6. 某灯泡厂对某种灯泡进行抽样检验，测定其平均寿命，抽查了 50 只灯泡，平均寿命为 3 600 小时，标准差为 10 小时，在概率为 68.3% 的条件下，推算这批灯泡的平均寿命应是多少？如果要使抽样极限误差缩小为原来的$\frac{1}{2}$，则在概率仍为 68.3% 的条件下应抽取多少只灯泡才能满足要求？

7. 为调查农民生活水平，在某地区 5 000 户农民中按重复抽样抽取 400 户，其中拥有彩色电视机的农户为 87 户，试以 95% 的把握估计该地区全部农户拥有彩色电视机的比例所在区间；又若要求抽样允许误差不超过 0.02，问至少应抽取多少户作为样本？

8. 有一批供出口用的自行车轮胎，共 50 000 条，从中随机不重复抽取 100 条进行检验，测定的使用寿命资料如表 6－6 所示。

要求以 99.73%（$t=3$）的把握程度推断这 50 000 条轮胎的平均寿命所在区间。

表 6－6　一批供出口用的自行车轮胎的使用寿命资料

使用寿命/万公里	轮胎数/条
1～1.2	15
1.2～1.4	25
1.4～1.6	40
1.6～1.8	20
合计	100

9. 某手表厂在某段时间内生产 100 万个某种零件，用纯随机抽样方式不重复抽取 1 000 个零件进行检验，测得有 20 个废品。试在 99.73% 的概率保证下，估计该厂零件废品率所在区间。

10. 设年末某储蓄所以储蓄存款户账号的大小为序，每隔 10 户抽一户，共抽取 100 户的资料如表 6－7 所示。试以 95.45%（$t=2$）的概率估计以下指标的范围：

（1）该储蓄所存款户平均每户的存款余额。

（2）该所储蓄存款余额在 30 000 元以上的户数占全部存款户数的比例。

表 6－7　年末某储蓄所用户资料

存款余额/百元	户数/户
1～100	12
101～300	30
301～500	40
501～800	15
800 以上	3

11. 某工厂生产一种新型灯泡 5 000 只，随机抽取 100 只做耐用时间试验。测试结果表明，平均寿命为 4 500 小时，标准差为 300 小时，试在 90% 概率保证下，估计该新式灯泡平均寿命区间；假定概率保证程度提高到 95%，允许误差缩小一半，试问应抽取多少只灯泡进行测试？

12. 调查一批机械零件合格率。根据过去的资料，合格品率曾有过 99%、97% 和 95% 三种情况，现在要求误差不超过 1%，要求估计的把握程度为 95%，问需要抽查多少个零件?

13. 在4 000件成品中按不重复方法抽取200件进行检查，有废品8件，当概率为0.954 5（$t=2$）时，试估计这批成品废品量的范围。

14. 对某鱼塘的鱼进行抽样调查，从鱼塘撒网捕到鱼100条，测得平均每条重2千克，标准差为0.75千克。

（1）最初共放入鱼苗10 000条，若鱼苗的成活率为80%，则该鱼塘中现共有鱼有多少条?

（2）计算鱼塘中鱼的平均质量的抽样平均误差。

（3）试按95.45%的保证程度，对鱼塘内平均每条鱼的质量做出区间估计。

$$(F(1)=68.27\%,\ F(2)=95.45\%,\ F(3)=99.73\%)$$

15. 以简单随机抽样方法调查了某地的家庭人数，抽样比例为8%，样本容量为80户。经计算得：样本户均人数为3.2人，样本户均人数的标准差为0.148人，试就下列两种情况分别估计该地的户均人数和总人数：

（1）给定概率保证程度95%。

（2）给定极限误差为0.296。

16. 某商店对新购进的一批商品实行简单随机抽样检查，抽样后经计算得：该商品的合格率为98%，抽样平均误差为1%，试在如下条件下分别估计该批商品的合格率：

（1）给定可靠度为95%。

（2）给定极限误差为2%。

17. 为检查某批电子元件的质量，随机抽取1%的产品，将测得结果整理成如表6－8所示的形式。

表6－8　某批电子元件质量资料

耐用时间/小时	元件数/只
1 200以下	10
1 200～1 400	12
1 400～1 600	55
1 600～1 800	18
1 800以上	5
合计	100

质量标准规定：元件的耐用时间在1 200小时以下为不合格品。若给定可靠度为95%，试确定：

（1）该批电子元件的平均耐用时间。

（2）该批元件的合格品率。

（3）该批元件的合格品数量。

18. 某储蓄所按定期存款账号进行每隔5号的系统抽样调查，调查资料如表6－9所示。在95%的概率下估计：

（1）该储蓄所所有定期存单的平均存款范围、定期存款总额。

（2）定期存款在 5 000 元以上的存单数所占的比例、定期存款在 5 000 元以上的存单张数。

表 6－9　某储蓄所按定期存款账号调查资料

存款金额	张数/张
1 000 以下	30
1 000 ~ 3 000	150
3 001 ~ 5 000	250
5 001 ~ 7 000	50
7 000 以上	20
合计	500

19. 为研究某市居民家庭收入状况，以 1% 的比例从该市的所有住户中按照简单随机重复抽样的方法抽取 515 户进行调查，结果为：户均收入为 8 235 元，每户收入的标准差为 935 元。要求：

（1）以 99.73% 的置信度估计该市的户均收入。

（2）如果允许误差减少到原来的 1/2，其他条件不变，则需要抽取多少户？

第七章

时间数列分析

学习目标

- 了解时间数列的概念、种类和编制原则
- 掌握时期数列和时点数列的概念及各自的特点
- 掌握平均发展水平的概念及计算
- 掌握增长量的概念及种类
- 熟悉逐期增长量和累计增长量的关系
- 掌握时间数列的速度指标的概念及种类
- 掌握环比发展速度和定基发展速度的关系
- 掌握线性趋势的预测方法
- 掌握非线性趋势的预测方法
- 掌握平均发展速度的概念及计算

案例导入

美国内华达职业健康诊所保险理赔

美国内华达职业健康诊所是一家私人医疗诊所，位于内华达州的 Sparks 市。这个诊所专攻工业医疗，并且在该地区已经经营超过 15 年。1991 年年初该诊所进入增长阶段，在其后 26 个月里，该诊所每个月的账单收入从 57 000 美元增长到超过 300 000 美元。直到 1993 年 4 月 6 日，当诊所的主建筑物被烧毁时，诊所收入一直经历着戏剧性的增长。诊所的保险单包括实物和设备，也包括处于正常商业经营的中断而引起的收入损失。确定实物财产和设备在火灾中的损失额，受理财产的保险索赔要求一个相对简单的时期，但是确定在进行重建诊所的 7 个月中收入的损失是很复杂的，涉及业主和保险公司之间的讨价还价。对如果没有发生火灾，诊所的账单收入“将会有什么变化”的计算，没有预先制定的规则。为了估计损失的收入，诊所用一种预测方法，来测算在七个月的停业期间将要实现的营业额的增长。火灾之前的账单收入的实际历史资料，将为拥有线性趋势和季节成分的预测模型提供基础资料。这个预测模型使诊所得到损失收入的一个准确的估计值，这个估计值最终被保险公司所接受。这是一个时间数列分析方法在保险业务中应用的成功案例。这个案例中的时间数列分析方法的统计思想对现代经济管理同样有着需要的期待和现实意义。例如，对于企业的销售收入和销售成本的预测，当然要观察过去的实际资料，根据这些历史资料，可以对其发展水平、发展速度进行分析，也可能得到销售的一般水平或趋势，如销售收入随着时间的增长而增长或下降的趋势；对这些资料进行进一步观察，还可能显示一种季节轨迹，如每年的销售高峰出现在第三季度，而销售低谷出现在第一季度以后，通过观察历史资料，可以对过去的销售轨迹有较好的了解，因此对于产品的未来销售状况可以做出较为准确的公正的判断。时间数列分析，能反映客观事物的发展变化，能揭示客观事物随时间演变的趋势和规律。

资料来源：丁洪福，等．市场调查与预测［M］．大连：东北财经大学出版社，2013.

思考

美国内华达职业健康诊所为了估计在火灾中损失的收入，运用时间数列预测这种预测方法，来测算在七个月的停业期间将要实现的营业额的增长。这个预测模型使诊所得到损失收入的一个准确的估计值，这个估计值最终被保险公司所接受。这是一个时间数列分析方法在保险业务中应用的成功案例。那么什么是时间数列？时间数列的构成要素包括哪些？在编制时间数列时应遵循哪些原则？通过时间数列可以计算哪些时间数列的水平指标和速度指标？怎样运用时间数列对现象发展变化趋势进行分析？

第一节　时间数列的概念和种类

一、时间数列的概念

时间数列又称动态数列，是将某一统计指标在不同时间上的数值，按时间的先后顺序加以排列所形成的一种统计数列，如表 7－1 所示。

表 7－1　某地区 1999—2005 年工业总产值统计表

年份	1999	2000	2001	2002	2003	2004	2005
工业总产值/亿元	345	343	360	362	365	370	382

通过这一数列，可以看出该地区工业生产总值的发展趋势。

从表 7－1 中可以看出，时间数列有两个构成要素，一是现象所属的时间，如表 7－1 中的 1999—2005 年；二是现象达到的水平，即不同时间对应的指标数值，如表 7－1 中各年的工业总产值。现象所属的时间可以是年份、季度、月份或日等，也可以是某一较长的时期，或者是某一特定的时点。现象达到的水平是时间数列中各项具体的指标数值，在统计工作中叫发展水平。它是计算其他一系列动态分析指标的基础。

时间数列分析是统计中非常重要的动态分析方法之一。研究时间数列有重要的作用：一是可以描述事物的发展状态和结果，观察事物的发展变化过程；二是可以研究现象发展的方向、程度和趋势；三是可以对现象进行历史对比和预测；四是可以分析相关事物之间发展变化的依存关系；五是用于不同地区不同国家间的比较分析，说明现象在不同空间的差异程度。

二、时间数列的种类

时间数列按其反映的指标的性质不同，可以分为总量指标时间数列、相对指标时间数列和平均指标时间数列三种。其中总量指标时间数列是最基本的时间数列，相对指标时间数列和平均指标时间数列是在其基础上派生出来的数列。表 7 - 2 列举了几种数列的实例。

表 7 - 2 1996—2001 年我国国民经济几个主要指标

年份	1996	1997	1998	1999	2000	2001
进出口总额/亿美元	2 898. 8	3 251. 6	3 239. 5	3 606. 3	4 742. 9	5 097. 6
全国职工年平均工资/元	6 210	6 470	7 479	8 346	9 371	10 870
全国年末人口数/万人	122 389	123 626	124 810	125 909	126 583	127 627
农村居民家庭恩格尔系数/%	56. 3	55. 1	53. 4	52. 6	49. 1	47. 7

（一）总量指标时间数列

把同一总量指标在不同时间上的数值按时间先后顺序加以排列所形成的数列称为总量指标时间数列，或称绝对数时间数列。它反映某一社会经济现象在不同时间所达到的绝对水平及其发展变化情况，如表 7 - 2 中我国 1996—2001 年的进出口总额。

根据总量指标时间数列反映的社会经济现象时间性不同，总量指标时间数列又可分为时期数列和时点数列。

1. 时期数列

在绝对数时间数列中，如果时间数列中的各项总量指标反映的是某一社会经济现象总体在一段时间内发展变化过程的总量，则这个总量指标时间数列就称为时期数列，如表 7 - 2 所示的我国 1996—2001 年的进出口总额。

时期数列有以下三个特点：

（1）时期数列中的各项指标数值可以直接相加。由于时期数列中的每一项指标数值表示的是现象在一定时期内发展变化过程的总量，因此将数列中彼此连接的指标数值相加会得到更长时期内发展变化过程的总量，并且不会有重复计算。例如将表 7 - 2 中我国 1996—2001 年的进出口总额累计相加，就可以得到我国这 6 年的累计进出口贸易总额。

（2）时期数列中的各项数值具有连续统计的特点。时期数列中的时期指标重在考察现象发展变化的过程，将一段时期内发生的数量进行连续登记并加以累积。

（3）时期数列中的各项指标数值的大小与所包括的时期长短有直接联系。一般来说，时期越长，指标数值就越大；反之，就越小。时期数列中每一项指标数值所包括的时间长短称为“时期”。根据研究目的，时期可以是日、旬、月、季、年或者更长的时期。做进度分析时，时期一般较短，而对历史资料进行分析的时期一般较长。

2. 时点数列

在总量指标时间数列中，如果时间数列中的各项总量指标反映的是某一社会经济现象总体在某一时间（瞬间）状况上的总量，则这个总量指标时间数列就称为时点数列，如表7－2所示的1996—2001年我国全国年末人口数。

时点数列有以下三个特点：

（1）数列中的各个指标数值一般不可以直接相加。时点数列每一项指标数值表示的是现象在某一时间瞬间上的状态。将不同时点上的指标值相加不具有直接意义。

（2）数列中的各项数值不具有连续统计的特点。时点数列中各项指标数值重在考察现象经过长时间发展变化的结果，只在时点进行登记，是通过一定时期登记一次得到的，不能获知相邻两个登记点中间的状态信息。

（3）数列中的各个指标数值大小与其时间间隔长短没有直接联系。因为时点数列中的每一个数值表示现象在某一瞬间的值，所以时间间隔的长短对指标数值大小不发生直接影响。

（二）相对指标时间数列

把一系列同一相对指标在不同时间上的数值按时间先后顺序加以排列形成的数列，称为相对指标时间数列，又叫相对数时间数列。它反映社会经济现象相互联系的发展过程，说明社会经济现象的比例关系、结构、速度的发展变化程度，如表7－2所示的1996—2001年我国农村居民家庭的恩格尔系数，再如用各个时期的人口总数与土地面积计算人口密度指标排列形成的时间数列等。在相对指标时间中各项指标的数值是不能够直接相加的。

（三）平均指标时间数列

把一系列同一平均指标在不同时间上的数值按时间先后顺序加以排序形成的数列，称为平均指标时间数列，又叫平均数时间数列。它反映社会经济现象各单位某一数量标志一般水平的发展变化趋势，如表7－2所示的我国1996—2001年全国职工的平均工资。

在现实工作中，常把这三种时间数列结合起来运用，以便对经济现象发展过程进行全面、系统的分析研究。

三、编制时间数列的原则

编制动态数列的目的是通过对数列中各个指标进行动态分析，研究社会经济现象的发展变化过程及其规律。因此，时间数列编制的基本原则就是各期指标值具有可比性。为了保证指标数值的可比性，应遵循以下几个具体原则：

（一）时期长短应相等

在时期数列中，由于各个指标数值的大小与时期长短直接相关，因此一般来说，各个指标数值所属的时期长短应相等。如果时期长短不相等，指标数值就会因时期长短的影响而变化，很难进行指标之间的对比分析。但这个原则也不能绝对化，有时为了特殊的研究目的（如研究各个历史阶段的发展变化），也可以将时期不等的指标编制成时期数列，如表7－3所示。

表7－3　我国钢产量资料

时期	1900—1949年	1953—1957年	1981—1985年	1986—1990年	1991—1995年
钢产量/万吨	776	1 667	20 340	27 372	42 478

从表7－3的资料中可以明显看出，从1981年以后，每个五年计划期间，我国钢产量都有大幅度的增长。表中所示时间数列，虽然间隔时期长短不一致，但说明了我国不同经济发展阶段钢产量的发展变化。

对于时点数列来说，由于各个指标值均表明一定时点（时刻）的状态，所以不存在时期长短的问题，与时点间隔长短没有直接的联系。所以，时点资料的间隔可长可短。为了便于分析，时点资料的间隔最好也相等。

（二）总体范围应一致

绝对数时期数列中的指标是总量指标，其数值的大小与总体范围的大小直接相关。如果现象的总体范围发生了变化，则前后两期的数值没有可比性。例如要研究一个地区人口或工业生产情况，如果该地区的行政区发生了变化，则前后各期指标不能进行直接对比，必须进行适当调整，使总体范围前后一致，然后再进行动态分析，才能正确地说明所要研究的问题。

（三）经济内容应该相同

因为有些统计指标在名称上是相同的，但经济内容却不同，所以用不同的指标来进行分析往往会得出错误的结论。如国民收入指标有国土法和国民法两种，如果该指标在不同时期分别利用国土法和国民法进行统计，由于经济内容不同，二者之间根本不可比，因此必须进行必要的调整，使其反映的内容相同，才能进行不同时期（时点）的对比分析。

（四）指标数值的计算价格和计算单位应该一致

在指标名称及其经济内容一致的前提下，采用什么方法计算，按照何种价格或单位计量，各个指标数值都要保持前后一致。例如，研究工业企业劳动生产率的变动，产量用实物量还是用价值量，人数用全部职工数还是用生产工人数，前后各期都要统一。如果按实物指标计算，就应采用统一的计量单位，否则在指标数值上就没有可比性。如果采用价值指标，还涉及按现价还是不变价格计算的问题。例如，对不同时期的工农业产值进行对比时，应采用统一的不变价格计算，以消除价格因素的影响，正确反映工农业生产的发展情况。

第二节　时间数列的水平指标

编制时间数列的目的是对现象在一段时间的变化进行动态分析。动态分析包括对时间数列进行水平分析和速度分析。现象发展的水平分析指标主要有发展水平、平均发展水平、增长量和平均增长量四种。

一、发展水平

发展水平，又称发展量，就是时间数列中的每一项具体的指标数值，反映社会经济现象在不同时间状态下所达到的规模或水平。发展水平可以是绝对数水平，如不同时期的工资总额、工业总产值、年末职工人数等，也可以是相对数或平均数水平，如不同时期的人口出生率、人口的平均寿命等。

发展水平按其在时间数列中所处位置的不同，可以分为最初水平、中间水平、最末水平。最初水平就是时间数列中第一项水平。最末水平就是时间数列中最后一项水平。除了最初水平和最末水平以外的各项水平称为中间水平。设时间数列为 a_0，a_1，a_2，…，a_{n-1}，a_n，其中，a_0 为最初水平，a_n 为最末水平，a_1，a_2，…，a_{n-1}为中间水平。发展水平按其在动态分析中所起的作用不同，可分为基期水平和报告期水平。基期水平是指作为比较基础时期的发展水平；报告期水平是指所要分析研究的那个时期的发展水平。

二、平均发展水平

平均发展水平也叫序时平均数，是对时间数列中不同时间单位上的发展水平求平均数，也叫动态平均数。序时平均数与一般平均数相比存在明显的区别。首先，一般平均数是根据变量数列计算的，而序时平均数是根据时间数列计算的；其次，一般平均数是静态平均数，是对总体各单位某一标志值求平均，将该标志值在总体各单位之间的差异抽象化。而序时平均数是动态平均数，是对时间数列中不同时间上的某一标志值求平均，是将该标志值在不同时间上的差异抽象化；最后，一般平均数是说明总体各单位某一标志值的一般水平，而序时平均数是说明现象某一指标在一定时期内的一般水平。

由于时间数列有总量指标时间数列、相对指标时间数列和平均指标时间数列，所以计算序时平均数的方法也因时间数列的性质不同而有差异，其中总量指标时间数列序时平均数是最基本的序时平均数，其他的序时平均数都是在总量指标序时平均数的基础上计算而得的。

（一）总量指标时间数列序时平均数的计算

总量指标时间数列分为时期数列和时点数列，由于两者资料特点不同，因此计算序时平均数的方法也不相同。

1. 时期数列序时平均数的计算

由于时期数列中各项指标数值可以直接相加，所以由时期数列计算序时平均数可采用简单算术平均数的方法，就是把时期数列的各项指标数值相加，然后除以时期数列的项数。其计算公式为

$$\bar{a} = \frac{a_1 + a_2 + \cdots + a_n}{n} = \frac{\sum a}{n} \tag{7-1}$$

式中，$\bar{a}$ 代表序时平均数；a 代表各期发展水平；n 代表时期数列的项数。

例 7-1　某旅行社 1996—2000 年接待入境旅游者人数如表 7-4 所示，试求接待旅游者人数的序时平均数。

表 7-4　某旅行社 1996—2000 年接待入境旅游者人数

年份	1996	1997	1998	1999	2000
人数/万人	1 763	2 281	2 690	3 160	3 456

根据公式可得

$$\bar{a} = \frac{1\ 763 + 2\ 281 + 2\ 690 + 3\ 160 + 3\ 456}{5} = 2\ 670\ （万人）$$

2. 时点序列序时平均数的计算

要计算时点序列的序时平均数，按理应有连续的时点序列资料。严格意义上的时点是

"某一时刻"或"某一瞬间",但要取得"某一时刻"或"某一瞬间"的连续时点资料是一件非常繁杂的事情。为了简化起见,在统计实践中,通常把"日"看作时间数列中非严格意义上的时点。如果根据每日资料编制时间数列,那么序列中的资料称作连续性时点资料,否则就称作非连续性时点资料或间断性时点资料。不管是连续性时点资料,还是间断性时点资料都可分为间隔相等和间隔不等两种情况,不同情况的资料计算序时平均数的方法也有所不同。

1)连续时点数列序时平均数的计算

连续时点数列又分为间隔相等和间隔不等两种情况。

(1)间隔相等的连续时点数列的序时平均数的计算。如果时点数列是以日为间隔的连续时点数列,则用简单算术平均数来计算序时平均数。计算公式如下:

$$\bar{a}=\frac{a_1+a_2+\cdots+a_n}{n}=\frac{\sum a_i}{n} \tag{7-2}$$

式中,$\bar{a}$ 代表算术平均数;a_i 代表各时点的发展水平($i=1, 2, \cdots, n$);n 代表时点数列的项数。

例 7-2 某储蓄所一周内连续 7 天的储蓄余额如表 7-5 所示,计算该储蓄所这周的平均储蓄余额。

表 7-5 某储蓄所一周的储蓄余额资料

时间	星期一	星期二	星期三	星期四	星期五	星期六	星期日
储蓄余额/万元	21.4	18.6	23.5	39.5	32.6	30.4	22.1

由公式可得

$$\bar{a}=\frac{21.4+18.6+23.5+39.5+32.6+30.4+22.1}{7}=26.9\text{(万元)}$$

即该储蓄所这周的平均储蓄余额为 26.9 万元。

(2)间隔不等的连续时点数列的序时平均数的计算。如果时点数列不是逐日变动的连续时点数列,而是在一段时间内间隔不同的各日资料,则用每次变动持续的间隔长度为权数,对各日时点数据加权,应用加权算术平均数求序时平均数。计算公式如下:

$$\bar{a}=\frac{a_1f_1+a_2f_2+\cdots+a_{n-1}f_{n-1}+a_nf_n}{f_1+f_2+\cdots+f_{n-1}+f_n}=\frac{\sum a_if_i}{\sum f} \tag{7-3}$$

式中,$\bar{a}$ 代表序时平均数;a_i 代表各时点指标数值($i=1, 2, \cdots, n$);f_i 代表各时点间隔时间,即权数。

例 7-3 某厂某年 1 月职工人数资料如表 7-6 所示,求该月职工平均人数。

表 7-6 某厂某年 1 月职工人数资料

日期/日	1	4	9	15	19	26	31
人数/人	380	400	390	395	390	416	410

根据公式(7-3)计算得

$$\bar{a}=\frac{380\times3+400\times5+390\times6+395\times4+390\times7+416\times5+410\times1}{3+5+6+4+7+5+1}=\frac{12\ 280}{31}=396\text{（人）}$$

2）不连续时点数列序时平均数的计算

不连续时点数列，或称间断时点数列，也分为间隔相等和间隔不等两种情况。

（1）间隔相等的不连续时点数列序时平均数的计算。在实际统计工作中，对于时点现象的有关数据，为了简化登记手续，往往每隔一段相等时间登记一次，例如，工业企业车间各月末库存、各月流动资金占用额、年末资产负债总量等就形成了间隔相等的时点数列。由间隔相等的间断时点数列计算序时平均数，采用“首末折半法”进行计算。

例 7－4　某企业某年第二季度各月末流动资金占用额如表 7－7 所示，计算该企业该季度的流动资金平均占用额。

表 7－7　某企业第二季度各月末流动资金占用额

时间	3 月末	4 月末	5 月末	6 月末
流动资金占用额/万元	66	72	64	68

根据表中资料，第二季度各月及第二季度的流动资金平均占用额计算如下：

$$4\text{ 月流动资金平均占用额}=\frac{66+72}{2}=69\text{（万元）}$$

$$5\text{ 月流动资金平均占用额}=\frac{72+64}{2}=68\text{（万元）}$$

$$6\text{ 月流动资金平均占用额}=\frac{64+68}{2}=66\text{（万元）}$$

根据各月流动资金的平均占用额，可以计算出第二季度的流动资金平均占用额。

$$\text{第二季度流动资金的平均占用额}=\frac{\frac{66+72}{2}+\frac{72+64}{2}+\frac{64+68}{2}}{3}=\frac{\frac{66}{2}+72+64+\frac{68}{2}}{4-1}$$

$$=67.67\text{（万元）}$$

根据上述计算过程，可将计算公式推导如下：

$$\bar{a}=\frac{\frac{a_1+a_2}{2}+\frac{a_2+a_3}{2}+\cdots+\frac{a_{n-1}+a_n}{2}}{n-1}=\frac{\frac{a_1}{2}+a_2+a_3+\cdots+a_{n-1}+\frac{a_n}{2}}{n-1}$$

根据上述公式，计算间隔相等的间断时点数列的序时平均数的这种方法，称为“首末折半法”。

（2）间隔不等的不连续时点数列的序时平均数的计算。如果时点数列是间隔不等的间断时点数列，则应该采用以时间间隔长度为权数的加权算术平均数进行计算。计算公式如下：

$$\bar{a}=\frac{\frac{a_1+a_2}{2}\times f_1+\frac{a_2+a_3}{2}\times f_2+\cdots+\frac{a_{n-1}+a_n}{2}\times f_{n-1}}{f_1+f_2+\cdots+f_{n-1}} \tag{7－4}$$

式中，$\bar{a}$ 代表序时平均数；a_i 代表各时点值；f_i 代表各时点间隔（$i=1,2,\cdots,n-1$）。

例 7-5 某地区 2004 年人口资料如表 7-8 所示，计算该地区 2004 年的平均人口数。

表 7-8 某地区 2004 年人口资料

时间	2004 年 1 月 1 日	3 月 1 日	7 月 1 日	12 月 1 日	2005 年 1 月 1 日
人口数/万人	55	57	54	58	58

计算如下：

$$\text{平均人口数：}\bar{a}=\frac{\frac{55+57}{2}\times 2+\frac{57+54}{2}\times 4+\frac{54+58}{5}+\frac{58+58}{2}\times 1}{2+4+5+1}=56\text{（万人）}$$

根据不连续时点数列计算出来的序时平均数是一个近似值，因为假设相邻两个时点之间的社会经济现象数量变动是均匀的，但实际上各种社会经济现象的实际变动并非真正如此。为了使计算结果更能与实际结果接近，应尽量缩短不连续时点数列的间隔。

（二）相对指标和平均指标时间数列序时平均数的计算

相对指标和平均指标时间数列一般是由两个互有联系的总量指标时间数列相应项对比派生而来的。计算其序时平均数时，不能根据序列中的相对指标和平均指标直接计算，而是先分别计算分子、分母数列的序时平均数，然后加以对比，即得相对指标和平均指标时间数列的序时平均数。其基本公式为

$$\bar{c}=\frac{\bar{a}}{\bar{b}} \tag{7-5}$$

式中，$\bar{c}$ 代表相对指标和平均指标时间数列的序时平均数；$\bar{a}$ 代表分子数列的序时平均数；$\bar{b}$ 代表分母数列的序时平均数。

因为总量指标时间数列分为时期数列和时点数列两种，所以相对指标时间数列和平均指标时间数列也分别有两个时期数列之比、两个时点数列之比和一个时期数列与一个时点数列之比三种情况。这三种类型计算序时平均数的方法不同，下面分别举例讲述。

1. 由两个时期数列相比得到的时间数列序时平均数的计算

先分别求出两个时期数列的序时平均数，然后再将这两个序时平均数相比，就得到所求时间数列的序时平均数。计算公式如下：

$$\bar{c}=\frac{\frac{a_1+a_2+\cdots+a_n}{n}}{\frac{b_1+b_2+\cdots+b_n}{n}}=\frac{\sum a}{\sum b} \tag{7-6}$$

例 7-6 某饭店某年各季度的营业收入和计划完成程度如表 7-9 所示，计算该饭店全年的平均计划完成程度。

表 7-9 某饭店营业收入

季度	一	二	三	四
实际营业收入（a）/万元	80	135	140	120
计划营业收入（b）/万元	100	120	125	95
计划完成程度$\left(c=\frac{a}{b}\right)$/%	80.0	112.5	112	126.3

计算过程如下：

$$\text{季平均实际营业收入} = \bar{a} = \frac{80 + 135 + 140 + 120}{4} = 118.75 \text{（万元）}$$

$$\text{季平均计划营业收入} = \bar{b} = \frac{100 + 120 + 125 + 95}{4} = 110 \text{（万元）}$$

$$\text{全年平均计划完成程度}\ \bar{c} = \frac{118.75}{110} = 1.0795 = 107.95\%$$

2. 由两个时点数列相比得到的时间数列序时平均数的计算

先分别求出两个时点数列的序时平均数，然后再将这两个序时平均数相比，就得到所求相对数或平均数时间数列的序时平均数。

例 7－7　某工厂某年第三季度职工人数及构成资料如表 7－10 所示，计算该工厂第三季度生产工人占全部职工的比例。

表 7－10　某工厂某年第三季度职工人数及构成资料

时间	6 月 30 日	7 月 31 日	8 月 31 日	9 月 30 日
生产工人数（a）/人	435	452	462	576
全部职工人数（b）/人	580	580	600	720
生产工人占全部职工比例$\left(c = \frac{a}{b}\right)$/%	75	78	77	80

上述资料是间隔相等的间断时点数列，因此要分别计算出第三季度生产工人平均人数和全部职工平均人数，然后再相比，就得到生产工人占全部职工的平均比例。计算公式如下：

$$\bar{a} = \frac{\frac{a_1}{2} + a_2 + a_3 + \cdots + a_{n-1} + \frac{a_n}{2}}{n-1}$$

$$\bar{b} = \frac{\frac{b_1}{2} + b_2 + b_3 + \cdots + b_{n-1} + \frac{b_n}{2}}{n-1}$$

$$\bar{b} = \frac{\dfrac{\frac{a_1}{2} + a_2 + a_3 + \cdots + a_{n-1} + \frac{a_n}{2}}{n-1}}{\dfrac{\frac{b_1}{2} + b_2 + b_3 + \cdots + b_{n-1} + \frac{b_n}{2}}{n-1}} = \frac{\frac{a_1}{2} + a_2 + a_3 + \cdots + \frac{a_n}{2}}{\frac{b_1}{2} + b_2 + b_3 + \cdots + \frac{b_n}{2}} \qquad (7-7)$$

根据式（7－7）计算得

$$\text{生产工人占全部职工平均比例}\ \bar{c} = \frac{\frac{435}{2} + 452 + 462 + \frac{576}{2}}{\frac{580}{2} + 580 + 600 + \frac{720}{2}} = \frac{1\ 419}{1\ 830} = 0.775 \text{ 或 } 77.5\%$$

3. 由一个时期数列和一个时点数列对比形成的时间数列序时平均数的计算

例 7－8　某公司第一季度各月流动资金周转资料如表 7－11 所示，根据表中资料计算该公司第一季度流动资金月平均周转次数。

表 7-11 某公司第一季度各月流动资金周转资料

时间	1月	2月	3月	4月
商品销售收入（a）/万元	1 500	1 200	1 800	2 000
月初流动资金占用额（b）/万元	400	600	600	500
流动资金周转次数$\left(c=\frac{a}{b}\right)$/次	3	2	4.5	4

根据表中资料，商品销售收入数列为时期数列，月初流动资金占用额数列为时点数列。要计算分子和分母数列的序时平均数，就必须根据数列的特点选择适当的方法。具体计算过程如下：

$$\bar{c}=\frac{\dfrac{1\,500+1\,200+1\,800}{3}}{\dfrac{\dfrac{400}{2}+600+600+\dfrac{500}{2}}{4-1}}=\frac{1\,500}{500}=3\text{（次）}$$

三、增长量

增长量是以绝对数形式表示的动态指标，是报告期水平与基期水平之差，表明社会经济现象在一定时期内增加或减少的绝对量。计算公式如下：

$$\text{增长量}=\text{报告期水平}-\text{基期水平}$$

当报告期水平大于基期水平时，增长量为正值，表示现象水平的增加。当报告期水平小于基期水平时，增长量为负值，表示现象水平的下降。

由于采用基期的不同，增长量可分为逐期增长量和累计增长量两种。逐期增长量是以报告期的前一期为基期所计算的增长量，等于报告期水平与前一期水平之差，说明现象逐期增减的绝对数量；累计增长量是以某一固定时期为基期所计算的增长量，等于报告期水平与某一固定基期水平（通常为最初水平）相减的差额，说明现象在较长时间内的总增长数量。设用 a_0代表最初水平，a_1，a_2，…，a_n 表示时间数列的各期发展水平，则

逐期增长量： $$a_1-a_0,\ a_2-a_1,\ \cdots,\ a_n-a_{n-1} \tag{7-8}$$

累计增长量： $$a_1-a_0,\ a_2-a_0,\ \cdots,\ a_n-a_0 \tag{7-9}$$

可以看出，在同一时间数列中，这两种增长量之间存在着如下数量关系：

一是各逐期增长量之和等于相对应的累计增长量，即

$$(a_1-a_0)+(a_2-a_1)+\cdots+(a_n-a_{n-1})=a_n-a_0 \tag{7-10}$$

二是相邻两个累计增长量之差等于相应时期的逐期增长量，即

$$(a_n-a_0)-(a_{n-1}-a_0)=a_n-a_{n-1} \tag{7-11}$$

例 7-9 我国 1995—2001 年天然气的增长量计算如表 7-12 所示。

表 7-12 1995—2001 年我国天然气增长量 单位：亿立方米

时间/年	1995	1996	1997	1998	1999	2000	2001
生产量	179.47	201.14	227.03	232.79	251.98	272.00	303.29
逐期增长量	—	21.67	47.56	5.76	19.19	20.02	31.29
累计增长量	—	21.67	69.23	74.99	94.18	114.20	145.49

此外，在统计实践中，为了消除季节变动的影响，还常常用本期发展水平减去上年同期发展水平，计算年距增长量指标，表明今年某一时期发展水平比上年同期发展水平的增减数量，即

$$年距增长量 = 本期某月（季）发展水平 - 上年同月（季）发展水平$$

四、平均增长量

平均增长量是现象在一定时期内平均每期增加的绝对量。它既可以用逐期增长量之和除以逐期增长量的项数求得，又可以用全期累计增长量除以时间数列中发展水平的项数减 1 求得。计算公式为

$$平均增长量 = \frac{逐期增长量之和}{逐期增长量项数} = \frac{累计增长量}{时间数列项数 - 1}$$

用符号表示为

$$平均增长量 = \frac{(a_1 - a_0) + (a_2 - a_1) + \cdots + (a_n - a_{n-1})}{n-1} = \frac{a_n - a_0}{n-1}$$

例 7－10　根据表 7－12 中的数据，我国 1995—2001 年各年平均增长量计算如表 7－13 所示。

表 7－13　我国 1995—2001 年各年平均增长量　　　　单位：亿米^3

时间/年	1995	1996	1997	1998	1999	2000	2001
生产量	179.47	201.14	227.03	232.79	251.98	272.00	303.29
平均增长量	—	21.67	34.62	25.00	23.55	22.82	24.25

第三节　时间数列的速度指标

时间数列的速度指标有发展速度、增长速度、平均发展速度和平均增长速度四个。其中，发展速度是最基本的速度分析指标。

一、发展速度

发展速度是现象在两个不同时期发展水平的比值，用以表明现象发展变化的相对程度。其基本计算公式为

$$发展速度 = \frac{报告期水平}{基期水平} \times 100\%$$

发展速度通常用百分数表示，其取值可以大于、等于或小于 100%，但不会是负值。由于基期的确定方法不同，因此发展速度的具体计算方法有环比发展速度和定基发展速度两种。

环比发展速度是报告期水平与前一期水平之比，用以反映现象逐期发展的程度。公式为

$$环比发展速度 = \frac{a_n}{a_{n-1}} \times 100\%$$

式中，a_n 代表报告期水平；a_{n-1}代表报告期前一期水平。

定基发展速度是报告期水平与某一固定基期水平之比，用以反映现象在较长一段时期内总的发展程度，又称“总速度”。公式为

$$定基发展速度=\frac{a_n}{a_0}\times 100\%$$

式中，a_n 代表报告期水平；a_0 代表时间数列的最初水平，作为固定基期水平。

可以看出，同一时间数列中，定基发展速度和环比发展速度之间存在着以下数量关系：一是定基发展速度等于相应的各个环比发展速度的连乘积，即

$$\frac{a_n}{a_0}=\frac{a_1}{a_0}\times\frac{a_2}{a_1}\times\cdots\times\frac{a_n}{a_{n-1}}$$

二是相邻的两个环比发展速度相除等于相应的环比发展速度，即

$$\frac{a_n}{a_0}\div\frac{a_{n-1}}{a_0}=\frac{a_n}{a_{n-1}}$$

在实际应用中，经常利用上述关系式对发展速度指标进行推算或换算。

为了消除季节变动的影响，在实际统计分析中，类似于年距增长量，还经常计算年距发展速度，表明本期水平相对于上年同期水平变化的方向和程度。用公式表示为

$$年距发展速度=\frac{本期发展水平}{上年同期发展水平}\times 100\%$$

例 7－11　根据表 7－12 中的资料，我国 1995—2001 年天然气生产量的发展速度如表 7－14所示。

表 7－14　我国 1995—2001 年天然气生产量的发展速度

时间/年		1995	1996	1997	1998	1999	2000	2001
生产量/亿米^3		179.47	201.14	227.03	232.79	251.98	272.00	303.29
发展速度/%	环比	—	112.07	112.87	102.54	108.24	107.95	111.50
	定基	100.00	112.07	126.50	129.71	140.40	151.56	168.99

二、增长速度

增长速度是增长量与基期水平的比值，用以反映经济现象报告期水平比基期水平的增长程度，还可以通过发展速度减 1 得到。其基本计算公式为

$$增长速度=\frac{增长量}{基期水平}\times 100\%=发展速度-1（或 100\%）$$

增长速度一般用百分数表示，增长速度为正值，表明现象的发展是增长（正增长）的；增长速度为负值，表明现象的发展是下降（负增长）的。由于基期的确定方法不同，因此增长速度的具体计算方法有环比增长速度和定基增长速度两种。

环比增长速度是报告期逐期增长量与前期水平之比，用以反映现象逐期增长的相对程度，还可以通过环比发展速度减 1 计算得到。公式为

$$环比增长速度=\frac{逐期增长量}{前期水平}=环比发展速度-1（或 100\%）$$

定基增长速度是报告期累计增长量与固定基期水平之比，用以反映现象在较长一段时期内总的增长程度，还可以通过定基发展速度减 1 计算得到。公式为

$$定基增长速度=\frac{累计增长量}{固定基期水平}=定基发展速度-1（或100\%）$$

需要指出的是，增长速度与发展速度不同，环比增长速度与定基增长速度之间不存在直接的换算关系。要通过环比增长速度计算出定基增长速度，首先要将环比增长速度加 1，得到环比发展速度，再将环比发展速度相乘得到定基发展速度，再将定基发展速度减 1，得到定基增长速度。

速度指标数值的大小与基数的大小有密切的关系。增长速度是相对指标，抽象了现象对比的绝对差异，同样是增长 1%，但它所代表的绝对数量差异可能产生很大差异。因此，在运用这一指标反映增长速度的快慢时，通常要与绝对增长量结合起来，计算每增长 1% 对应的绝对值，它反映同样的增长速度，在不同基数的条件下，对应的绝对数值不同。计算公式如下：

$$增长1\%对应的绝对值=\frac{逐期增长量}{环比增长速度\times100}=\frac{逐期增长量}{\frac{逐期增长量}{上期水平}\times100}=\frac{上期水平}{100}$$

例 7－12　仍以表 7－12 中的资料为例，我国 1995—2001 年天然气生产量的增长速度如表 7－15 所示。

表 7－15　我国 1995—2001 年天然气生产量的增长速度

时间/年		1995	1996	1997	1998	1999	2000	2001
生产量/亿米³		179.47	201.14	227.03	232.79	251.98	272.00	303.29
增长速度/%	环比	—	12.07	12.87	2.54	8.24	7.95	11.50
	定基	—	12.07	26.50	29.71	40.40	51.56	68.99
增长 1% 对应的绝对值/亿米³		—	1.79	2.01	2.27	2.33	2.52	2.72

在实际应用过程中，对于一些首季节因素影响较明显的社会经济指标，为了消除季节变动的影响，还通常计算年距增长速度。计算公式如下：

$$年距增长速度=\frac{报告期水平}{上年同期水平}=\frac{报告期水平-上年同期水平}{上年同期水平}=年距发展速度-1$$

三、平均发展速度

平均发展速度是各个时期环比发展速度的序时平均数，用以反映现象在较长一段时期内逐期平均发展变化的程度。现象发展变化的平均速度，一般用几何平均法进行计算，平均发展速度是总速度的平均，但现象发展的总速度不等于各年发展速度之和，而等于各年环比发展速度的连乘积，因而，求平均发展速度应该用几何法计算。计算公式如下：

$$\bar{x}=\sqrt[n]{x_1\cdot x_2\cdot x_3\cdot\cdots\cdot x_n}=\sqrt[n]{\prod x_n}\qquad(7-12)$$

式中，$\bar{x}$ 代表平均发展速度；x_n 代表各期环比发展速度；n 代表环比发展速度的个数；$\prod$ 是连乘符号。

时间数列中各期环比发展速度的连乘积等于定基发展速度，因此平均发展速度的计算公

式还可以表示为

$$\bar{x} = \sqrt[n]{\frac{a_1}{a_0} \times \frac{a_2}{a_1} \times \cdots \times \frac{a_n}{a_{n-1}}} = \sqrt[n]{\frac{a_n}{a_0}} \qquad (7-13)$$

一定时期的定基发展速度即现象的总速度，用 R 表示，则平均发展速度的计算公式还可以表示为

$$\bar{x} = \sqrt[n]{R} \qquad (7-14)$$

以上几个计算公式，可以根据已提供的资料具体选择应用。如果已知各期环比发展速度，则采用式（7－12）；如果已知时间数列期初和期末水平，则采用式（7－13）；如果已知总速度，则采用式（7－14）。

例 7－13 已知我国钢产量 1990—1995 年各年的环比发展速度分别为 106.9%、113.4%、110.8%、103.2%、102.7%，计算年平均发展速度。

根据式（7－12），计算过程如下：

$$平均发展速度 = \sqrt[n]{\prod x_n} = \sqrt[5]{106.9\% \times 113.4\% \times 110.8\% \times 103.2\% \times 102.7\%}$$

$$= 107.3\%$$

四、平均增长速度

平均增长速度用来反映现象在较长一段时期内逐期递增的相对程度，又称递增率或递减率。

平均发展速度和平均增长速度之间存在以下关系：

平均增长速度＝平均发展速度－1（或 100%）

平均发展速度是根据环比发展速度时间数列计算的，但是平均增长速度不是直接根据环比增长速度时间数列计算的，而是在计算出平均发展速度之后，通过上述关系式换算得到的。

如上例中，我国 1990—1995 年钢产量的平均发展速度为 107.3%，则钢产量的平均增长速度＝107.3%－1＝7.3%。

第四节　时间数列的因素解析

现象在其发展变化过程中，每一时刻都受到许多因素的影响。在诸多影响因素中，有的因素是长期起作用的，对事物的发展变化发挥决定性作用；有的只是短期起作用，或者只是偶然发挥非决定性作用。在分析时间数列的变动规律时，事实上不可能对每一个影响因素一一划分开来，分别去做精确分析，但可以将众多影响因素，按照对现象变化影响的类型，划分为若干种时间数列的构成要素，然后对这几类构成要素分别进行分析，以揭示时间数列的变动规律性。影响时间数列的构成要素通常可归纳为四种，即长期趋势、季节变动、循环变动、不规则变动。

一、长期趋势（T）

长期趋势指现象在一段相当长的时期内所表现的沿着某一方向的持续发展变化。长期趋势可能呈现出不断向上增长的态势，也可能呈现为不断降低的趋势。长期趋势是受某种固定的起根本性作用的因素影响的结果。例如，中国改革开放以来经济持续增长，表现为国内生

产总值逐年增长的态势。

长期趋势是指事物由于受某种根本因素的影响，在某一较长时间内持续增加而向上发展或持续减少而向下发展的总趋势。测定长期趋势的主要目的在于把握现象的趋势变化，从数量方面来研究现象发展的规律性，探求合适的趋势线，为进行统计预测提供必要条件；同时，测定长期趋势可以消除原有时间数列中长期趋势的影响，以便更好地显示和测定季节变动。

反映现象发展的长期趋势有两种基本形式：一种是直线趋势，另一种是非直线趋势。当所研究现象在一个相当长的时期内呈现出比较一致上升或下降的变动，如循着直线发展，则为直线趋势，可求出一条直线代表之，这条直线也叫趋直线。趋势直线上升或下降，表示这种现象的数值逐年俱增或俱减，且每年所增加或减少的数量大致相同。所以直线趋势的变化率或趋势线的斜率基本上是不变的。而非直线趋势，其变化率或趋势线的斜率是变动的。研究现象发展的长期趋势，必须对原来的时间数列进行统计处理，一般称之为时间数列修匀，即进行长期趋势测定。测定长期趋势的方法有很多，主要有时距扩大法、移动平均法和数学模型法，而数学模型又有线性模型和非线性模型之分。

（一）时距扩大法

时距扩大法是测定长期趋势的一种简单的方法。当原始时间数列中各指标数值上下波动，使现象变化规律表现不明显时，可通过扩大数列时间间隔，对原始资料加以整理，以反映现象发展的趋势。某车间某年各月产量情况如表 7－16 所示。

表 7－16　某车间某年各月产量情况

月份	1	2	3	4	5	6	7	8	9	10	11	12
产量/万件	50	55	48	46	56	57	56	52	57	54	60	66

由于各月份产品产量有波动，因此产品产量的发展趋势不够明显。如将时距扩大为季度，编制出新的动态数列，如表 7－17 所示，此数列就能够明显地反映出其产量不断增长的趋势。

表 7－17　某车间某年各季度产量情况

季度	1	2	3	4
产量/万件	153	159	165	180

（二）移动平均法

移动平均法也是对原有时间数列进行修匀，来测定其长期趋势的一种较为简单的方法。它是用逐项递推移动的方法，分析计算一系列移动的序时平均数，形成一个新的派生的序时平均数对间数列，来代替原有的时间数列，在这个新的时间数列中，短期的偶然因素引起的变动被削弱了，从而呈现出明显的长期趋势。

移动平均法移动的时距长短，以现象的特点和研究目的而定。一般来说，移动的项数越多，时距越长，对原有数列修匀的作用越大，但得到修匀后新的数列项数越少，原有数列损失掉的数据越多；反之，移动的项数越少，时距越短，对原有数列修匀的作用越小，但修匀后得到的新的数列项数越多，原有数列损失掉的数据越少。一般要求扩大的时距与周期变动的时距相吻合，或为它的倍数。如季度资料，通常以 4 项移动平均为宜；若是月份资料，则通常做 12 项移动平均。

移动平均法的具体做法是从时间数列的第 1 项开始，按一定项数求虚实平均数，逐项移动，得出一个由移动平均数构成的新的时间数列，通过这个新的时间数列把受某些偶然因素影响所出现的波动修匀了，使整个时间数列的长期趋势更为明显。当移动项数是奇数项时，移动平均所得的数值放在中间一项的位置上，一经移动就可以得到趋势值；偶数项移动平均所得的数值放在中间两项位置中间，并需要将第一次移动平均得到的趋势值进行二次移动修正，才能得到新的趋势值并组成新的时间数列。被移动的项数越多，对原数列修匀的作用越大，但得到的新的数列项数就越少。现以某厂 14 年的产值为例，说明移动平均的方法，如表 7－18 所示。

表 7－18　移动平均计算表

年份	序号	产值/万元	5 年移动平均/万元	6 年移动平均/万元	6 年移动平均修正值/万元
1987	1	286			
1988	2	283			
1989	3	305	305		
				309	
1990	4	332	313		315
				320	
1991	5	321	328		329
				337	
1992	6	325	344		346
				354	
1993	7	354	359		358
				362	
1994	8	387	371		368
				374	
1995	9	407	384		381
				387	
1996	10	379	393		390
				393	
1997	11	391	395		395
				397	
1998	12	402	395		
1999	13	394			
2000	14	407			

从表中数据可以看出，该厂14年来，虽然产值有一些波动，但通过移动平均，可以看出产值增长存在着明显的长期趋势。

按移动平均法对时间数列进行修匀后得到的新的时间数列的趋势值个数比原有时间数列的数值个数有所减少。如果把移动项数记为 N，按奇数项移动平均，则新的数列将减少 $N-1$ 项数据；若按偶数项移动平均，则新的数列将减少 N 项数据。

移动平均法虽然能够把长期趋势显示出来，但是一方面减少了研究最初和最末发展阶段显示趋势特点的可能性；另一方面，移动平均法无法对现象的发展趋势做出预测。

（三）数学模型法

数学模型法是利用数学模型对原时间数列配合适当的数学模型进行修匀，从而显示数列基本趋势的一种方法，是对时间数列进行修匀常用的方法。由于现象的发展变化有的呈直线趋势，有的呈曲线趋势，所以首先必须对原时间数列进行分析。只有了解它的变化类型，然后才能配合适当的数学模型，以反映现象的变动趋势。下面介绍直线趋势测定的常用方法，即最小平方法。

当时间数列中变量值的每期增长量大致相等时，可以认为时间数列具有线性趋势，就可以采用直线作为趋势线来描述现象趋势的变化，并配合一个直线趋势模型，对长期趋势进行修匀，并预测。

如以时间因素作为 t，把数列中各项趋势值作为 y，则配合的直线趋势模型为

$$y_c = a + bt \tag{7-15}$$

式中，y_c 代表时间数列的趋势值；t 代表时间序号；a 和 b 表示待定参数，其中 a 表示时间为零时，现象的趋势值，即社会经济现象的起点值，b 表示时间每变动一个单位，社会经济现象的平均增加（减少）值。

最小平方法又称最小二乘法，是测定长期趋势最常用的一种方法。它的基本原理是：时间数列中所有的实际值与趋势值之间的离差平方和最小。符合这个条件的直线只有一条，这条直线就是要模拟的理论趋势直线。

令 $Q = \sum (y-a-bt)^2$，为使其为最小，根据数学二元函数求极值的方法，用偏导数求解 a 和 b，经整理得到下面两个方程式：

$$\begin{cases} \sum y = na + b\sum t \\ \sum yt = a\sum t + b\sum t^2 \end{cases}$$

解得

$$\begin{cases} b = \dfrac{n\sum ty - \sum t \sum y}{n\sum t^2 - \left(\sum t\right)^2} \\ a = \dfrac{\sum y}{n} - b\dfrac{\sum t}{n} \end{cases} \tag{7-16}$$

式中，n 代表时间数列的项数。

例7-14　某商场历年销售额资料如表7-19所示，用最小平方法配合直线方程，对时间数列进行修匀，并预测2006年销售额。

表 7－19　某商场销售额计算

年份	时间序号 t	销售额 y/万元	t^2	ty/万元	y_c/万元
1998	1	100	1	100	90.08
1999	2	112	4	224	112.72
2001	3	125	9	375	126.36
2002	4	140	16	560	140.00
2003	5	155	25	775	153.64
2004	6	168	36	1 008	167.28
2005	7	180	49	1 260	180.92
合计	28	980	140	4 302	980.00

由表 7－20 可知，$\sum t = 28$，$\sum y = 980$，$\sum t^2 = 140$，$\sum ty = 4\ 302$，将数据代入式（7－16），计算如下：

$$b = \frac{7 \times 43.2 + 28 \times 980}{7 \times 140 + 28^2} = 13.64$$

$$a = \frac{980}{7} - 13.64 \times \frac{28}{7} = 85.44$$

将 a 和 b 代入直线趋势方程，得到

$$y_c = 85.44 + 13.64t$$

将各 t 值代入上式，便可得到相对应的趋势值 y_c。将 $t = 8$ 代入上式，即可得到 2006 年该商场的预测销售额，即

$$y_{2006} = 85.44 + 13.64 \times 8 = 194.56\text{（万元）}$$

b 表示时间每增加 1 年，该商场的销售额将平均增加 13.64 万元。

上述计算过程也可以采用简捷法进行计算。令 $\sum t = 0$，则 a、b 值可以简化为

$$\begin{cases} a = \dfrac{\sum y}{n} \\ b = \dfrac{\sum ty}{\sum t^2} \end{cases}$$

要满足 $\sum t = 0$ 的要求。如果数列为奇数项，以中间一项记为 0，原点以前各项依次记为 －1，－2，－3，…，原点以后各项依次记为 1，2，3，…。若数列为偶数项数列，则以中间两项的中点为原点，原点前后各项依次用 －1，－3，－5，…和 1，3，5，…表示。这样，就可以做到 $\sum t = 0$，使计算更为简便。

例 7－15　如表 7－20 的资料，按简捷法进行计算，计算过程如下：

表 7－20　某商场销售额简捷法计算

年份	时间序号 t	销售额 y/万元	t^2	ty/万元	y_c/万元
1998	－3	100	9	－300	90.08
1999	－2	112	4	－224	112.72
2001	－1	125	1	－125	126.36
2002	0	140	0	0	140.00
2003	1	155	1	155	153.64
2004	2	168	4	336	167.28
2005	3	180	9	540	180.92
合计	0	980	28	382	980.00

由简捷公式计算得出：

$$a=\frac{980}{7}=140$$

$$b=\frac{382}{28}=13.64$$

即 $y_c=140+13.64t$。

把各 t 值代入上式，便可以得到各年的趋势值 y_c。

将 $t=4$ 代入直线趋势方程，便可以预测出 2006 年该商场销售额，即

$$y_{2006}=140+13.6\times 4=194.56\text{（万元）}$$

二、季节变动（S）

本来意义上的季节变动是指受自然因素的影响，在一年中随季节的更替而发生的有规律的变动。现在对季节变动的概念有了扩展，对一年内或更短的时间内由于社会、政治、经济、自然因素影响，形成的以一定时期为周期的有规则的重复变动，都称为季节变动。例如，农业产品的生产、某些商品的销售量变动都呈现出季节性的周期变动。研究季节变动的主要目的是认识和掌握由于季节变动给人们的生产生活带来的影响，以便更合理地组织生产，为人民生活提供资料。

测定季节变动的方法有很多，从其是否考虑受长期趋势的影响来看，有两种方法：一是不考虑长期趋势的影响，直接根据原始的动态数列来计算，常用的方法是按月（季）平均法；二是根据剔除长期趋势影响后的数列资料来计算，常用的方法是移动平均趋势剔除法。不管使用哪种方法来计算季节变动，都需用三年或更多年份的资料（至少三年）作为基本数据进行计算分析，这样才能较好地消除偶然因素的影响，使季节变动的规律性更切合实际。

（一）按月（季）平均法

按月平均法也称为按季平均法，若是月资料就是按月平均，若是季资料则按季平均。其计算的一般步骤如下：

（1）列表。将各年同月（季）的数值列在同一栏内。

（2）将各年同月（季）数值加总，并求出月（季）平均数。

（3）将所有月（季）数值加总，求出总的月（季）平均数。

（4）求季节比率（或季节指数）$S.I.$。其计算公式为

$$S.I.=\frac{\text{月（季）平均数}}{\text{总的月（季）平均数}}\times 100\%$$

（5）把各月（季）季节比率绘制成季节变动曲线图，可以更直观地显示出季节的变动趋势。

例 7－16 某商场2002—2006年各月的空调销售额如表7－21所示，计算季节比率。

表 7－21 某商场2002—2006年各月的空调销售额资料及季节比率

月份	销售额/亿元					合计/万元	平均/万元	季节比率/%
	2002年	2003年	2004年	2005年	2006年			
1	1.1	1.1	1.4	1.4	1.3	6.3	1.26	17.6
2	1.2	1.5	2.1	2.1	2.2	9.1	1.82	25.5
3	1.9	2.2	3.1	3.1	3.3	13.6	2.72	38.1
4	3.6	3.9	5.2	5.0	4.9	22.6	4.52	63.3
5	4.2	6.4	6.8	6.6	7.0	31.0	6.20	86.8
6	4.2	16.4	18.8	19.5	20.0	88.9	17.78	249.0
7	24.0	28.0	31.0	31.5	31.8	146.3	29.26	409.8
8	9.5	12.0	14.0	14.5	15.3	65.3	13.06	182.9
9	3.8	3.9	4.8	4.9	5.1	22.5	4.50	63.0
10	1.8	1.8	2.4	2.5	2.6	11.1	2.22	31.1
11	1.2	1.3	12.	1.4	1.4	6.5	1.30	18.2
12	0.9	1.0	1.1	1.2	1.1	5.3	1.06	14.3
合计	67.4	79.5	91.9	93.7	96.0	428.5	7.14	1 200.0

季节比率计算如下：

首先计算各年同月平均数，如：

$$1\text{月平均销售额}=\frac{1.1+1.1+1.4+1.4+1.3}{5}=1.26\text{（亿元）}$$

$$2\text{月平均销售额}=\frac{1.2+1.5+2.1+2.1+2.2}{5}=1.82\text{（亿元）}$$

…

然后计算这5年间总平均月销售额：

$$\frac{1.26+1.82+2.72+4.52+6.2+17.78+29.26+13.06+4.5+2.22+1.3+1.06}{12}=7.14\text{（亿元）},$$

也可以将这5年60个月的数据相加除以60，得到总平均销售额。

最后计算季节比率，如：

$$1\text{月的季节比率}=\frac{1.26}{7.14}\times 100\%=17.6\%$$

$$2\text{ 月的季节比率}=\frac{1.82}{7.14}\times 100\% =25.5\%$$

…

这样，由各月季节比率组成的数列，清楚地表明某商场2002—2006年空调销售额呈现的季节性变动趋势。自1月起逐月增长，7月达到最高峰，8月起开始下降，到12月降到最低点。

按月（季）平均法计算季节变动很简便，容易掌握。但在计算过程中没有考虑到长期趋势的影响，如后期水平较高，就对平均数起的影响较大。所以，在存在长期趋势的情况下，按月（季）平均法计算的季节比率不够准确。为了弥补这一点，可以采用移动平均趋势剔除法。

（二）移动平均趋势剔除法

移动平均趋势剔除法是利用移动平均法来剔除长期趋势影响后，再来测定其季节变动。这一方法的特点是，先对原有时间数列进行修匀，计算移动平均数，得到相应时期的趋势值，而后将其从数列中加以剔除，再测定季节比率。其计算步骤和方法如下：

（1）计算移动平均数，剔除偶然因素的影响。

（2）以实际值除以相对应的趋势值，得到修匀比率。

（3）计算季节比率。

下面，用具体资料来说明这种方法。

例7-17　某市2001—2003年鲜鸡蛋收购资料如表7-22所示，用移动趋势剔除法测定季节比率。

表7-22　某市2001—2003年鲜鸡蛋收购资料　　**单位：吨**

月份	2001年	2002年	2003年
1	40	85	120
2	35	78	103
3	30	70	98
4	26	63	85
5	27	45	95
6	32	69	105
7	55	108	185
8	72	163	213
9	77	175	235
10	68	132	208
11	42	95	145
12	38	90	127

该资料中存在着明显的长期趋势，需要采取移动趋势剔除法测定季节变动。

（1）计算移动平均数，目的是消除各月销售量受季节变动的影响，确定数列增长的总趋势，形成新的趋势值数列，如表7-23所示。

表 7－23 修匀比率资料

年份	月份	收购量/吨 (y)	12 项移动平均数	趋势值/吨 (y_c)	修匀比率/% ($y:y_c$)
2001	1	40			
	2	35			
	3	30			
	4	26			
	5	27			
	6	32			
	7	55	45	47	117
	8	72	49	51	141
	9	77	53	55	140
	10	68	56	58	117
	11	42	59	60	70
	12	38	60	62	61
2002	1	85	64	66	129
	2	78	67.9	72	108
	3	70	75.5	80	88
	4	63	84	86	73
	5	45	89	91	49
	6	69	93	96	72
	7	108	98	99	109
	8	163	101	102	160
	9	175	103	104	169
	10	132	105	106	125

续表

年份	月份	收购量/吨 (y)	12 项移动 平均数	趋势值/吨 (y_c)	修匀比率/% ($y:y_c$)
2002	11	95	107	109	87
	12	90	111	113	80
2003	1	120	114	117	103
	2	103	121	123	84
	3	98	125	127	77
	4	85	130	133	64
	5	95	136	138	69
	6	105	140	142	74
	7	185	143		
	8	213			
	9	235			
	10	208			
	11	145			
	12	127			

(2) 将各月实际收购量除以趋势值，得出修匀比率，使长期趋势得以消除，明显地显示出季节变动的影响，如表 7－23 所示。

(3) 将各年同月的修匀比率加以平均，得到各年同月的平均修匀比率，即季节比率。将求得的季节比率相加，四个季度的季节比率之和应为 400%，12 个月的季节比率之和应为 1 200%。如果不是刚好等于这个数值，则需要计算修正系数进行校正。修正系数的计算公式如下：

$$修正系数 = 400\% \div 各季修匀比率之和$$

或

$$修正系数 = 1\ 200\% \div 各月修匀比率之和$$

然后将各月（季）的平均修匀比率乘上修正系数，使其总和等于 400% 或 1 200%。

其计算如表 7－24 所示。

表 7－24　季节比率计算表

年份＼月份	1	2	3	4	5	6	7	8	9	10	11	12
2001	—	—	—	—	—	—	117	141	140	117	70	61
2002	129	108	88	73	49	72	109	160	168	125	87	80
2003	103	84	77	64	69	74	—	—	—	—	—	—

于相应的各个环比发展速度的连乘积；二是相邻的两个环比发展速度相除等于相应的环比发展速度。增长速度是增长量与基期水平的比值，增长速度包括环比增长速度和定基增长速度两种。环比增长速度与定基增长速度之间不存在直接的换算关系。在反映增长速度的快慢时，通常要与绝对增长量结合起来，计算每增长1%对应的绝对值，反映同样的增长速度，在不同基数的条件下，对应的绝对数值不同。

平均发展速度是各个时期环比发展速度的序时平均数，用以反映现象在较长一段时期内逐期平均发展变化的程度，应该用几何法计算。平均增长速度用来反映现象在较长一段时期内逐期递增的相对程度，又称递增率或递减率。平均发展速度和平均增长速度之间存在以下关系：平均增长速度 = 平均发展速度 - 1（或100%）。

影响时间数列的构成要素通常可归纳为四种，即长期趋势、季节变动、循环变动、不规则变动。长期趋势指现象在一段相当长的时期内所表现的沿着某一方向的持续发展变化，即进行长期趋势测定。测定长期趋势的方法有很多，主要有时距扩大法、移动平均法和数学模型法。数学模型法是利用数学模型对原时间数列配合适当的数学模型进行修匀，从而显示数列基本趋势的一种方法，是对时间数列进行修匀常用的方法。

技能训练题

一、单项选择题（在备选答案中，选择一个正确答案，将其序号写在括号内）

1. 设对不同年份的产品成本配合的直线方程 $Y = 75 - 1.85X$，$b = -1.85$ 表示（　　）。

A. 时间每增加一个单位，产品成本平均增加1.85个单位

B. 时间每增加一个单位，产品成本的增加总额为1.85个单位

C. 时间每增加一个单位，产品成本平均下降1.85个单位

D. 产品成本每变动 X 个单位，平均需要1.85年时间

2. 时间数列中的各项指标数值直接相加的是（　　）。

A. 时期数列　　B. 时点数列　　C. 相对数时间数列　　D. 平均数时间数列

3. 某产品产量去年比前年增长10%，今年比去年增长20%，两年内平均增长（　　）。

A. 15%　　B. 14.89%　　C. 14.14%　　D. 30%

4. 计算平均速度指标应采用（　　）。

A. 简单算术平均数　　B. 加权算术平均数　　C. 几何平均数　　D. 调和平均数

5. 某地区连续五年的工业产值增长率分别为0.9%、5%、1%、4%和3%，则该地区工业总产量平均每年递增率的算式为（　　）。

A. $(0.9\% + 5\% + 1\% + 4\% + 3\%) \div 5$

B. $\sqrt[5]{0.9\% \times 5\% \times 1\% \times 4\% \times 3\%} - 1$

C. $\sqrt[5]{109.9\% \times 105\% \times 101\% \times 104\% \times 103\%} - 1$

D. $\sqrt[5]{100.9\% \times 105\% \times 101\% \times 104\% \times 103\%} - 1$

6. 几何平均法平均发展速度的计算，是下列哪个指标连乘积的 n 次方根？（　　）

A. 环比增长速度　　B. 环比发展速度　　C. 定基发展速度　　D. 定基增长速度

7. 下列指标中属于时期指标的是（　　）。

A. 工业企业数　　B. 耕地面积　　C. 汽车生产辆数　　D. 职工人数

8. 用最小方法配合直线趋势，如果 $y=a+bx$ 中，b 为负数，则这条直线呈（　　）。

A. 上升趋势　　B. 下降趋势

C. 不升不降　　D. 或上升，或下降，或不升不降

9. 时间数列中各期发展水平之和与最初发展水平之比，实际上就是各期定基发展速度（　　）。

A. 之和　　B. 之差　　C. 之积　　D. 之商

10. 已知某县粮食产量的环比发展速度 1996 年为 103.5%，1997 年为 104%，1998 年为 105%，1999 年的定基发展速度为 116.4%，则 1999 年的环比发展速度为（　　）。

A. 104.5%　　B. 101%　　C. 103%　　D. 113%

11. 下列指标中属于序时平均数的是（　　）。

A. 人口出生率　　B. 人口自然增长率

C. 平均每年人口递增率　　D. 人口死亡率

12. 在对社会经济现象进行动态分析中，能够把水平分析和速度分析结合起来的分析指标是（　　）。

A. 平均发展速度　　B. 平均发展水平

C. 年距增长量　　D. 增长 1% 的绝对值

13. 已知环比增长速度分别为 5%、9%、10%，则定基增长速度的计算公式为（　　）。

A. （5% ×9% ×10%） –100%　　B. 5% ×9% ×10%

C. （105% ×109% ×110%） –100%　　D. 105% ×109% ×110%

14. 环比增长速度与定基增长速度的关系是（　　）。

A. 定基增长速度是环比增长速度的连乘积

B. 定基增长速度是环比增长速度之和

C. 定基增长速度是各环比增长速度加 1 后的连乘积减 1

D. 定基增长速度是各环比增长速度减 1 后的连乘积减 1

15. 如果逐期增长量相等，则环比增长速度（　　）。

A. 逐期下降　　B. 逐期增加

C. 保持不变　　D. 无法做结论

16. 某企业生产某种产品 1990 年比 1989 年增长 8%，1991 年比 1989 年增长 12%，则 1991 年比 1990 年增长了（　　）。

A. 12% ÷8% –100%　　B. 108% ÷112% –100%

C. 112% ÷108% –100%　　D. 108% ×112% –100%

17. 直线趋势方程 $y=a+bx$ 中，a 和 b 的意义是（　　）。

A. a 表示直线的截距，b 表示 $x=0$ 时的趋势值

B. a 表示最初发展水平的趋势值；b 表示平均发展速度

C. a 表示最初发展水平的趋势值，b 表示平均发展水平

D. a 是直线的截距，表示最初发展水平的趋势值；b 是直线的斜率，表示平均增长量

18. 某企业 2008 年 9—12 月末的职工人数资料如下：9 月 30 日 1 400 人，10 月 31 日 1 510 人，11 月 30 日 1 460 人，12 月 31 日 1 420 人，该企业第四季度的平均人数为（　　）人。

A. 1 448　　B. 1 460　　C. 1 463　　D. 1 500

19. 某企业生产的某种产品 2007 年与 2006 年相比增长了 8%，2008 年与 2006 年相比增

长了12%，则2008年与2007年相比增长了（　　）。

A. 12% ÷18%　　B. 108% ×112%

C. （112% ÷108%）-1　　D. 108% ÷112%

20. 下列属于时点数列的是（　　）。

A. 某地历年工业增加值　　B. 某地历年工业劳动生产率

C. 某地历年工业企业职工人数　　D. 某地历年工业产品进出口总额

21. 发展速度和增长速度的关系是（　　）。

A. 环比发展速度 = 定基发展速度 -1

B. 增长速度 = 发展速度 -1

C. 定基增长速度的连乘积等于定基发展速度

D. 环比增长速度的连乘积等于环比发展速度

22. 某企业第一季度3个月的实际产量分别为500件、612件和832件，分别超计划0、2%和4%，则该厂第一季度平均超额完成计划的百分数为（　　）。

A. 102%　　B. 2%　　C. 2.3%　　D. 102.3%

23. 若动态数列的逐期增长量大体相等，宜拟合（　　）。

A. 直线趋势方程　　B. 曲线趋势方程　　C. 指数趋势方程　　D. 二次曲线方程

24. 若动态数列的二级增长量大体相等，宜拟合（　　）。

A. 直线趋势方程　　B. 曲线趋势方程　　C. 指数趋势方程　　D. 二次曲线方程

25. 移动平均法的主要作用是（　　）。

A. 削弱短期的偶然因素引起的波动　　B. 削弱长期的基本因素引起的波动

C. 消除季节变动的影响　　D. 预测未来

26. 按季平均法测定季节比率时，各季的季节比率之和应等于（　　）。

A. 100%　　B. 400%　　C. 120%　　D. 1 200%

27. 已知时间数列有30年的数据，采用移动平均法测定原时间数列的长期趋势，若采用5年移动平均，则修匀后的时间数列有（　　）的数据。

A. 30年　　B. 28年　　C. 25年　　D. 26年

28. 序时平均数中的“首尾折半法”适用于计算（　　）。

A. 时期数列的资料

B. 间隔相等的间断时点数列的资料

C. 间隔不等的间断时点数列的资料

D. 由两个时期数列构成的相对数时间数列资料

29. 下列动态数列分析指标中，不取负值的是（　　）。

A. 增长量　　B. 发展速度　　C. 增长速度　　D. 平均增长速度

30. 说明现象在较长时期内发展总速度的指标是（　）。

A. 环比发展速度　　B. 平均发展速度　　C. 定基发展速度　　D. 定基增长速度

31. 假定被研究现象基本上按不变的速度发展，为描述现象变动的趋势，借以进行预测，应拟合的方程是（　　）。

A. 直线趋势方程　　B. 曲线趋势方程

C. 指数趋势方程　　D. 二次曲线方程

二、多项选择题（在备选答案中，选择两个或两个以上正确答案，将其序号写在括号内）

1. 下列指标和时间构成的数列属于时期数列的是（　　）。

A. 人口数　　B. 钢产量　　C. 企业数

D. 人均粮食产量　　E. 商品销售额

2. 相对数时间数列可以是（　　）。

A. 两个时期数列之比　　B. 两个时点数列之比

C. 强度相对数时间数列　　D. 一个时期数列和一个时点数列之比

E. 结构相对数构造的相对数时间数

3. 时间数列水平指标有（　　）。

A. 发展速度　　B. 发展水平　　C. 平均发展水平

D. 平均发展速度　　E. 增长量

4. 时点数列中（　　）。

A. 各项指标数值可以相加

B. 各项指标数值不能相加

C. 各项指标值大小与其时间长短有直接关系

D. 各项指标值与其时间长短没有直接关系

E. 各项指标数值是间隔一定时间登记一次取得的

5. 时间数列按指标表现形式不同可分为（　　）。

A. 绝对数时间数列　　B. 时期数列

C. 相对数时间数列　　D. 时点数列

E. 平均数时间数列

6. 下列时间数列中属于时期数列的有（　　）。

A. 各年末人口数　　B. 各年新增人口数

C. 各月商品库存数　　D. 各月商品销售额

E. 各月储蓄存款余额

7. 下列时间数列中，各项指标数值不能相加的有（　　）。

A. 强度相对数时间数列　B. 时期数列　　C. 相对数时间数列

D. 时点数列　　E. 平均数时间数列

8. 设有某企业月末库存材料：

月数	1 月	2 月	3 月	4 月	5 月
产品库存数	10	11	13	12	10

则该时间数列有什么特点？（　　）

A. 数列中的各项指标数值可以相加

B. 数列中的各项指标数值不能相加

C. 数列中的每一指标数值大小与计算间隔长短存在直接关系

D. 数列中的每一指标数值大小与计算间隔长短不存在直接关系

E. 数列中的每一指标数值间隔一定时间登记一次

9. 平均增减量是（ ）。
A. 累计增减量时间数列的序时平均数
B. 逐期增减量时间数列的序时平均数
C. 逐期增减量除以逐期增减量个数
D. 累计增减量除以逐期增减量个数
E. 累计增减量除以时间数列项数减 1

10. 下列指标和时间构成的数列属于时点数列的有（ ）。
A. 人口数
B. 出生人数
C. 商品销售额
D. 商品库存额
E. 工资总额

11. 定基增长速度等于（ ）。
A. 环比增长速度连乘积
B. 累积增长量除以固定基期水平
C. 定基发展速度减 1
D. 逐期增长量除以固定基期水平
E. 环比增长速度连乘积减 1 或减 100%

12. 时期数列中，各项指标值（ ）。
A. 与时间间隔长短有关
B. 与时间间隔长短无关
C. 可相加
D. 不可相加
E. 是通过连续登记得到的

13. 编制时间数列应遵循的原则有（ ）。
A. 时期长短应该相等
B. 总体范围应该一致
C. 指标经济内容应该相同
D. 指标的计算方法、计算价格和计量单位应该一致
E. 数列中的各个指标值具有可比性

14. 下列等式中，正确的有（ ）。
A. 增长速度 = 发展速度 - 1
B. 环比发展速度 = 环比增长速度 - 1
C. 定基发展速度 = 定基增长速度 + 1
D. 平均增长速度 = 平均发展速度 - 1
E. 平均发展速度 = 平均增长速度 - 1

15. 时间数列的水平指标有（ ）。
A. 发展速度
B. 发展水平
C. 平均发展水平
D. 增长量
E. 平均增长量

16. 时间数列的速度指标主要有（ ）。
A. 定基发展速度和环比发展速度
B. 定基增长速度和环比增长速度
C. 各环比发展速度的序时平均数
D. 各环比增长速度的序时平均数
E. 平均增长速度

17. 定基发展速度和环比发展速度之间的数量关系是（ ）。
A. 对比的基础时期不同
B. 所反映的经济内容不同
C. 两者都属于速度指标
D. 定基发展速度等于各环比发展速度之积
E. 两相邻定基发展速度之比等于相应的环比发展速度

18. 简单算术平均数适合于计算（ ）的序时平均数。
A. 间隔不等的间断时点数列
B. 间隔相等的间断时点数列
C. 时期数列
D. 间隔不等的连续时点数列

E. 间隔相等的连续时点数列

19. 直线趋势方程 $y_c = a + bt$ 中，参数 b 表示（　　）。

A. 趋势值　　B. 趋势线的截距　　C. 趋势线的斜率

D. 当 t 每变动一个时间单位时，y_c 平均增减的数值

E. 当 $t = 0$ 时，y_c 的数值

20. 时间数列总变动一般可以分解为哪几种变动形式？（　　）

A. 长期趋势变动　　B. 季节变动　　C. 循环变动

D. 非周期变动　　E. 不规则变动

三、填空题

1. 动态数列按统计指标的表现形式可分为（　　）、（　　）和（　　）三大类，其中最基本的时间数列是（　　）。

2. 平均发展水平是对时间数列的各指标求平均，反映经济现象在不同时间的平均水平或代表性水平，又称（　　）平均数或（　　）平均数。

3. 把报告期的发展水平除以基期的发展水平得到的相对数叫（　　），亦称动态系数。根据采用的基期不同，它又可分为（　　）发展速度和（　　）发展速度两种。

4. 构成时间数列的两个基本要素是（　　）和（　　）。

5. 如果时间数列的每期增减量大体相等，则这种现象的发展呈（　　）发展趋势，可以配合相应的（　　）方程来预测。

6. 绝对数时间数列可分为（　　）数列和（　　）数列。

7. 计算平均发展速度的水平法侧重从（　　）出发来进行研究。

8. 时间数列中的四种变动（构成因素）分别是（　　）、（　　）、（　　）和（　　）。

9. 已知某产品 1991 年比 1990 年增长了 6%，1992 年比 1990 年增长了 9%，则 1992 年比 1991 年增长了（　　）。

10. 某产品成本从 1990 年到 1995 年的平均发展速度为 98.3%，则说明该产品成本每年递减（　　）。

11. 商业周期往往经历了从萧条、复苏、繁荣再萧条、复苏、繁荣……的过程，这种变动称为（　　）变动。

12. 发展速度的连乘积等于（　　）发展速度，（　　）、（　　）增长量之和等于（　　）增长量。

13. 由相对数时间数列计算序时平均数时，先要计算出（　　）和（　　）的序时平均数，最后将计算结果对比即可。

14. 平均发展速度的两种计算方法是（　　）和（　　）。

四、判断题（把正确的符号"√"或错误的符号"×"填写在题前的括号内）

1.（　　）环比发展速度的连乘积等于定基发展速度，因此环比增长速度的连乘积也等于定基增长速度。

2.（　　）根据发展的战略目标，某产品产量 20 年要翻两番，即增加 4 倍。

3.（　　）某企业生产某种产品，其产量每年增加 5 万吨，则该产品产量的环比增长速度年年下降。

4. （　　）两个相邻时期的定基发展速度之商等于相应的环比发展速度。

5. （　　）某高校历年毕业生人数时间数列是时期数列。

6. （　　）平均增长速度 = 平均发展速度 + 1。

7. （　　）发展水平只能用绝对数表示。

8. （　　）若平均发展速度大于 100%，则环比发展速度也大于 100%。

9. （　　）在各种动态数列中，指标值的大小都受到指标所反映的时期长短的制约。

10. （　　）发展水平就是动态数列中的每一项具体指标数值，只能表现为绝对数。

11. （　　）若将 1990—1995 年年底国有企业固定资产净值按时间先后顺序排列，则此种动态数列称为时点数列。

12. （　　）定基发展速度等于相应各个环比发展速度的连乘积，所以定基增长速度也等于相应各个环比增长速度的积。

13. （　　）发展速度是以相对数形式表示的速度分析指标，增长量是以绝对数形式表示的速度分析指标。

14. （　　）定基发展速度和环比发展速度之间的关系是两个相邻时期的定基发展速度之积等于相应的环比发展速度。

15. （　　）若逐期增长量每年相等，则其各年的环比发展速度是年年下降的。

16. （　　）若环比增长速度每年相等，则其逐期增长量也是年年相等的。

17. （　　）某产品产量在一段时期内发展变化的速度平均来说是增长的，因此该产品产量的环比增长速度也是年年上升的。

18. （　　）已知某市工业总产值 2001 年至 2005 年年增长速度分别为 4%、5%、9%、11% 和 6%，则这五年的平均增长速度为 6.97%。

19. （　　）平均增长速度不是根据各个增长速度直接求得的，而是根据平均发展速度计算的。

五、简答题

1. 什么是时间数列？它的构成要素是什么？它具有什么重要作用？

2. 时期数列和时点数列有哪些不同的特点？

3. 如何由时点数列计算序时平均数？

4. 如何由时期数列计算序时平均数？

5. 如何由相对指标（或平均指标）时间数列计算序时平均数？

6. 平均发展速度是不是序时平均数？它与一般的序时平均数有何不同？

7. 用数学模型法测定长期趋势的基本思想是什么？其步骤是什么？

8. 平均发展速度的两种计算方法各有什么特点？应用时应注意什么？

9. 时间数列预测方法的主要特点是什么？常用的基本预测方法有哪几种？各有何特点？

10. 某炼钢厂连续五年钢产量资料如表 7 – 25 所示。

要求：

（1）编制一个统计表，列出下列动态分析指标：发展水平与平均发展水平；增长量（逐期和累计）与平均增长量；发展速度（环比和定基）与平均发展速度；增长速度（环比和定基）与平均增长速度；增长 1% 绝对值（环比和定基）。

（2）就表 7 – 25 中数值说明下列各种关系：

①发展速度和增长速度的关系；
②定基发展速度和环比发展速度的关系；
③增长 1% 绝对值与基期发展水平的关系；
④增长量、增长速度与增长 1% 绝对值的关系；
⑤逐期增长量和累计增长量的关系；
⑥平均发展速度与环比平均发展速度的关系；
⑦平均发展速度与平均增长速度的关系。

表 7－25　某炼钢厂连续五年钢产量资料

时间	第一年	第二年	第三年	第四年	第五年
钢产量/万吨	20	24	36	54	75.6

六、计算题

1. 某地区人口自然增长情况如表 7－26 所示，试计算该地区在“十一五”时期年平均增加人口数量。

表 7－26　某地区人口自然增长情况

年份	2006	2007	2008	2009	2010
比上年增加人口/人	1 656	1 793	1 726	1 678	1 629

2. 某商店 2010 年各月末商品库存额资料如表 7－27 所示。又知 1 月 1 日商品库存额为 63 万元，试计算上半年、下半年和全年的平均商品库存额。

表 7－27　某商店 2010 年各月末商品库存额资料

月份	1	2	3	4	5	6	8	11	12
库存额/万元	60	55	48	43	40	50	45	60	68

3. 某工厂 2009—2011 年总产量值及各季季初职工人数资料如表 7－28 所示。

要求：

（1）计算该工厂各年的平均职工人数。

（2）计算该工厂各年的平均劳动生产率。

表 7－28　某工厂 2009—2011 年总产量值及各季季初职工人数资料

年份	总产值/万元	季初职工人数/人				备注
		第一季度	第二季度	第三季度	第四季度	
2009	243	203	234	252	255	2011 年年底职工人数为 460 人
2010	445	272	293	315	330	
2011	820	354	370	406	420	

4. 某企业 2005 年 1—4 月商品销售额和职工人数资料如表 7－29 所示，根据资料计算第一季度月的平均劳动生产率。

表 7 - 29 某企业 2005 年 1—4 月商品销售额和职工人数资料

月份	1	2	3	4
商品销售额/万元	90	124	143	192
月初职工人数/人	58	60	64	66

5. 某企业 2009 年库存额资料如表 7 - 30 所示，试计算 2009 年月平均库存额。

表 7 - 30 某企业 2009 年库存额资料

时间	1 月 1 日	3 月 1 日	5 月 1 日	8 月 1 日	11 月 1 日	12 月 31 日
库存额/万元	250	270	290	300	310	320

6. 某企业 2011 年各季计划产值及计划完成程度资料如表 7 - 31 所示，试计算该企业 2011 年季平均计划完成程度。

表 7 - 31 某企业 2011 年各季计划产值及计划完成程度资料

	第一季度	第二季度	第三季度	第四季度
计划产值/万元	860	887	875	898
计划完成程度/%	130	135	138	125

7. 某企业 2010—2015 年某产品产量资料如表 7 - 32 所示，试将表中空格数据添齐。

表 7 - 32 企业 2010—2015 年某产品产量资料

年份	2010	2011	2012	2013	2014	2015
产量/万件	500	550	604	664	700	735
逐期增长量/万件	—					
累计增长量/万件	—					
环比发展速度/%	—					
定基发展速度/万件	0					
增长 1% 的绝对值/万件	—					

8. 试根据表 7 - 33 所示资料推算出有关指标并填入表 7 - 33。

表 7 - 33 2006—2011 年某产品产量与去年相比情况

年份	产量/万件	与去年相比			
		增长量/万件	发展速度/%	增长速度/%	增长 1% 的绝对值/万件
2006	95. 2	—	—	—	—
2007		4. 8			
2008			104. 0		
2009				5. 8	
2010					
2011		5			1. 15

9. 某企业历年若干指标资料如表 7 – 34 所示。根据资料，计算表中所缺的数字。

表 7 – 34　某企业历年若干指标资料

年份	发展水平	增减量/万元		平均增减量	发展速度/%		增减速度/%	
		累计	逐期		定基	环比	定基	环比
2006	285							
2007				42. 5				
2008		106. 2						
2009							45. 2	
2010						136. 0		
2011								3. 2

10. 某商场历年销售额资料如表 7 – 35 所示，试根据资料计算有关的分析指标。

表 7 – 35　某商场历年销售额资料

年份		2000	2001	2002	2003	2004	2005
发展水平							
增长量/万元	累计			106. 2			
	逐期		42. 5				
发展速度%	定基						
	环比					136. 0	
增长速度%	定基				45. 2		
	环比						3. 2
增长 1% 的绝对值/万元			2. 85				

11. 某市 2011 年社会商品零售总额为 68 亿元，比 2008 年增长 54. 6%，而用的商品零售额占社会零售总额的比例已由 8. 2% 上升为 32. 2%，问用的商品零售额平均每年的增长速度是多少？

12. 某厂 2000 年的产值为 500 万元，规划 10 年内产值翻一番，试计算：

（1）从 2001 年起，每年要保持怎样的平均增长速度，产值才能在 10 年内翻一番？

（2）若 2000—2002 年的平均发展速度为 105%，那么后 8 年应有怎样的速度才能做到 10 年翻一番？

（3）若要求提前两年达到产值翻一番，则每年应有怎样的平均发展速度？

13. 某工厂的工业总产值 2008 年比 2007 年增长 7%，2009 年比 2008 年增长 10. 5%，2010 年比 2009 年增长 7. 8%，2011 年比 2010 年增长 14. 6%，要求以 2007 年为基期计算 2008 年至 2011 年该厂工业总产值增长速度和平均增长速度。

14. 某地区 2010 年年底人口数为 3 000 万人，假定以后每年以 9‰的增长率增长；又假定该地区 2010 年粮食产量为 220 亿斤，要求到 2015 年平均每人粮食达到 850 斤，试计算

2015 年的粮食产量应该达到多少斤？粮食产量每年平均增长速度如何？

15. 某地区 2003—2007 年水稻产量资料如表 7 - 36 所示，试建立直线趋势方程，并预测 2009 年的水稻产量。

表 7 - 36　某地区 2003—2007 年水稻产量资料

年份	2003	2004	2005	2006	2007
水稻产量/万吨	320	332	340	356	380

16. 已知 2000—2009 年我国交通运输与邮电通信业增加值（亿元）的资料如表 7 - 37 所示，试根据资料用最小二乘法拟合直线趋势方程。

表 7 - 37　2000—2009 年我国交通运输与邮电通信业增加值的资料

年份	2000	2001	2002	2003	2004	2005	2006	2007	2008	2009
增加值/亿元	1 147.5	1 409.7	1 681.8	2 123.2	2 685.9	3 054.7	3 494.0	3 797.2	4 121.3	4 459.5

17. 设某地区人均收入与耐用消费品销售资料如表 7 - 38 所示。通过分析，已知人均收入的长期趋势为直线型，而且人均收入与耐用消费品销售额亦为直线相关，试由资料预测 2011 年的耐用消费品销售额。

表 7 - 38　某地区人均收入与耐用消费品销售资料

年份	人均月收入/元	耐用消费品销售额/万元
2005	340	82
2006	380	90
2007	450	100
2008	470	114
2009	560	140
2010	620	144

第八章

统计指数

学习目标

- 掌握指数的概念、作用及种类
- 掌握综合指数的概念及编制方法
- 了解拉氏和派氏指数的编制方法
- 掌握平均指数的概念及种类
- 掌握平均指数的编制方法
- 理解指数体系的概念及作用
- 掌握综合指数的因素分析方法

案例导入

2010 年 7 月居民消费价格（CPI）同比上涨 6.5%，食品价格上涨 14.8%，工业品出厂价格（PPI）同比上涨 7.5%，创 37 个月新高。

但在很多老百姓看来，现实市场物价的快速上涨可能远远超过这个数字。为了减轻百姓的过多担心，宏观经济部门的官员和专家对 7 月的经济运行数据进行了深入的解析。其结论性的内容是：食品涨价翘尾是主因；目前 CPI 仍属于温和上涨；三季度或迎来物价拐点。这样的解析不能说不符合实际，但多少让百姓摸不着头脑。给百姓的概念是“温和”，其意思是没什么大事。另外，用了一个“拐点”的经济名词，很多百姓还不知道“拐点”到底表述的是什么，认为创了新高之后就将很快回落。

当下，有个现实的问题不能回避，那就是老百姓在日常生活中所感受到的 CPI 和目前的 6.5% 有着很大的距离。老百姓对市场每天的变化都有着最真切的体会，目前无论是猪肉还是粮食、鸡蛋、蔬菜等食品的价格，都正处于一个全面持续上涨的态势，而市场的价格表现要先于统计部门的数据，同时推动市场价格上涨的因素可以说也在继续增强，这就使得老百姓对价格的担心也在持续增大。

其结果就变得十分明显，那就是通胀的压力。从经济学的角度来看，通货膨胀（Inflation）指在纸币流通条件下，货币供给大于货币实际需求，即现实购买力大于产出供给，导致货币贬值，从而引起一段时间内物价持续而普遍地上涨的现象。其实质是社会总需求大于社会总供给（供远小于求）。而现实的市场表现可以说比通胀的定义复杂得多。

一方面，老百姓的收入不仅没有大幅度提高，同时已连续6个月的负利率，相当于百姓手中的财富已在缩水；另一方面，从央行的最新数据显示，货币增速在持续回落。很显然，目前物价上涨的因素，一个是市场物价的本身因素，另一个就是在市场中仍有着过量的人民币，使国内物价总水平处于上涨态势。

超发的货币，不能不说和应对国际金融危机的刺激政策有关，但当面对危机时还不能不刺激。管理好通胀预期，其实是应该早有准备的，但当下在经济复苏的过程中，不得不继续执行适度宽松的货币政策。是否因通胀的压力而加息？现在看来很难，这就是中国经济中的两难。

最近，著名经济学家厉以宁提出：对现阶段的我国经济而言，最怕的是“滞涨”而不是单纯地通胀。

那什么又是“滞涨”呢？滞胀的全称为停滞性通货膨胀（Stagflation），在经济学，特别是宏观经济学中，特指经济停滞（Stagnation）与高通货膨胀（Inflation），存在于失业以及不景气的经济现象中。通俗地说，就是指物价上升，但经济停滞不前。它是通货膨胀长期发展的结果。

对于我国可能出现的通货膨胀应采取怎样的治理措施呢？面对中国经济发展中的诸多问题，尤其是在宏观调控过程中，不能对一些复杂问题做简单的判断，不能顾此失彼。应对通货膨胀，尤其是要预防“滞涨”的发生，有必要采取灵活、多样的组合政策。

因此，当务之急就是要市场的价格稳定下来，尤其是与百姓日常生活密切相关的猪肉、粮食、鸡蛋和蔬菜，而这也是关乎民生的大事。把老百姓心中的CPI解决好了，对应对通胀还是滞涨都将是最大的利好，在这一点上，可以说也是中国的国情。采取更有针对性的措施，保障市场供应和价格基本稳定，会给处理当前的两难带来积极的作用。在这样的环节上，其实更应该引起高度的重视。

思考

CPI是如何编制出来的？它的作用是什么？现实生活中你经常听到或看到哪些指数？它们都反映了什么？

第一节　统计指数概述

一、统计指数的概念及特点

（一）概念

从1675年美国经济学家伏亨首创物价指数至今，统计指数的研究与运用已有三百多年的历史。最初的指数仅限于反映单一商品价格的变动，后来人们逐渐研究出反映多种商品价格综合变动程度的指数方法。指数的研究也从物价指数逐步扩展到产量、工资、成本、劳动生产率、购买力等，并且从反映现象动态变化向反映现象静态差异延伸。指数已在经济生活中得到广泛应用，是一种常用的重要分析方法。其中有些指数，如居民消费价格指数，与人们的日常生活休戚相关，可以反映市场价格动态、货币流通状况以及对居民生活的影响；有些指数，如股票价格指数、经济增长指数等，则直接影响人们的投资活动，被称作社会经济的晴雨表。指数不仅能反映和分析社会经济状况、进行经济预测，而且还被应用于质量、效益、国力、社会发展水平的综合评价研究。

指数的概念有广义和狭义之分。从广义上讲，一切说明社会经济现象数量变动的相对数都是指数。从狭义上讲，指数是一种特殊的相对数，是表明复杂现象总体数量综合变动程度的相对数。所谓的复杂现象总体，是指那些由于各个部分的不同性质而在研究其数量特征时不能直接加总和直接对比的总体。例如，不同使用价值的产品，其产量、单位成本、价格等是不能直接相加和对比的。因此，由不同的产品组成的总体便是一个复杂现象总体。由于复杂现象总体内各个部分的性质不同，因此其数量不能直接综合，那么如何反映复杂现象总体数量的综合变动情况呢？这就需要计算狭义的指数。本章重点研究狭义指数的编制方法及其应用。

（二）指数的特点

（1）指数一般采用相对比率对有关现象进行比较分析。

（2）反映复杂现象的指数具有综合的性质，综合地反映了复杂现象总体的数量变动关系。指数作为一种测定方法，其核心就是要解决如何对不同质的量进行综合的问题。

（3）反映复杂现象的指数具有平均的性质，反映复杂现象总体中各个单位变动的平均水平。如商品综合价格指数所表明的是各种商品价格变动的平均水平。

二、统计指数的种类

根据不同的目的和任务，统计指数可以划分为不同的种类。

（一）根据反映现象的范围不同，分为个体指数和总指数

反映单一事物变化的比较指标就是个体指数。如反映一种商品价格变动的个体价格指数，反映一种产品产量变动的个体产量指数，反映一种商品销售量变动的个体销售量指数，反映一种产品成本变动的个体成本指数等。反映多种事物综合变动的比较指标就是总指数，如反映多种商品价格综合变动的批发价格指数、零售价格指数，反映多种产品产量综合变动的工业品产量总指数，以及商品销售量总指数、成本总指数等。

（二）根据统计指标的不同，分为数量指标指数和质量指标指数

数量指标指数是用数量指标对比得出的指数，是反映总体规模变动情况的指数，如产品产量指数、商品销售量指数、职工人数指数等；质量指标指数是用质量指标对比得出的指数，是反映总体内涵数量变动情况的指数，如商品价格指数、工资水平指数、单位产品成本指数等。

（三）根据统计指标的表现形式不同，分为综合指数、平均数指数和平均指标指数

综合指数是通过对两个有联系的综合总量指标进行对比计算出来的总指数；平均数指数是用个体指数以加权平均的方法计算出来的总指数，有算术平均数指数和调和平均数指数之分；平均指标指数是通过两个有联系的加权平均数对比计算的总指数。

（四）根据指数说明的因素多少不同，分为两因素指数和多因素指数

两因素指数是反映由两个因素构成的总体变动情况指数；多因素指数则是反映三个或三个以上因素构成的总体变动情况的指数。

（五）根据指数采用的基期不同，分为定基指数和环比指数

一系列在时间上前后衔接的统计指数形成指数数列。在同一指数数列中的各个指数都是以某一固定时期作为基期的，称为定基指数；而各个指数都是以前一时期作为基期的，则为环比指数。

三、统计指数的作用

作为一种特殊的统计计算和分析的方法，指数法在经济分析中有着广泛的应用。其基本作用可以概括为三个方面。

（一）可以说明不能直接相加和对比的社会经济现象综合变动的方向和程度

无论是在宏观还是微观的经济管理与分析中，都经常需要以多种不同事物为总体进行研究。指数的计算结果一般用百分数表示，这个百分数大于或小于100%，表示变动方向为升或降，这个百分数与100%的差数，表示升降变动的程度。例如，零售物价指数为105%，说明各种商品的价格有升有降，但总的来讲，或者说平均来讲，上涨了5%。

（二）可以分析受多种因素影响的现象的总变动中各因素变动影响的方向和程度

许多现象的数量变化是由若干因素共同变动引起的，这种受多种因素影响的现象的数量往往表现为若干因素的连乘积，例如，商品销售额 = 商品销售量 × 商品销售价格，工资总额 = 职工人数 × 工资水平，等等。运用指数分析法，可以分别测定出每个因素的变动对现象总动态的影响方向、影响程度以及影响的绝对值。

（三）可以编制指数数列，反映社会经济现象在长时期内的变动趋势

按时间的先后顺序，将不同时期的指数数值排列起来，就形成了指数数列。指数数列可以反映客观现象的连续变化，从动态上反映事物发展变化的趋势。

第二节　综合指数

一、综合指数的概念

综合指数是总指数的基本编制形式，是由两个有联系的总量指标对比的结果。要求对比的总量指标要能够分解成为两个或两个以上的因素，在对比过程中，仅分析其中一个因素的变化，而把剩余的一个或一个以上的因素固定下来。用这种方法编制出来的总指数为综合指数。综合指数可分为数量指标指数和质量指标指数。

二、综合指数的编制

1. 综合指数的编制原则

1）确定同度量因素

根据所研究现象的特点和现象之间的关系，确定同度量因素。为解决复杂总体中各个个

体由于使用价值、经济用途、计量单位、规格等不同而不能直接加总和对比的问题，需要引入一个媒介因素，使不能直接加总和对比的现象变成能够直接相加、直接对比的现象，这个因素称为同度量因素。同度量因素不仅起着媒介作用，而且起着权数的作用。

2）把同度量因素固定

要使同度量因素不影响所研究现象的变动，需要把总量指标中的同度量因素加以固定，以测定所要研究因素，即指数化指标的变动程度。至于应该把同度量因素固定在基期还是固定在报告期，要根据指数的性质及统计研究的目的来确定。

3）综合后将所计算的总量指标进行对比

利用同度量因素将各因素综合后进行对比，即得到综合指数的计算公式。

2. 综合指数的编制方法

1）数量指标指数的编制

数量指标指数是综合说明数量指标变动的相对数。现以商品销售量指数为例说明数量指标指数的编制方法。假设某商店三种商品的销售量和销售价格资料如表 8－1 所示。

表 8－1　某商店三种商品的销售量和销售价格资料

商品	销售量			单价/元		销售额/元		
	计量单位	基期 q_0	报告期 q_1	基期 p_0	报告期 p_1	$\sum p_0q_0$	$\sum p_1q_1$	$\sum p_0q_1$
甲	件	1 000	1 150	100	100	100 000	115 000	115 000
乙	米	2 000	2 200	50	55	100 000	121 000	110 000
丙	千克	3 000	3 150	20	25	60 000	78 750	63 000
合计	—	—	—	—	—	260 000	314 750	288 000

根据表 8－1 中的资料可以计算各种商品的销售量个体指数。其计算公式为

$$k_q = \frac{q_1}{q_0}$$

式中，k_q 代表数量指标个体指数；q_1 代表报告期数量指标；q_0 代表基期数量指标。

$$\text{甲商品 } k_q = \frac{q_1}{q_0} = \frac{1\ 150}{1\ 000} = 115\%$$

$$\text{乙商品 } k_q = \frac{q_1}{q_0} = \frac{2200}{2\ 000} = 110\%$$

$$\text{丙商品 } k_q = \frac{q_1}{q_0} = \frac{3\ 150}{3\ 000} = 105\%$$

从计算的个体指数可以看出，三种商品的销售量呈现出不同幅度的变化。但销售量个体指数只能反映每种商品销售量的变动幅度，要反映三种商品销售量总的变动情况，就需要计算三种商品的销售量综合指数。

根据上述资料计算销售量指数时，首先遇到的一个问题是：这三种商品的销售量不能直接相加，因为这三种商品使用价值和计量单位均不同。但通过引入同度量因素价格，将三种商品的销售量分别乘以对应的价格，使销售量转变为可以直接相加的销售额。在此价格成为同度量因素。

那么，同度量因素价格应该固定在基期还是报告期呢？为了反映商品销售量的总变动情况，通常将基期价格作为同度量因素。计算公式如下：

$$销售量综合指数 = \overline{k_q} = \frac{\sum p_0 q_1}{\sum p_0 q_0}$$

式中，$\overline{k_q}$代表销售量综合指数；p_0代表基期价格；q_0，q_1分别代表基期和报告期的销售量。

式中的分子是报告期销售量按基期价格计算的商品销售额，分母是基期的实际销售额。式中分子 $\sum p_0 q_1$ 与分母 $\sum p_0 q_0$ 相比，可反映三种销售量综合变动的相对程度。

式中的分子 $\sum p_0 q_1$ 与分母 $\sum p_0 q_0$ 之差，说明三种商品由于销售量的变动而增加或减少的商品销售额。

这种计算方法是在 1864 年由德国经济学家拉斯贝尔（Etienne Laspeyres，1834—1913 年）首先提出的，因而又称为拉斯贝尔数量指标指数公式。

将表中数字代入公式计算，得

$$\overline{k_q} = \frac{\sum p_0 q_1}{\sum p_0 q_0} = \frac{288\ 000}{260\ 000} = 1.107\ 7 \text{ 或 } 110.77\%$$

$$\sum p_0 q_1 - \sum p_0 q_0 = 288\ 000 - 260\ 000 = 28\ 000(\text{元})$$

计算结果表明，报告期和基期相比甲、乙、丙三种商品的销售量综合提高了 10.77%，销售量的增长使销售额增加了 28 000 元。

由此，可以得出编制数量指标综合指数的一般原则：在编制数量指标指数时，用质量指标作同度量因素，并且把同度量因素固定在基期。

在编制数量指标指数时，能否把同度量因素固定在报告期呢？若将同度量因素固定在报告期，则得到下列计算公式：

$$\overline{k_q} = \frac{\sum p_1 q_1}{\sum p_1 q_0}$$

此公式是由另一德国经济学家派许（Herman Paasche，1851—1925 年）在 1874 年提出的，亦称为派许数量指标指数公式。它的编制原则是：在编制数量指标指数时，将作为同度量因素的质量指标固定在报告期。通常在实际应用过程中较少采用这种方法。

2）质量指标指数的编制

质量指标指数是用来说明社会经济现象质量、效益、密度等变动情况的相对数，如价格指数、产品单位成本指数等。现以商品价格指数为例来说明质量指标指数的编制方法。

利用表 8-1 中所示资料，可以计算商品价格个体指数。其计算公式为

$$K_p = \frac{p_1}{p_0}$$

式中，K_p代表个体指数；p_1，p_0 分别代表报告期和基期的价格。

$$甲商品\ K_p = \frac{p_1}{p_0} = \frac{100}{100} \times 100\% = 100\%$$

$$乙商品\ K_p = \frac{p_1}{p_0} = \frac{55}{50} \times 100\% = 110\%$$

$$丙商品\ K_p = \frac{p_1}{p_0} = \frac{25}{20} \times 100\% = 125\%$$

从计算的个体价格指数可以看出，甲商品价格未变，乙商品价格上涨 10%；丙商品价格上涨 25%。要反映三种商品价格总变动情况，就要计算三种商品的价格综合指数。

在编制价格综合指数时，首先遇到的一个问题是，这三种商品的价格不能直接相加。但用销售量乘以价格可以得到销售额，而各种商品销售额是可以相加的。由于销售量使原来不能直接相加的价格转化成了可以相加的销售额，因此销售量被称为同度量的因素。

那么，销售量作为同度量因素应固定在报告期还是基期呢？为了反映三种商品价格总的变动情况，通常将销售量固定在报告期。

其计算公式如下：

$$\bar{k}_p = \frac{\sum p_1 q_1}{\sum p_0 q_1}$$

价格的变动引起的增加（或减少）的商品销售额为

$$\sum p_1 q_1 - \sum p_0 q_1$$

式中，$\bar{k}_p$代表价格综合指数；q_1代表报告期销售量；p_1，p_0分别代表报告期和基期的价格。

这种计算方法计算的指数又称为派许质量指标指数。

将表 8 -1 中资料代入上述公式，得出

$$价格综合指数 = \frac{\sum p_1 q_1}{\sum p_0 q_1} = \frac{314\ 750}{288\ 000} = 1.092\ 9 \text{ 或 } 109.29\%$$

价格提高引起的增加的销售额为

$$\sum p_1 q_1 - \sum p_0 q_1 = 314\ 750 - 288\ 000 = 26\ 750\ (元)$$

计算结果表明，报告期三种商品价格比基期综合提高了 9.29%，价格上涨使销售额增长了 26 750 元。

由此可以得出，编制质量指标指数的一般原则是：在编制质量指标指数时，用数量指标作同度量因素，并且把同度量因素固定在报告期。

在编制质量指标指数时，能否将同度量因素固定在基期呢？若将同度量因素固定在基期，则得到下列计算公式：

$$\bar{k}_p = \frac{\sum p_1 q_0}{\sum p_0 q_0}$$

此公式是由拉斯贝尔提出的，又称为拉斯贝尔质量指标指数公式。在实际应用中，此公式较少使用。

在统计和实际应用工作中，有时还要根据对社会经济现象研究的目的来确定编制指数的同度量因素。例如，将某一时期的产品价格或产量加以固定，称其为不变价格或固定产量，以此作为同度量因素，编制固定同度量因素综合指数。其计算公式为

$$k_q = \frac{\sum p_n q_1}{\sum p_n q_0}$$

$$k_p = \frac{\sum p_1 q_n}{\sum p_0 q_n}$$

式中，p_0 代表不变价格；q_n 代表固定产量。

第三节　平均数指数

综合指数是编制总指数的基本形式，反映了复杂社会经济现象的总体变动。它要求有全面的统计资料，如就物价指数而言，不仅要有全部商品的价格和销售量资料，而且还要有不同时期的系统记录。在统计工作中，要搜集全部商品在不同时期的价格和销售量资料，显然存在着一定困难。因此，在实际统计工作中，由于受到统计资料的限制，可以通过编制平均指数来计算总指数。

一、平均数指数的概念和种类

平均数指数是总指数编制的另外一种重要形式，是从构成复杂社会经济现象的各种因素出发，首先计算个体指数，通过对个体指数进行加权平均而得到总指数。平均数指数分为算术平均数指数和调和平均数指数两种。

二、平均数指数的编制方法

1. 加权算术平均数指数

加权算术平均数指数是在个体指数 $K_p = \frac{p_1}{p_0}$ 或 $K_q = \frac{q_1}{q_0}$ 的基础上以基期总值 p_0q_0 或报告期总值 p_1q_1 为权数，进行加权算术平均数计算而得到的总指数。在实际应用中，通常在个体数量指标指数的基础上，利用基期总值 p_0q_0 作权数，编制数量指标指数。

现以销售量指数为例，来说明算术平均数指数的编制方法。其计算公式为

$$\bar{k}_q = \frac{\sum Kq_0p_0}{\sum q_0p_0}$$

式中，$K = \frac{q_1}{q_0}$ 代表销售量个体指数；q_0p_0 代表基期销售额。

以表 8－1 的商品销售量资料为例，其具体计算结果如表 8－2 所示。

表 8－2　加权算术平均数指数计算

商品	销售量			个体指数/% $\left(K = \frac{q_1}{q_0}\right)$	基期销售额/元 q_0p_0
	计量单位	基期 q_0	报告期 q_1		
甲	件	1 000	1 150	115	100 000
乙	米	2 000	2 200	110	100 000
丙	千克	3 000	3 250	105	60 000
合计	—	—	—	—	260 000

根据表 8 －2 中资料计算求得

$$\bar{k}_q = \frac{\sum Kq_0p_0}{\sum q_0p_0} = \frac{115\% \times 10\,000 + 110\% \times 10\,000 + 105\% \times 60\,000}{10\,000 + 10\,000 + 6\,000}$$

$$= \frac{288\,000}{260\,000} = 1.1077 \text{ 或 } 110.77\%$$

商品销售量变动对商品销售额影响的绝对额为

$$\sum Kq_0p_0 - \sum q_0p_0 = 288\,000 - 260\,000 = 28\,000 \text{（元）}$$

计算结果表明，三种商品销售量报告期比基期提高了 10.77%，从而使商品销售额增加了 28 000 元。

计算结果及经济意义与以基期质量指标作为同度量因素计算的综合指数的计算结果完全相同，这表明在一定条件下加权算术平均数指数是数量指标综合指数的变形。其条件是，编制数量指标指数时，在个体数量指标指数的基础上，以基期总值为权数，采用加权算术平均数形式进行加权，计算出的结果与拉氏数量指标指数的结果相同。

2. 加权调和平均数指数

加权调和平均数指数，是在个体指数的基础上，利用加权调和平均数形式进行加权计算而得到的总指数。在实际应用中，通常在个体质量指标指数的基础上，利用报告期总值 p_1q_1 作权数，来编制质量指标总指数。

现以商品价格指数为例，来说明加权调和平均数指数的编制方法。

其计算公式为

$$\bar{k}_p = \frac{\sum p_1q_1}{\sum \frac{p_1q_1}{K}}$$

式中，$K = \frac{p_1}{p_0}$代表价格个体指数；p_1q_1 代表报告期销售额。

仍以表 8 －1 的商品销售价格为例，其具体计算结果如表 8 －3 所示。

表 8 －3　加权调和平均数指数计算

商品	价格/元			个体指数/% $\left(K=\frac{p_1}{p_0}\right)$	报告期销售额/元 (p_1q_1)	$\sum \frac{p_1q_1}{K}$/元
	计量单位	基期 p_0	报告期 p_1			
甲	件	100	100	100	115 000	115 000
乙	米	50	55	110	121 000	110 000
丙	公斤	20	25	125	78 750	63 000
合计	—	—	—	—	314 750	288 000

根据表 8 －3 资料计算求得

$$\bar{k}_p = \frac{\sum p_1q_1}{\sum \frac{p_1q_1}{K}} = \frac{314\,750}{288\,000} = 1.092\,9 \text{ 或 } 109.29\%$$

商品销售价格提高对商品销售额影响的绝对额为

$$\sum p_1q_1 - \sum \frac{p_1q_1}{K} = 314\ 750 - 288\ 000 = 26\ 750(\text{元})$$

计算结果表明，三种商品销售价格报告期比基期综合提高了 9.29%，从而使商品销售额增加了 26 750 元。

计算结果及经济意义与以基期、报告期数量指标作为同度量因素计算的综合指数结果完全相同。这表明在一定特定条件下加权调和平均数指数是综合指数的变形。其条件是：编制质量指标指数时，在个体质量指标指数的基础上，以报告期总值为权数，采用加权调和平均数形式进行加权，计算出的结果与派氏质量指标指数的结果相同。

三、平均指数的应用

固定平均指数具有独立的形式和应用价值，在国内外已得到广泛的使用。在实际工作中，常把平均指数的权数固定，一段时期内不变，这种权数叫固定权数。目前，在我国经济统计中，常见的固定权数的平均指数有商品零售价格指数、工业生产指数和股票价格指数等。这种形式的平均指数应用进来比较方便，一旦到得权数资料，便可在较长时间内使用，不仅减少了工作量，还具有较强的可比性。下面以商品零售物价格指数为例，说明固定权数平均指数的应用。

商品零售物价格指数采用加权算术平均数指数公式计算，其公式为

$$K = \frac{\sum K_pW}{\sum W}$$

式中，K_p代表各种代表性商品的价格个体指数；W 代表各类零售商品占全部商品零售额的比例。

我国编制商品零售物价指数时，统一规定了商品分类。把全部零售商品分为食品、衣着、日用品、文化娱乐用品、书报杂志、药及医疗用品、建筑材料和燃料八大类。大类以下划分出中类，中类下再划分出小类，然后在不同类别中选取一种或几种有代表的商品作为代表。各大类、中类、小类中各部分零售额比例之和都为 100%。各大类的权数基本符合当地人民的消费构成，根据上年度前三季度消费品零售额和第四季度零售额，并对照本年度市场变化情况确定。每年确定一次权数，年内不变。因此，各小类的加权平均指数便是中类的指数，各中类的加权平均指数便是大类的指数，各大类的加权平均指数就是总指数，即商品零售物价指数。

现以细小类价格指数为例（见表 8－4），说明商品零售物价指数的编制方法。

表 8－4　某市细粮零售物价指数计算表

商品	代表规格品	计量单位	平均价格/元		个体指数/%	权数/%	K_pW
			基期 p_0	报告期 p_1	$K_p = \frac{p_1}{p_0}$	W	
大米	二等米	千克	1.88	2.03	107.98	80	8 638
面粉	标准粉	千克	2.16	2.16	100	20	2 000
合计	—	—	—	—	—	100	10 638

根据表 8－4 的资料，某市细粮小类商品零售物价指数为

$$K_p = \frac{\sum k_p W}{\sum W} = 10\ 638/100 = 106.38\%$$

同理，可依次计算出中类指数、大类指数和零售商品的物价总指数。实践证明，采用这种方法编制的物价指数反映了商品价格变化水平的变化趋势和程度。

以上编制零售物价指数的方法，同样适用于编制工业品出厂价格指数、股票价格指数等。西方国家的工业生产指数也采用此种方法。

第四节　指数体系与因素分析

一、指数体系的概念及作用

（一）指数体系的概念

这里讨论的指数体系是指指数之间存在的相互联系，是事物或现象之间的静态联系在动态上的推广。社会经济现象是复杂的，在现实生活中，有些现象总体是由两个或两个以上的因素构成的，而这些构成因素在经济意义和数量上都存在着广泛的联系。例如：

销售额 = 销售量 × 销售价格

总成本 = 产量 × 单位成本

工资总额 = 职工人数 × 平均工资

将这些静态联系推广到动态上，即有如下指数体系：

销售额指数 = 销售量指数 × 销售价格指数

总成本指数 = 产量指数 × 单位成本指数

工资总额指数 = 职工人数指数 × 平均工资指数

这种由两个或两个以上的指数构成，并存在一定数量关系、在性质上相互联系的指数系列，就构成指数体系。利用指数体系可以分析社会经济现象各种因素的变动，以及它们对总体发生作用的影响程度。

（二）指数体系的作用

1. 进行因素分析

因素分析是利用指数体系从数量方面分析现象总变动中，各影响因素对其影响的方向、程度以及绝对效果。为了更好地应用这一方法，在进行因素分析对，应注意以下几个问题：

（1）因素分析要以指数体系为基本依据。在指数体系中，总变动指数与影响因素指数数量关系表现在两方面：一是从相对数上看，总变动指数等于各影响因素指数的乘积；二是从绝对数上看，总变动指数分子与分母的差额等于各影响因素分子与分母差额之和。

（2）当测定某一因素变动影响时，必须将其他因素固定下来，固定的方法以综合指数编制的一般原理为依据，即测定数量指标因素变动影响时，将作为同度量因素的质量指标固定在基期；测定质量指标因素变动影响时，将作为同度量因素的数量指标固定在报告期。需要注意的是，在进行多因素分析时，判断各影响因素指标是数量指标还是质量指标是两两相比较而言的。例如，有指数体系如下：

原材料费用=产品产量×单位产品原材料消耗量×单位原材料价格

原材料总额指数=产品产量指数×单位产品原材料耗量（单耗）指数×
单位原材料价格指数（单价）

在这个指数体系中，产品产量与单耗比较，产品产量是数量指标，单耗是质量指标；而单耗与单价比较，单耗又成了数量指标，单价则是质量指标。

（3）在进行多因素分析时，要注意各影响因素指数的合理排序问题，一般是数量指标指数在先，质量指标指数在后。

2. 进行指数间的推算

例如，在一个指数体系中，如果有三个指数，只要已知其中两个指数就可以利用指数体系推算出另外一个指数。例如，某县农副产品收购量比上期增加20%，收购额比上期增加14%，那么收购价格是如何变化的呢？根据下列指数体系：

农副产品收购额指数=农副产品收购量指数×收购价格指数

计算得出收购价格指数为95% $\left(\frac{1.14}{1.20}\times 100\%\right)$，即本期收购价格比上期降低了5%。

二、综合指数的因素分析

编制指数体系的目的主要是从相对数和绝对数两个方面来测定各个因素对现象变动的影响，因而指数体系是因素分析的依据。

因素分析的步骤如下：

（1）根据社会经济现象之间的相互关系，编制指数体系。

（2）分析复杂现象总变动程度和总变动规模。

（3）分别分析各个因素的变动对复杂现象总变动的影响程度和影响的绝对值。

（4）综合分析各个因素的变动对复杂现象总的影响方向和程度。

指数体系因素分析按照现象的复杂程度，分为简单现象因素分析和复杂现象因素分析；按照包括因素的多少，分为两因素分析和多因素分析；按照分析的总变动指标性质不同，分为总量指标分析和平均指标分析。上述分类在实际应用中可以交错结合。

（一）总量指标的两因素分析

总量指标的两因素分析的分析对象是总量指标的变动，该总量指标可以分解为两个因素，它受这两个因素的影响。仍以表8－1中的资料说明两因素指数体系分析的步骤及方法，计算过程如表8－5所示。

表8－5　商品销售额指数体系分析计算表

商品	销售量			单价/元		销售额/元		
	计量单位	基期 q_0	报告期 q_1	基期 p_0	报告期 p_1	$\sum p_0q_0$	$\sum p_1q_1$	$\sum p_0q_1$
甲	件	1 000	1 150	100	100	100 000	115 000	115 000
乙	米	2 000	2 200	50	55	100 000	121 000	110 000
丙	千克	3 000	3 150	20	25	60 000	78 750	63 000
合计	—	—	—	—	—	260 000	314 750	288 000

商品销售额指数可以分解为销售量指数和价格指数。三者之间的关系为

$$\frac{\sum p_1q_1}{\sum p_0q_0}=\frac{\sum p_1q_1}{\sum p_0q_1}\times\frac{\sum p_0q_1}{\sum p_0q_0}$$

运用这个指数体系对表 8 - 5 中销售额的变动分析如下：

$$销售额指数=\frac{\sum p_1q_1}{\sum p_0q_0}=\frac{314\ 750}{260\ 000}=1.210\ 6 或 121.06\%$$

销售额增加的绝对额为

$$\sum p_1q_1-\sum p_0q_0=314\ 750-260\ 000=54\ 750(元)$$

$$其中，销售量指数=\frac{\sum p_0q_1}{\sum p_0q_0}=\frac{288\ 000}{260\ 000}=1.107\ 7 或 110.77\%$$

销售量的增长使销售额增加的绝对额为

$$\sum p_0q_1-\sum p_0q_0=288\ 000-260\ 000=28\ 000(元)$$

$$价格指数=\frac{\sum p_1q_1}{\sum p_0q_1}=\frac{314\ 750}{288\ 000}=1.092\ 9=109.29\%$$

价格的上涨使销售额增加的绝对额为

$$\sum p_1q_1-\sum p_0q_1=314\ 750-288\ 000=26\ 750（元）$$

以上三个指数之间的关系表现为：

相对数：121.03% = 110.77% × 109.29%

绝对数：54 750 = 28 000 + 26 750

以上计算结果表明，报告期同基期相比，该商店三种商品的销售额增长了 21.03%，增加的绝对额为 54 750 元。其中，销售量增长 10.77%，使销售额增加了 28 000 元；价格上涨 9.29%，使销售额增加 26 750 元。结果说明，该商店销售额的增长是销售量提高和价格上涨的结果。

（二）总量指标多因素分析

社会经济现象的变动，不仅受两个因素的影响，而且可能受三个或三个以上更多的因素影响。例如，原材料费用总额的变化，受原材料价格、单位产品原材料消耗量和产品产量三个因素的影响。这种对三个或三个以上因素的现象进行的分析，称为多因素分析。在实际应用中，由于多因素中包含的现象因素较多，因此指数体现的分析过程比较复杂。对多因素现象的变动进行因素分析时，应注意以下几个方面：

第一，多因素分析的基本依据依然是指数体系，即各因素指数的乘积等于总变动指数，各因素影响的绝对额之和等于总量指标实际变动的差额。

第二，在多因素变动分析时，为测定某一因素变动的影响，必须将其他两个或两个以上的因素固定不变。被固定的因素应固定在哪个时期，通常按照综合指数的编制原则来确定。

第三，根据现象各因素之间相互的联系，确定各因素的合理排序。一般是数量指标在前，质量指标在后的原则。如有多个数量指标或多个质量指标，则把相对而言的数量指标放在前面，相对而言的质量指标放在后面，并且相邻的两个指标乘积必须具有实际的经济意义。

综上所述，根据综合指数的编制原则，分析第一个数量指标变化时，将其后面的质量指标作为同度量因素固定在基期；分析第二个因素时，则在其前面的数量指标作为同度量因素依然固定在报告期，在其后面的质量指标作为同度量因素固定在基期，依次类推，直到分析完成为止。通常将上述多因素分析法叫作“连环替代法”。

现以表 8-6 中原材料费用总额为例，说明多因素指数体系的分析方法。其计算公式为

原材料总额指数 = 产品产量指数 × 单位产品原材料消耗量指数 × 单位原材料价格指数

表 8-6　某工业企业某产品原材料支出额因素分析计算

原材料种类	产量			单位产品原材料消耗量		单位原材料价格/元		原材料支出额/元			
	计量单位	基期 q_0	报告期 q_1	基期 m_0	报告期 m_1	基期 p_0	报告期 p_1	$q_0m_0p_0$	$q_1m_1p_1$	$q_1m_0p_0$	$q_1m_1p_0$
甲	千克	800	1 000	0.6	0.5	20	21	9 600	10 500	12 000	10 000
乙	米	500	500	1.2	1.1	15	14	9 000	7 700	9 000	8 250
丙	米	1 000	1 200	2.4	2.5	30	28	7 200	84 000	86 400	90 600
合计	—	—	—	—	—	—	—	90 600	102 200	107 400	108 250

具体分析步骤如下：

$$\text{原材料指数} = \frac{\sum q_1m_1p_1}{\sum q_0m_0p_0} = \frac{102\ 200}{90\ 600} = 1.128 \text{ 或 } 112.8\%$$

原材料支出增加的绝对额为

$$\sum q_1m_1p_1 - \sum q_0m_0p_0 = 102\ 200 - 90\ 600 = 11\ 600 \text{（元）}$$

其中，$\text{产量指数} = \dfrac{\sum q_1m_0p_0}{\sum q_0m_0p_0} = \dfrac{107\ 400}{90\ 600} = 1.185 \text{ 或 } 118.5\%$。

产量的增长使原材料支出额增加的绝对额为

$$\sum q_1m_0p_0 - \sum q_0m_0p_0 = 107\ 400 - 90\ 600 = 16\ 800 \text{（元）}$$

$$\text{单位产品原材料消耗量指数} = \frac{\sum q_1m_1p_0}{\sum q_1m_0p_0} = \frac{108\ 250}{107\ 400} = 1.008 \text{ 或 } 100.8\%$$

单位产品原材料消耗量的增长使原材料支出额增加的绝对额为

$$\sum q_1m_1p_0 - \sum q_1m_0p_0 = 108\ 250 - 107\ 400 = 850 \text{（元）}$$

$$\text{原材料价格指数} = \frac{\sum q_1m_1p_1}{\sum q_1m_1p_0} = \frac{102\ 200}{108\ 250} = 0.944 \text{ 或 } 94.4\%$$

原材料价格下跌使原材料支出额减少的绝对额为

$$\sum q_1m_1p_1 - \sum q_1m_1p_0 = 102\ 200 - 108\ 250 = -6\ 050 \text{（元）}$$

计算结果表明，该企业原材料支出额报告期比基期增长 12.8%，增加的支出额为11 600 元。其中，产品产量提高 18.5%，使原材料支出额增加 16 800 元；单位产品原材料消耗量增长 0.8%，使原材料支出额增加 850 元；原材料价格下降 5.6%，使原材料支出额减少

6 050 元。综合以上分析，该企业原材料支出额的变动关系可以用以下两个等式表明：

$$112.8\% = 118.5\% \times 100.8\% \times 94.4\%$$

$$11\ 600 = 16\ 800 + 850 + (-6\ 050)$$

第五节　几种常用的经济指数

一、居民消费价格指数

居民消费价格指数，是反映居民购买生活消费品、获得服务的价格水平变动趋势和程度的相对数，可用以分析价格水平变动对居民收入的影响，观察、研究居民生活水平的变化，为宏观经济分析与决策提供依据。

居民消费价格指数按计算范围不同，分为市（县）级、省（区）级和全国范围的居民消费价格指数，农村居民消费价格指数和城市居民消费价格指数，以反映各地和全国城乡不同经济条件下居民消费价格水平的变动情况。

（1）消费品、服务项目分类。国家统计局《居民消费价格指数商品及服务项目目录》将居民消费品和服务分为八大类，包括食品、烟酒及用品、衣着、家庭设备用品及维修服务、医疗保健及个人用品、交通和通信、娱乐教育文化用品及服务、居住。每个大类包括若干个中类，中类之下又设基本分类。

（2）代表规格品选择。由于消费品和服务项目繁多，各种价格经常变动，因此在实际工作中需要选择代表规格品。代表规格品选择的原则是：消费量较大，价格变动趋势和变动程度有较强的代表性，经济寿命较长，有发展前途的品种，选中的规格品之间性质差异大，是合格产品。

（3）居民消费价格指数的计算。计算程序为先计算基本分类指数，再计算中类、大类指数，最终计算居民消费价格总指数。

基本分类指数是用简单几何平均方法对若干代表规格品的个体指数进行平均。基本分类指数公式如下：

$$\mathrm{KI} = \sqrt[n]{k_{i1} \times k_{i2} \times \cdots \times k_{in}}$$

式中，k_{in}代表第 i 个基本分类的第 n 个代表规格品的个体指数。中类、大类指数及总指数用加权算术平均数逐层计算。其中权数为居民家庭用于某类消费品和服务的支出额占所有消费品和服务支出总额的比例，反映该类消费品和服务的价格变动在总指数形成中的影响程度。资料来源为城镇和农村居民住户抽样调查，权数确定后，在一年内固定不变。例如，中类指数的计算公式：

$$K = \frac{\sum kw}{\sum w}$$

式中，K 代表各类消费品价格指数；w 代表某类消费品和服务支出额占所有消费品和服务支出总额的比例。

二、农副产品收购价格指数

副产品收购价格指数反映了农副产品收购价格的综合变动，由此可考察农副产品收购价格的变动对农民收入和国家财政支出等方面的影响，为制定和实施有关农民、农业和农村政策提供依据。

农副产品收购价格指数采用以报告期实际收购额为权数的调和平均数指数来编制，计算公式为

$$\overline{K}=\frac{\sum p_1q_1}{\sum\frac{p_1q_1}{K}}$$

式中，$\overline{K}$ 代表各种农副产品收购价格指数；K 代表单项农副产品收购价格指数；p_1q_1 代表报告期农副产品收购总金额。

农副产品收购价格指数的编制程序为：先计算各种农副产品收购价格的个体指数，然后依次计算小类指数、大类指数直至总指数。

三、应用价格指数测定通货膨胀率

通货膨胀率是货币超发部分与实际需要的货币量之比，用以反映通货膨胀、货币贬值的程度；而价格指数则是反映价格变动趋势和程度的相对数。

通货膨胀率一般是环比值，即表明本期（年）比上期（年）价格水平上涨的相对程度。

（1）若价格指数是环比指数，则

$$\text{通货膨胀率}=\text{环比价格指数}-1$$

（2）若价格指数是定基指数，则

$$\text{通货膨胀率}=\frac{\text{报告期价格指数}}{\text{上一期价格指数}}-1$$

通货膨胀率常用百分数表示。若通货膨胀率的值大于0，则表明存在通货膨胀；若通货膨胀率的值小于0，则表明出现了通货紧缩，即一般价格水平下跌，币值提高。

四、股票价格指数

股票作为一种特殊的金融商品，也有价格。广义的股票价格包括票面价格、发行价格、账面价格、清算价格、市场价格，等等。狭义的股票价格，即通常所说的市场价格，也称股票行市。它完全随股票供求行情的变化而涨落。股票价格指数是根据精心选择的那些具有代表性和敏感性强的样本股票某时点平均市场价格计算的动态相对数，用于反映某一股票市场价格总的变动趋势。股票价格指数的单位习惯上用“点”表示，即以基期为100，每上升或下降1个单位称为1点。股票价格指数的计算方法有很多，但一般利用综合指数公式，以发行量为权数进行加权综合计算。其计算公式为

$$K=\frac{\sum p_{i1}q_{\text{发行}}}{\sum p_{i0}q_{\text{发行}}}$$

式中，K 为股票价格指数；p_{i1} 和 p_{i0} 分别为报告期和基期第 i 种样本股的平均价格，$q_{\text{发行}}$ 为第 i 种股票的报告期发行量（也有采用基期的）。

五、工业生产指数

工业生产指数概括反映一个国家或地区工业产品产量的综合变动程度，是衡量经济增长

水平的主要指标之一。世界各国都非常重视工业生产指数的编制，但采用的编制方法不完全相同。

在我国，工业生产指数是通过计算各种工业产品的不变价格产值来加以编制的，以综合指数公式的形式表示。其基本编制过程是：首先，对各种工业产品分别制定相应的不变价格标准（记为 p_n）。然后，逐项计算各种产品的不变价格产值，加总起来就得到全部工业产品的不变价格总产值。最后，将不同时期的不变价格总产值加以对比，就得到相应时期的工业生产指数。其计算公式为

$$\overline{K}_q = \frac{\sum q_1 p_n}{\sum q_0 p_n} \text{或} \overline{K}_q = \frac{\sum q_1 p_n}{\sum q_{n-1} p_n}$$

采用不变价格法编制工业生产指数时，只要具备了完整的不变价格产值资料就能够很容易地计算出有关的生产指数。但是不变价格的制定和不变价格产值的计算本身是一项非常浩繁的工作。要在整个工业生产领域运用不变价格计算完整的产值资料，还面临着许多实际问题。

在实践中，为了简化指数的编制工作，常常以各种工业品的增加值比例作为权数，并且将这种比例权数相对固定起来，连续地编制各个时期的工业生产指数。

六、货币购买力指数

货币购买力是指单位货币所能购买商品和服务的数量。货币购买力的变化直接反映币值的变化，并影响人们的生活水平。

货币购买力的大小同商品和服务价格的变动成反比，据此关系，通过编制货币购买力指数，可以反映货币购买力的变化。

$$\text{货币购买力指数} = \frac{1}{\text{居民生活费价格指数}}$$

由于物价变动会影响货币购买力，因此不同时期等量的货币收入（即名义收入）在剔除物价变动后得到的实际收入值往往不相等。在观察居民收入水平的变化时，必须考虑到物价的变动或货币购买力的变化，为此常使用如下的数量关系式：

$$\text{实际收入指数} = \text{名义收入指数} \times \text{货币购买力指数}$$

本章小结

指数的概念有广义和狭义之分。从广义上讲，一切说明社会经济现象数量变动的相对数都是指数。从狭义上讲，指数是一种特殊的相对数，是表明复杂现象总体数量综合变动程度的相对数。根据不同的目的和任务，统计指数可以划分为不同的种类：根据反映现象的范围不同，分为个体指数和总指数；根据统计指标的不同，分为数量指标指数和质量指标指数；根据统计指标的表现形式不同，分为综合指数、平均数指数和平均指标指数；根据指数说明的因素多少不同，分为两因素指数和多因素指数；根据指数采用的基期不同，分为定基指数和环比指数。作为一种特殊的统计计算和分析的方法，指数法在经济分析中有着广泛的应用：

（1）指数法可以说明不能直接相加和对比的社会经济现象综合变动的方向和程度。

（2）指数法可以分析受多种因素影响的现象的总变动中各因素变动影响的方向和程度。

（3）指数法可以编制指数数列，反映社会经济现象在长时期内的变动趋势。

综合指数是总指数的基本编制形式，是由两个有联系的总量指标对比的结果。综合指数可分为数量指标指数和质量指标指数。在编制综合指数时，首先确定同度量因素；其次把同度量因素所属时期固定；最后综合后将所计算的总量指标进行对比。编制数量指标综合指数的一般原则：在编制数量指标指数时，用质量指标作同度量因素，并且把同度量因素固定在基期。编制质量指标指数的一般原则：在编制质量指标指数时，用数量指标作同度量因素，并且把同度量因素固定在报告期。

在实际统计工作中，由于受到统计资料的限制，因此可以通过编制平均指数来计算总指数。平均数指数是总指数编制的另外一种重要形式，是从构成复杂社会经济现象的各种因素出发，首先计算个体指数，通过对个体指数进行加权平均而得到的总指数。平均数指数分为算术平均数指数和调和平均数指数两种。加权算术平均数指数：在实际应用中通常在个体数量指标指数的基础上，利用基期总值 p_0q_0 作权数，来编制数量指标指数。加权调和平均数指数，是在个体指数的基础上，利用加权调和平均数形式进行加权计算而得到的总指数。在实际应用中，通常在个体质量指标指数的基础上，利用报告期总值 p_1q_1 作权数，来编制质量指标总指数。

指数体系是由两个或两个以上的指数构成的，并存在一定数量关系、在性质上相互联系的指数系列，就构成指数体系。利用指数体系可以分析社会经济现象各种因素的变动，以及它们对总体发生作用的影响程度。利用指数体系可以进行因素分析和进行指数间的推算。

固定平均指数具有独立的形式和应用价值，在国内外已得到广泛的使用。在实际工作中，常把平均指数的权数固定，一段时期内不变，这种权数叫固定权数。目前，在我国经济统计中，常见的固定权数的平均指数有商品零售价格指数、工业生产指数、股票价格指数、居民消费价格指数、农副产品收购价格指数、货币购买力指数等。

技能训练题

一、单项选择题（在备选答案中，选择一个正确答案，将其序号写在括号内）

1. 社会经济统计中的指数是指（　　）。

A. 总指数　　B. 广义的指数

C. 狭义的指数　　D. 广义和狭义的指数

2. 根据指数所包括的范围不同，可把它分为（　　）。

A. 个体指数和总指数　　B. 综合指数和平均指数

C. 数量指数和质量指数　　D. 动态指数和静态指数

3. 编制综合指数时对资料的要求是必须掌握（　　）。

A. 总体的全面调查资料　　B. 总体的非全面调查资料

C. 代表产品的资料　　D. 同度量因素的资料

4. 拉氏指数所选取的同度量因素固定在（　　）。

A. 报告期　　B. 基期　　C. 假定期　　D. 任意时期

5. 派氏指数所选取的同度量因素固定在（　　）。

A. 报告期　　B. 基期　　C. 假定期　　D. 任意时期

6. 编制数量指标综合指数一般采用（　　）作为同度量因素。

A. 报告期数量指标　　B. 基期数量指标　　C. 报告期质量指标　D. 基期质量指标

7. 编制质量指标综合指数一般采用（　　）作同度量因素。

A. 报告期数量指标　　B. 基期数量指标　　C. 报告期质量指标　D. 基期质量指标

8. 某地区职工工资水平本年比上年提高了5%，职工人数增加了2%，则工资总额增加了（　　）。

A. 7%　　B. 7.1%　　C. 10%　　D. 11%

9. 单位产品成本报告期比基期下降5%，产量增加5%，则生产费用（　　）。

A. 增加　　B. 降低　　C. 不变　　C. 难以判断

10. 平均指数是计算总指数的另一形式，计算的基础是（　　）。

A. 数量指数　　B. 质量指数　　C. 综合指数　　C. 个体指数

11. 加权算术平均数指数变形为综合指数时，其特定的权数是（　　）。

A. q_1p_1　　B. q_0p_1　　C. q_1p_0　　D. q_0p_0

12. 加权调和平均数指数变形为综合指数时，其特定的权数是（　　）。

A. q_1p_1　　B. q_0p_1　　C. q_1p_0　　D. q_0p_0

13. 若销售量增长了5%，零售价格增长了2%，则商品销售额增长了（　　）。

A. 7%　　B. 10%　　C. 7.1%　　D. 2.5%

14. 某厂总成本今年为去年的150%，产量今年为去年的125%，则单位成本今年为去年的（　　）。

A. 125%　　B. 20%　　C. 120%　　D. 25%

15. 某企业报告期产量比基期增长了10%，生产费用增长了8%，则其产品单位成本降低了（　　）。

A. 1.08%　　B. 2%　　C. 20%　　D. 18%

16. $\sum q_1p_0 - \sum q_0p_0$ 表示（　　）。

A. 价格的变动而引起的产值增减数　　B. 价格的变动而引起的产量增减数

C. 产量的变动而引起的价格增减数　　D. 产量的变动而引起的产值增减数

17. 如果产值增加50%，职工人数增长20%，则全员劳动生产率将增长（　　）。

A. 25%　　B. 30%　　C. 70%　　D. 150%

18. 编制总指数的两种形式是（　　）。

A. 数量指标指数和质量指标指数　　B. 综合指数和平均数指数

C. 算术平均数指数和调和平均数指数　　D. 定基指数和环比指数

19. 若销售量增加，销售额持平，则物价指数（　　）。

A. 降低　　B. 增长　　C. 不变　　D. 趋势无法确定

20. 作为综合指数变形使用的平均指数，下列可以作为加权调和平均指数的权数的是（　　）。

A. q_0p_0　　B. q_1p_1　　C. q_1p_0　　D. q_0p_1

21. 根据指数所表现的数量特征不同，指数可分为（　　）。

A. 数量指标指数和质量指标指数　　B. 拉氏指数和派氏指数

C. 环比指数和定基指数　　D. 时间指数、空间指数和计划完成指数

22. 在使用基期价格为同度量因素计算商品销售量时，（　　）。

A. 消除了价格变动的影响　　B. 包含了价格与销售量共同变动的影响
C. 包含了价格变动的影响　　D. 消除了价格与销售量共同变动的影响

23. 若某企业报告期生产费用为1 000万元，比上期增长18%，扣除产量因素，单位产品成本比基期下降5%，则产量比基期上涨（　　）。

A. 24.2%　　B. 23%　　C. 13%　　D. 9%

24. 某地区居民以同样多的人民币，2006年比2005年少购买5%的商品，则该地的物价（　　）。

A. 上涨了5%　　B. 下降了5%
C. 上涨了5.3%　　D. 下降了5.3%

25. 某工业企业2005年的现价总产值为1 000万元，2006年的现价总产值为1 400万元，若已知产品价格指数为106%，则该企业的产品产量增长了（　　）。

A. 7.9%　　B. 32.1%　　C. 40%　　D. 48.4%

26. 平均指标指数中的平均指标通常是（　　）。

A. 简单算术平均指数　　B. 加权算术平均指数
C. 简单调和平均指数　　D. 加权调和平均指数

27. 平均指标指数是由两个（　　）对比所形成的指数。

A. 个体指数　　B. 平均数指数
C. 总量指标　　D. 平均指标

28. 在由三个指数所组成的指数体系中，两个因素指数的同度量因素通常（　　）。

A. 都固定在基期　　B. 一个固定在基期，一个固定在报告期
C. 都固定在报告期　　D. 采用基期和报告期的平均

29. 若劳动生产率可变构成指数为134.5%，职工人数结构影响指数为96.3%，则劳动生产率固定构成指数为（　　）。

A. 39.67%　　B. 139.67%　　C. 71.60%　　D. 129.52%

30. 我国实际工作中，居民消费价格指数的编制方法采用（　　）。

A. 加权综合指数法　　B. 固定权数加权算术平均指数法
C. 加权调和平均指数法　　D. 变形权数加权算术平均指数法

31. 同一数量的人民币，报告期比基期少购买商品20%，则物价指数为（　　）。

A. 不知道　　B. 125%　　C. 25%　　D. 80%

32. 要分析各组工人劳动生产率对全部工人劳动生产率变动的影响，就要编制（　　）。

A. 劳动生产率可变指数　　B. 劳动生产率的固定构成指数
C. 劳动生产率结构影响指数　　D. 工人人数指数

33. 与基期相比，报告期物价上涨5%，销售量减少5%，则销售额（　　）。

A. 不变　　B. 减少2.5%　　C. 增加2.5%　　D. 减少0.25%

34. 如果已知基期和报告期的商品零售额，并已知每种商品价格指数，则计算价格总指数通常采用（　　）。

A. 综合指数形式　　B. 加权算术平均数指数
C. 加权调和平均数指数　　D. 简单平均数指数公式

35. 某企业生产三种产品，今年与去年相比，三种产品出厂价格平均提高了5%，产品

零售额增长了20%，则产品销售量增长了（　　）。

A. 114.29%　　B. 14.29%　　C. 126%　　D. 26%

36. 能分解为固定构成指数和结构影响指数的平均数指数，分子、分母通常是（　　）。

A. 简单调和平均数　　B. 简单算术平均数

C. 加权调和平均数　　D. 加权算术平均数

37. 编制综合指数数量指标（数量指标指数化）时，其同度量因素最好固定在（　　）。

A. 报告期　　B. 基期　　C. 计划期　　D. 任意时期

38. 平均指标指数可以分解为两个指数，所以（　　）。

A. 任何平均指标都能分解

B. 只有加权算术平均指标才能分解

C. 只有按加权算术平均法计算的平均指标，并有变量数值和权数资料时才能进行分解

D. 只有加权算术平均指标和加权调和平均指标才能分解

二、多项选择题（在备选答案中，选择两个或两个以上正确答案，将其序号写在括号内）

1. 报告期数值和基期数值之比称为（　　）。

A. 动态相对指标　　B. 发展速度　　C. 增长速度

D. 统计指数　　E. 比例相对数

2. 下列属于质量指标指数的是（　　）。

A. 商品零售量指数　　B. 商品零售额指数　　C. 商品零售价格指数

D. 职工劳动生产率指数　　E. 销售商品计划完成程度指数

3. 下列属于数量指标指数的有（　　）。

A. 工业总产值指数　　B. 劳动生产率指数　　C. 职工人数指数

D. 产品总成本指数　　E. 产品单位成本指数

4. 编制总指数的方法有（　　）。

A. 综合指数　　B. 平均指数　　C. 质量指标指数

D. 数量指标指数　　E. 平均指标指数

5. 指数体系中，指数之间的数量关系（　　）。

A. 表现为总量指数等于它的因素指数之积

B. 表现为总量指数与因素指数之积的对等关系

C. 表现为总量指数等于它的因素指数之和

D. 表现为总量指数等于它的因素指数的代数和

E. 表现为总量指数等于它的因素指数之差

6. 某工业局所属企业报告期生产费用总额为50万元，比基期多8万元，单位成本报告期比基期上升7%，于是（　　）。

A. 生产费用总额指数为119.05%

C. 产品产量总指数为111.26%

B. 成本总指数为107%

D. 由于产量变动而增加的生产费用额为4.73万元

E. 由于单位成本变动而增加的生产费用额为3.27万元

7. 在由两个因素构成的加权综合指数体系中，为使总量指数等于各因素指数的乘积，

两个因素指数（ ）。

A. 必须都是数量指数 B. 必须都是质量指数

C. 的权数必须是同一时期 D. 的权数必须是不同时期

E. 一个为数量指数，一个为质量指数

8. 在指数体系中，总指数与各因素指数之间的关系是（ ）。

A. 总指数等于各因素指数之和

B. 总指数等于各因素指数之商

C. 总指数等于各因素指数之积

D. 总量的变动差额等于各因素变动差额之和

E. 总量的变动差额等于各因素变动差额之积

9. 某商业企业2001年与2000年相比，各种商品价格总指数为110%，这说明（ ）。

A. 商品零售价格平均上涨了10% B. 商品零售额平均上涨了10%

C. 商品零售量平均上涨了10% D. 价格提高使商品销售额上涨了10%

E. 价格提高使商品销售额下降了10%

10. 使用报告期商品销售量作权数计算的商品价格综合指数（ ）。

A. 消除了销售量变动对指数的影响

B. 包含了销售量变动对指数的影响

C. 单纯反映了商品价格的综合变动程度

D. 同时反映了商品价格和销售量结构的变动

E. 反映了商品价格变动对销售额的影响

11. 根据广义指数的定义，下面（ ）属于指数。

A. 发展速度 B. 计划完成相对数 C. 强度相对数

D. 比较相对数 E. 某产品成本相对数

12. 加权调和平均数指数是一种（ ）。

A. 平均指数 B. 平均指标指数 C. 综合指数

D. 个体指数的平均数 E. 总指数

13. 某企业2001年与2000年相比，各种产品的单位成本总指数为114%，这一相对数属于（ ）。

A. 综合指数 B. 个体指数 C. 数量指标指数

D. 价值总量指数 E. 质量指标指数

14. 质量指标的形式为（ ）。

A. 绝对数 B. 相对数 C. 平均数

D. 中位数 E. 众数

15. 下列指数中，属于数量指标指数的是（ ）。

A. 产量总指数 B. 单位成本总指数 C. 职工人数指数

D. 销售量总指数 E. 价格总指数

16. 根据经济内容确定综合指数中同度量因素所属时期的一般原则是（ ）。

A. 编制质量指标综合指数，作为同度量因素的数量指标固定在报告期

B. 编制数量指标综合指数，作为同度量因素的质量指标固定在报告期

C. 编制质量指标综合指数，作为同度量因素的数量指标固定在基期
D. 编制数量指标综合指数，作为同度量因素的质量指标固定在基期
E. 编制质量指标综合指数和数量指标综合指数，作为同度量因素的指标都固定在基期

17. 对某商店某时期商品销售额的变动情况进行分析，其指数体系包括（　　）。
A. 销售量指数　　B. 销售价格指数　　C. 总平均价格指数
D. 销售额指数　　E. 个体指数

18. 同度量因素的作用有（　　）。
A. 平衡作用　　B. 比较作用　　C. 权数作用
D. 同度量作用　　E. 稳定作用

19. 如果用某企业职工人数和劳动生产率的分组资料来进行分析，则该企业总平均劳动生产率主要受（　　）。
A. 企业各类职工人数构成变动的影响　　B. 企业全部职工人数变动的影响
C. 企业各类职工劳动生产率变动的影响　　D. 企业劳动生产率变动的影响
E. 企业平均劳动生产率的影响

20. 某商场今年与去年比，各种商品的价格总指数为110%，这一结果说明（　　）。
A. 商品零售价格平均上涨了10%　　B. 价格提高使零售额增长了10%
C. 商品零售额上涨了10%　　D. 商品零售量增长了10%
E. 价格提高使销售量减少了10%

三、填空题

1. 若按编制综合指数的一般原则出发，则加权算术平均数指数只宜于编制（　　　）；加权调合平均数指数只宜于编制（　　　）。

2. 同度量因素既有（　　　）的作用，又有（　　　）的作用。

3. 指数按其所反映的对象范围的不同，分为（　　）指数和（　　）指数。

4. 总指数的计算形式有两种，一种是（　　）指数，另一种是（　　）指数。

5. 按照一般原则，编制数量指标指数时，同度量因素固定在（　　）；编制质量指标指数时，同度量因素固定在（　　）。

6. 平均指数的计算形式为（　　）指数和（　　）指数。

7. 因素分析包括（　　）数和（　　）数分析。

8. 某百货公司2001年与2000年相比，各种商品零售总额上涨了25%，零售量上涨了10%，则零售价格增长了（　　）。

9. 编制数量指标指数时，通常要以（　　）为同度量因素；而编制质量指标指数时，通常要以（　　）为同度量因素。

10. 统计指数按其反映的内容不同可分为（　　）和（　　）。

11. 只有当加权算术平均数指数的权数为（　　）时，才与拉氏指数等价。

12. 只有当加权调和平均数指数的权数为（　　）时，才与派氏指数等价。

13. 物价上涨后，同样多的人民币只能购买原有商品的80%，则物价上涨了（　　）。

14. 在综合指数体系中，为使总量指数等于因素指数的乘积，两个因素指数中通常一个为（　　）指数，另一个为（　　）指数。

15. 将同度量因素固定在基期的指数称为（　　）氏指数。

16. 实际应用中，计算价格综合指数要选数量指标为权数，并将其固定在（　　）期。

17. 可变构成指数既受（　　）变动的影响，也受（　　）的影响。

四、判断题（把正确的符号“√”或错误的符号“×”填写在题前的括号内）

1.（　　）总指数的计算形式包括：综合指数、平均指数和平均指标指数。

2.（　　）某厂职工工资总额 2009 年比 2008 年减少了 2%，平均工资上升了 5%，则职工人数减少了 3%。

3.（　　）平均指数是综合指数的一种变形。

4.（　　）在实际应用中，计算价格指数通常以基期数量指标为同度量因素。

5.（　　）数量指标指数反映总体的规模水平，质量指标指数反映总体的相对水平或平均水平。

6.（　　）在由 3 个指数构成的指数体系中，两个因素指数的同度量因素指标时期是不同的。

7.（　　）价格降低后，同样多的人民币可多购商品 15%，则价格指数应为 85%。

8.（　　）固定权数的平均数指数公式在使用时，数量指标指数和质量指标指数有不同的公式。

9.（　　）说明现象总的规模和水平变动情况的统计指数是数量指数。

10.（　　）数量指标作为同度量因素，时期一般固定在基期。

11.（　　）在单位成本指数中，“$\sum p_1q_1 - \sum p_0q_1$”表示单位成本增减的绝对额。

12.（　　）平均指数也是编制总指数的一种重要形式，有它的独立应用意义。

13.（　　）在编制综合指数时，虽然将同度量因素加以固定，但是同度量因素仍起权数作用。

14.（　　）在编制总指数时经常采用非全面统计资料仅仅是为了节约人力、物力和财力。

15.（　　）拉氏数量指数并不是编制数量指标综合指数的唯一公式。

16.（　　）在平均指标变动因素分析中，可变构成指数是专门用以反映总体构成变化影响的指数。

五、简答题

1. 广义指数与狭义指数有何差异？

2. 什么是综合指数？编制综合指数时怎样确定同度量因素？

3. 什么是指数体系？怎样进行指数因素分析？

4. 试述综合指数编制的一般原理。

5. 举例说明如何编制综合指数。

6. 什么是同度量因素？它的作用是什么？

7. 数量指标指数和质量指标指数的编制原则是什么？

六、计算题

1. 某地同一商品在两个市场出售的资料如表 8－7 所示。试分析 2 月该商品平均价格变动对销售额的影响程度及对销售额影响的绝对额。

表 8 -7　某地同一商品在两个市场出售的资料

市场	1月		2月	
	单价/元	销售量/千克	单价/元	销售量/千克
甲	3.00	400	2.90	100
乙	3.20	100	3.10	800

2. 某商店两种商品销售资料如表 8 -8 所示。

（1）计算两种商品销售额指数及销售额变动的绝对额。

（2）计算两种商品销售量总指数及由于销售量变动影响销售额的绝对额。

（3）计算两种商品价格总指数及由于价格变动影响销售额的绝对额。

表 8 -8　某商店两种商品销售资料

商品	销售量			单价/元	
	计量单位	基期	报告期	基期	报告期
A	件	50	60	8	10
B	千克	150	160	12	14

3. 报告期社会商品零售额为 2 570 亿元，比基期增长 9.4%，剔除零售物价上升的因素，社会商品零售额实际增长 7.3%。计算报告期与基期相比，物价上涨程度及物价上升对销售额影响的绝对数额。

4. 根据表 8 -9 资料：

（1）计算三种商品的价格总指数。

（2）计算三种商品的销售量总指数。

（3）说明产量和价格的变动使销售额变动的经济效果。

表 8 -9　甲、乙、丙商品资料

商品名称	实际销售额/万元		价格增长的百分比/%
	基期	报告期	
甲	1 200	1 440	5
乙	2 400	2 800	2
丙	3 800	4 000	10

5. 某商业企业三种商品有关资料如表 8 -10 所示。根据资料计算：

（1）三种商品的销售额指数和绝对数的变动额。

（2）三种商品的价格指数和绝对数的变动额。

（3）三种商品的销售量指数和绝对数的变动额。

（4）用销售额指数、价格指数和销售量指数编制指数体系进行因素分析。

表 8-10 某商业企业三种商品有关资料

产品名称	产品价格/元			销售量	
	计量单位	基期	报告期	基期	报告期
甲	件	240	300	1 300	2 400
乙	套	100	120	3 000	4 000
丙	台	90	100	4 000	4 800
合计	——	——	——	——	——

6. 某企业总产值及产量增长速度资料如表 8-11 所示。试根据资料：

（1）计算三种产品的产量总指数。

（2）计算三种产品的价格总指数。

（3）说明产量和价格的变动使产值变动的经济效果。

表 8-11 某企业总产值及产量增长速度资料

产品名称	总产值/万元		产量增长/%
	基期	报告期	
甲	1 000	875	25
乙	750	720	20
丙	500	575	15
合计	2 250	2 170	

7. 某企业三种产品的产值和产量资料如表 8-12 所示。

（1）计算三种产品的总产值指数。

（2）计算产量总指数及由于产量变动而增加的产值。

（3）利用指数体系推算价格总指数。

表 8-12 某企业三种产品的产值和产量资料

产品	实际产值/万元		2005 年比 2000 年产量增加/%
	2000 年	2005 年	
A	200	240	25
B	450	485	10
C	350	480	40

8. 某厂生产的三种产品的有关资料如表 8-13 所示。要求：

（1）计算三种产品的单位成本指数以及单位成本变动引起总成本变动的绝对额。

（2）计算三种产品产量总指数以及产量变动使总成本变动的绝对额。

（3）利用指数体系分析说明总成本（相对程度和绝对额）变动的情况。

表 8－13　某厂生产的三种产品的有关资料

产品名称	产量			单位成本/元		
	计量单位	基期	报告期	计量单位	基期	报告期
甲	万件	100	120	件	15	10
乙	万只	500	500	只	45	55
丙	万个	150	200	个	9	7

9. 某地甲、乙、丙、丁 4 种代表商品的个体价格指数分别是 110%、95%、100% 和 105%，各类代表商品的固定权数分别为 10%、30%、40% 和 20%，试求 4 类商品的物价总指数。

10. 某公司三种商品销售额及价格变动资料如表 8－14 所示。

（1）计算三种商品价格总指数和销售量总指数。

（2）说明销售量和价格的变动使销售额变动的经济效果。

表 8－14　某公司三种商品销售额及价格变动资料

商品名称	商品销售额/万元		价格变动率/%
	基期	报告期	
甲	500	650	2
乙	200	200	－5
丙	1 000	1 200	10

11. （1）已知同样多的人民币，报告期比基期少购买 7% 的商品，问：物价指数是多少？

（2）已知某企业产值报告期比基期增长了 24%，职工人数增长了 17%，问：劳动生产率如何变化？

12. 某商店主要商品销售统计资料如表 8－15 所示。计算：

（1）三种商品销售量总指数及销售量变化对销售额的影响额。

（2）三种商品价格总指数及价格变化对销售额的影响额。

表 8－15　某商店主要商品销售统计资料

商品	计量单位	销售量		上月销售收入/万元
		上月	本月	
甲	件	4 000	4 400	200
乙	台	800	760	320
丙	套	2 000	2 000	80

13. 某商店主要商品价格和销售额资料如表 8－16 所示。试求：

（1）三种商品的价格总指数及由于价格变动而增加的销售额。

（2）三种商品的销售量总指数及由于销售量变动而增加的销售额。

表 8－16　某商店主要商品价格和销售额资料

商品	价格/元			本月销售额/万元
	计量单位	上月	本月	
甲	件	100	110	110
乙	台	50	48	24
丙	套	60	63	37.8

第九章

相关分析与回归分析

学习目标

- ▶ 掌握相关关系的概念及种类
- ▶ 掌握相关分析与回归分析的基本内容
- ▶ 掌握运用相关表、相关图对相关关系的判断
- ▶ 掌握一元线性回归分析
- ▶ 掌握回归分析与相关关系的区别和联系
- ▶ 理解相关系数的概念计算方法及性质
- ▶ 掌握回归分析的概念和一元线性回归分析的最小平方估计法
- ▶ 熟悉估计标准误差的意义及计算方法
- ▶ 了解估计标准误差与相关系数的关系
- ▶ 熟悉应用相关分析与回归分析应注意的问题

案例导入

宝丽来公司胶卷感光度分析

1947 年，宝丽来公司创始人埃德文·兰德博士（Dr. Edwin Land）宣布，他们在研究即时显像的技术方面迈出了新的一步，这使得一分钟成像成为可能。紧接着，公司开始拓展用于大众摄影的业务。宝丽来的第一台相机和第一卷胶卷诞生于 1949 年。在那之后，他们不断地在化学、光学和电子学方面进行试验和发展，以生产具有更高品质、更高可靠性和更为便利的摄影系统。

宝丽来公司的另一项主要业务是为技术和工业提供产品。目前，它正致力于使即时显像技术在现代可视的通信环境下，成为日益增长的成像系统中的关键部分。为此，宝丽来公司推出了多种可进行即时显像的产品，以供专业摄影、工业、科学和医学之用。除此之外，公司还在磁学、太阳镜、工业偏振镜、化工、传统涂料和全息摄影的研制和生产力方面有自己的业务。

用于衡量摄影材料感光度的测光计，可以提供许多有关胶片特性的信息，比如它的曝光时间范围。在宝丽来中心感光实验室中，科学家们把即时显像胶片置于一定的温度和湿度

下，使之近似于消费者购买后的保存条件，然后再对其进行系统的抽样检验和分析。他们选择专业彩色摄影胶卷，抽取了分别已保存1~13个月不等的胶卷，以便研究它们保存时间和感光速率之间的联系、数据显示，感光速率随保存时间的延长而下降。它们之间相应变动的关系可用一条直线或线性关系近似表示出来。

运用回归分析，宝丽来公司建立起一个方程式。它能反映出胶卷保存时间长短对感光速率的影响。

$$Y = -19.8 - 7.6X$$

式中，Y代表胶卷感光率的变动；X代表胶卷保存时间（月）。

从这一方程式可以看出，胶卷的感光速率平均每月下降7.6个单位。通过此分析得到的信息，有助于宝丽来公司把消费者的购买和使用结合起来考虑，调整生产，提供顾客需要的胶卷。

在这一章中，你将学习如何运用回归分析法建立起具有两个变量的方程式，例如在宝丽来公司的案例中，建立以胶卷感光速率和保存时间为变量的方程式。

资料来源：http://tj.100xuexi.com/view/specdata/20100814/BA0DC58E-3EF2-4F6E-92D7-D3BBF98287E0.html

思考

通过上面的例子可以看到，胶卷感光速率和保存时间具有一定的相关关系，因此可以建立模型来反映它们之间的联系。在这一章中，将介绍如何运用回归分析法建立起具有两个变量的方程式，例如在宝丽来公司的案例中，建立以胶卷感光速率和保存时间为变量的方程式。通过回归分析法能解决什么问题？

第一节　相关分析概述

一、相关关系的概念

在自然界和社会现象中，任何事物都不是孤立的，而是普遍联系和相互制约的。这种相互联系、相互依赖、相互制约的关系就是事物或现象之间的相互依存关系。所有现象之间的依存关系可以分为两种不同的类型。

（一）函数关系

函数关系反映现象之间存在着严格的、确定的相互依存关系。在这种关系中，对于某一变量的每一数值，都有另一变量的确定的值与之相对应，并且这种关系可以用一个数学表达式反映出来。例如，$S=\pi R^2$，这里圆的面积是随半径大小而变动的。自然界和社会现象中，广泛存在着函数关系。

（二）相关关系

相关关系反映现象之间确实存在的，而数量关系不严格、不确定的依存关系。理解相关关系要把握以下两个要点：

（1）相关关系是现象之间确实存在着数量上的相互依存关系。两个现象之间，一个现象发生了数量上的变化，另一个也必然发生相应的变化。

（2）现象之间的依存关系不是确定的和严格的，就是对现象的一个标志值，可以有若干的变量与之相对应。

（三）相关关系和函数关系的关联和区别

如前所述，相关关系和函数关系的区别在于相关关系是现象间存在的一种不确定的、不严格的数量关系，而函数关系是现象之间存在的一种确定的、严格的数量关系。但同时它们之间也是有联系的，可以相互转化。

二、相关关系的种类

根据相关关系的现象之间的不同特征和研究方法，相关关系可分成以下几类：

（1）按照相关关系涉及变量（或因素）的多少，相关关系可分为单相关和复相关。单相关又称一元相关，是指两个变量之间的相关关系。复相关又称多元相关，是指三个或三个以上变量之间的相关关系。

（2）按照相关关系的表现形式不同，相关关系可分为直线相关和曲线相关。直线相关又称线性相关，是指当一个变量变动时，另一变量随之发生大致均等的变动。从图形上看，其观察点的分布近似地表现为一条直线，如图 9－1 所示。曲线相关又称非线性相关，是指当一个变量变动时，另一变量也随之发生变动，但这种变动不是均等的，从图形上看，其观察点的分布近似地表现为一条曲线，如抛物线、指数曲线等，如图 9－2 所示。

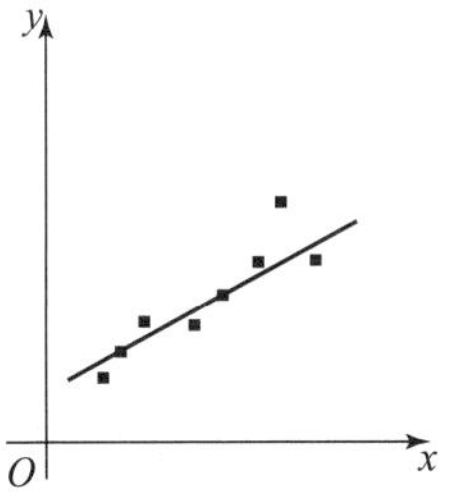

图 9－1　正相关（直线相关）

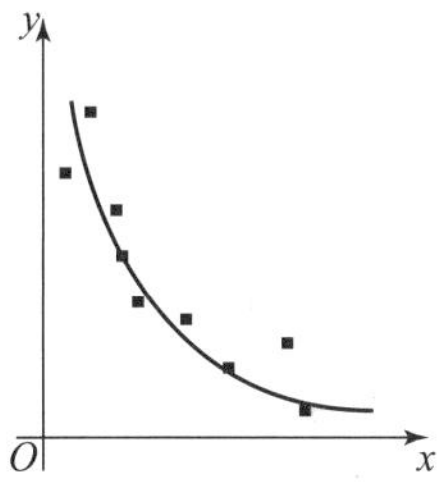

图 9－2　负相关（曲线相关）

（3）按照相关现象变化的方向不同，相关关系可分为正相关和负相关。正相关是指当一个变量的值增加或减少，另一个变量的值也随之增加或减少，如工人劳动生产率提高，产品产量也随之增加，如图 9－1 所示。负相关是指当一个变量的值增加或减少时，另一变量的值反而减少或增加，如商品流转额越大，商品流通费用率越低。又如劳动生产率提高，生产单位产品所耗时间则减少，如图 9－2 所示。

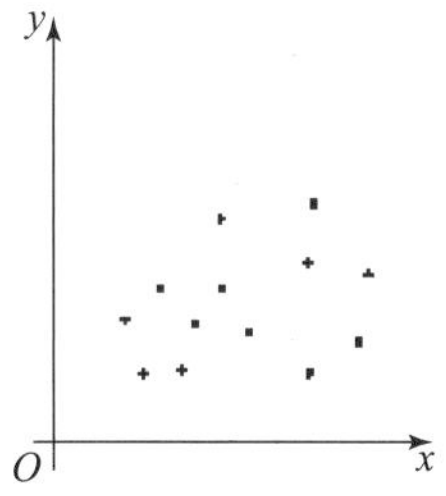

图 9－3　不相关（无相关）

（4）按照相关的程度不同，可分为不相关、完全相关和不完全相关。不相关是指如果两个变量的彼此数量关系完全独立，则这种关系称为不相关，如图 9－3 所示。完全相关是指如果一个变量的变化完全由另一个变量的数量变化所决定，则两个变量之间的关系称为完全相关。这种情况实际是一种函数关系。不完全相关是指两个变量之间的关系介于不相关和完全相关之间，称为不完全相关。大多数相关关系属于这种情况，我们也主要研究这种相关关系。

三、相关分析与回归分析的基本内容

相关分析与回归分析是研究相关关系的重要手段。相关分析与回归分析的内容如下：

第一，判断现象间是否存在相关关系，相关关系的表现形式如何。

对现象间是否存在相关关系的判断取决于现象间是否的确存在着本质的客观联系，这往往通过定性分析得知，而不能仅从数量变化表面存在着依存关系而下结论，否则会得到虚假相关。如随着时间的变化，人们对粮食品种不断改良，粮食产量增加，但粮食产量与时间之间实际并不存在相关关系。通过对现象数量变化特征的分析，可以判断线性相关与曲线相关。

第二，确定相关关系的密切程度。

统计学中利用相关系数测定现象间相关关系的密切程度。变量间的相关密切程度越高，它们之间的关系越重要；反之，变量间的相关密切程度越低，则它们之间的关系越不重要。

第三，选择合适的数学模型，用此模型近似描述现象间数量上的对应关系。

如果现象间呈线性相关，则建立线性模型；如果现象间呈曲线相关，则建立曲线模型。

第四，测定数学模型的准确性。

根据相关变量间数量上的对应关系建立的数学模型是近似的，需要对此模型的准确性进行测定。测定的方法之一是计算估计标准误差。

第二节　相关关系的测定

一、相关关系的判断

相关关系的一般判断：在进行相关分析之前，首先要分析现象之间是否存在相关关系，当现象之间确实存在相关关系时，才有进一步分析的必要，这一过程叫作定性分析。定性分析只能依靠研究者的理论知识、专业知识和实际经验来进行。在定性分析的基础上，编制相关表，绘制相关图，有助于直观地分析判断现象之间的相关关系的密切程度和表现形式。

相关表是一种反映变量之间相关关系的统计表。将某一变量值按其取值的大小排列，然后再将与其相关的另一变量的对应值对应排列，便可以得到相关表。通过相关表可以初步看出相关关系的形式、密切程度和相关方向。

例 9 – 1　某地区 10 个企业广告费和销售额资料如表 9 – 1 所示。

表 9 – 1　某地区 10 个企业广告费和销售额资料　　**单位：万元**

序号	广告费	销售额
1	5	5
2	10	8
3	12	6
4	20	10
5	24	12
6	30	13
7	35	11
8	40	14
9	46	15
10	50	17

从表 9－1 可以看出，随着广告费投入的增加，商品销售额也呈现出相应的增长，两者之间存在着明显的正相关关系。

相关图也称散点图，是根据原始资料，利用直角坐标系第一象限，将两个变量相对应的变量值用坐标点的形式标明，用来反映两变量之间相关关系的图形。根据表 9－1 的资料绘制的相关图如图 9－4 所示。

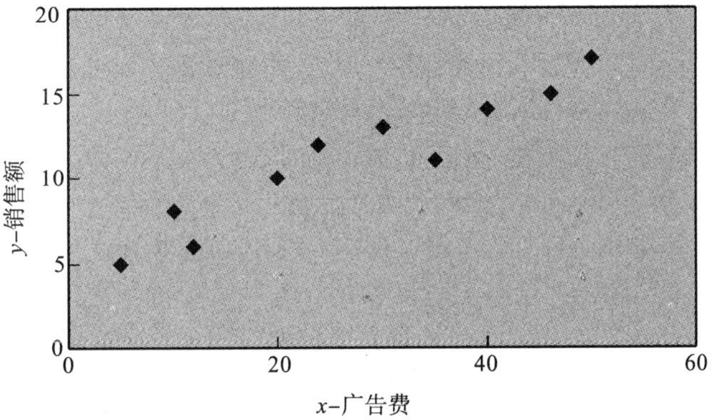

图 9－4　广告费和销售额相关图

其大致呈现直线上升趋势，可以说明广告费和销售额之间呈现正的线性相关，如图9－4所示。

相关表和相关图虽然可以帮助我们对变量之间的相关关系做出一般性的判断，但只是大体的初步判断，不能明确地反映出变量之间相关的密切程度。在相关分析中，相关系数是测定两个变量之间是否存在直线相关以及直线相关密切程度、相关方向的重要的分析指标。

二、相关系数

相关系数是在直线相关条件下，说明两个变量之间直线相关密切程度的统计分析指标。相关系数通常用 r 表示。相关系数的定义公式为

$$r=\frac{\sigma_{xy}^{2}}{\sigma_x\sigma_y}=\frac{\sum(x-\bar{x})(y-\bar{y})}{n\sigma_x\sigma_y} \qquad (9-1)$$

式中，r 代表相关系数；$\bar{x}$ 代表 x 变量的平均值；$\bar{y}$ 代表 y 变量的平均值；σ_x 代表 x 变量的标准差；σ_y 代表 y 变量的标准差；n 代表项数；σ_{xy}代表 x、y 两变量的协方差。

上式可以简化为

$$r=\frac{\sum(x-\bar{x})(y-\bar{y})}{\sqrt{\sum(x-\bar{x})^2\sum(y-\bar{y})^2}} \qquad (9-2)$$

现将式（9－2）的分子、分母转换为

$$\sum(x-\bar{x})^2=\sum x^2-\frac{(\sum x)^2}{n}=n\sigma_x{}^2=L_{xx}$$

$$\sum(y-\bar{y})^2=\sum y^2-\frac{(\sum y)^2}{n}=n\sigma_y{}^2=L_{yy}$$

$$\sum(x-\bar{x})(y-\bar{y}) = \sum xy - \frac{\sum x \sum y}{n} = n\sigma_{xy}^2 = L_{xy}$$

把上述结果代入式（9－2），可得

$$r = \frac{L_{xy}}{\sqrt{L_{xx}L_{yy}}} \tag{9-3}$$

或

$$r = \frac{n\sum xy - \sum x \sum y}{\sqrt{n\sum x^2 - (\sum x)^2} \cdot \sqrt{n\sum y^2 - (\sum y)^2}} \tag{9-4}$$

式（9－4）又称为相关系数简捷法计算公式。

由式（9－3）可以看出，r 取正值或负值取决于分子 L_{xy}，当 L_{xy} 为正时，得出两个变量为正相关；当 L_{xy} 为负时，得出两个变量为负相关。

相关系数的取值范围在－1 和 1 之间，即 $-1 \leqslant r \leqslant 1$。若 r 为正数或负数，则表明两变量为正相关或负相关；当 r 的绝对值越接近于 1 时，表明两个变量之间相关程度越强；当 r 的绝对值越接近于 0 时，表明两变量之间相关程度越弱；当 r 的绝对值等于 1 时，说明两变量之间为完全相关，即直线函数关系；当 $r=0$ 时，表明两变量之间无直线相关关系，但并不表明两变量之间不存在其他形式的非线性相关关系。若 $0<|r|<1$，则表明两变量之间存在不同程度的线性相关关系。通常情况下，我们认为：

$0<|r|<0.3$，为微弱相关，可视为不相关；

$0.3 \leqslant |r| <0.5$，为低度相关；

$0.5 \leqslant |r| <0.8$，为显著相关；

$0.8 \leqslant |r| <1$，为高度相关。

例 9－2 某企业广告费和销售额资料如表 9－2 所示，根据表中资料说明相关系数的计算方法。

表 9－2 某企业广告费和销售额相关系数计算

序号	广告费 x/万元	销售额 y/万元	x^2	y^2	xy
1	1.2	62	1.44	3 844	74.4
2	2.0	86	4.00	7 396	172.0
3	3.1	80	9.61	6 400	248.0
4	3.8	110	14.44	12 100	418.0
5	5.0	115	25.00	13 225	575.0
6	6.1	132	37.21	17 424	805.2
7	7.2	135	51.84	18 225	972.0
8	8.0	160	64.00	25 600	1 280.0
合计	36.4	880	207.54	104 214	4 544.6

计算得出：$\sum x = 36.4, \sum y = 880, n = 8, \sum x^2 = 207.54, \sum y^2 = 104\ 214, \sum xy = 4\ 544.6$

将上述数据代入式（9－4），计算如下：

$$r=\frac{8\times4\ 544.6-36.4\times880}{\sqrt{(8\times207.54-36.4^2)(8\times104\ 214-880^2)}}=0.97$$

计算结果表明，相关系数为0.97，大于0.8，显然广告费和销售额之间存在着高度的正相关。

第二节　一元线性回归分析

一、回归分析的概念和特点

（一）回归分析的概念

“回归”（Regression）一词源于19世纪英国生物学家葛而登（Francis Galton，1822—1911年）在对人体遗传特征进行试验研究时的发现：个子高的父母，其子女身高也会偏高；而个子矮的父母其子女身高则会偏矮，但人类的身高却没有因此出现两极分化的现象，而是趋于一个平均高度。在生物遗传学中把这种现象称为“回归”。统计学中借用了这一概念，来表示现象之间的依存关系并加以应用，形成了一套有独特理论和方法体系的回归分析。

回归分析就是对具有相关关系的变量之间关系形式的确定，借助一个数学关系式，把具有变量之间的相关关系表现出来，来近似地表示变量之间的平均变化关系的一种统计分析方法。它实际上是现象之间相关关系的一般化和规则化。根据变量值的相关关系种类和形式，配合适当的线性或非线性数学方程式，这种方程式称为回归方程。回归分析的内容很多，按变量的多少分为一元回归分析和多元回归分析；按分析变量之间的相关关系表现形式不同，分为线性回归分析和非线性回归分析。我们在本章中只介绍最简单的一种回归分析方法，即一元线性回归分析。

（二）回归分析与相关关系的区别和联系

1. 回归分析与相关分析的区别

（1）相关关系所研究的两个变量之间是对等关系；回归分析的两个变量不是对等关系，必须根据研究目的，先确定哪一个是自变量，哪一个是因变量。

（2）对于变量 x 和 y 来讲，相关分析只能计算出一个相关系数，改变 x 和 y 的位置，并不改变相关系数的数值；回归分析则要根据研究目的，分别确定两个方程。一个是以 x 为自变量，y 为因变量的“y 倚 x 回归方程”；另一个是以 y 为自变量，x 为因变量的“x 倚 y 回归方程”。

（3）在相关分析中要求两个变量都是随机变量；在回归分析中，自变量是给定的，而因变量是随机变量。

2. 回归分析与相关分析的联系

（1）相关分析是回归分析的基础和前提。只有存在相关关系的变量才能进行回归分析，相关程度越高，回归分析的结果越可靠。因此，相关系数是判定回归效果的一个重要依据。

（2）回归分析是相关分析的深入和继续。相关分析只是说明现象之间有相关关系，只有通过回归分析，拟合回归方程，才能通过现象之间的相关关系进行回归预测，这样相关分析才有实际意义。

二、一元线性回归分析

通过相关系数，只能了解自变量和因变量之间相关关系的密切程度和方向，但是不能通过自变量的变化来推测因变量的变化。为了根据某一变量的数值来推断另一变量的数值，就需要进行回归分析。进行一元线性回归分析，需要借助一元线性回归模型。

一元线性回归模型又称简单直线回归模型，是根据两个存在线性相关关系的变量数据，借助于直线方程式，根据自变量的变动，来推测因变量的变动，这个直线方程式称为一元线性回归方程。

设自变量为 x，因变量为 y，且 x 与 y 之间存在着线性相关关系，则一元线性回归模型的基本形式为

$$\hat{y} = a + bx \tag{9-5}$$

式中，$\hat{y}$ 表示因变量的估计值或称理论值；x 表示自变量；a 和 b 表示待定参数，其中 a 表示直线方程在纵轴上的截距，是自变量为零时因变量的估计值；b 表示直线方程的斜率，称为回归系数，表示自变量每变动一个单位，因变量的平均增加（减少）值。

配合直线方程的方法，统计中使用最多的方法是最小二乘法，又称最小平方法。

应用最小平方法确定两个待定参数的数值，配合直线方程，其基本原理是：

（1）实际值与估计值的离差平方和最小。

（2）实际值与估计值的离差之和为0，用公式表示如下：

$$\sum (y - \hat{y})^2 = \text{最小值}$$

$$\sum (y - \hat{y}) = 0$$

按照前面第六章第四节中介绍过的方法，根据极值原理，求解 a 和 b 两个待定参数，得到下列方程组：

$$\begin{cases} \sum y = na + b\sum x \\ \sum xy = a\sum x + b\sum x^2 \end{cases}$$

解得

$$\begin{cases} b = \dfrac{n\sum xy - \sum x \sum y}{n\sum x^2 - (\sum x)^2} \\ a = \dfrac{\sum y}{n} - b\dfrac{\sum x}{n} \end{cases} \tag{9-6}$$

例9－3 以表9－2资料为例，建立以广告费为自变量，销售额为因变量的一元线性回归方程。

将表9－2中有关数据代入式（9－6），得到

$$\begin{cases} b = \dfrac{8 \times 4\,544.6 - 36.4 \times 880}{8 \times 207.54 - 36.4^2} = 12.896 \\ a = \dfrac{880}{8} - 12.896 \times \dfrac{36.4}{8} = 51.323 \end{cases}$$

将 a 和 b 的数值代入式（9－5），得出销售额倚广告费的一元线性回归方程：

$$\hat{y} = 51.323 + 12.896x$$

根据这个回归方程，把各个广告费的数值代入，就可以得到相对应的销售额的估计值。回归系数 b 的含义是：广告费的投入每增加 1 万元，则销售额平均增长 12.896 万元。

利用一元线性回归模型可以进行预测。如企业下一年度预计投入广告费 10 万元，则预测其销售额为

$$\hat{y}=51.323+12.896\times 10=180.283\ (\text{万元})$$

三、估计标准误差

（一）估计标准误差的概念

根据自变量的数值，通过一元线性回归方程 $\hat{y}=a+bx$，就可以把因变量的估计值预测出来。但实际值和估计值往往并不完全相同，存在着误差。估计值和实际值误差的大小，反映着回归方程代表性的高低。

在统计中，通常用估计标准误差来反映回归方程代表性的高低，用 s_y 表示。估计标准误差越小，说明回归方程的代表性越高，实际值与估计值越接近；估计标准误差越大，说明回归方程的代表性越低，实际值与估计值误差较大。

（二）估计标准误差的计算

估计标准误差，是指实际值与估计值之间误差的平均值。其定义公式为

$$s_y=\sqrt{\frac{\sum(y-\hat{y})^2}{n-k-1}} \tag{9-7}$$

式中，s_y 代表估计标准误差；k 代表回归方程中自变量的个数。

对于一元线性回归方程而言，估计标准误差的计算公式为

$$s_y=\sqrt{\frac{\sum(y-\hat{y})^2}{n-2}} \tag{9-8}$$

但当观测值较多，而且数值较大时，根据定义公式进行计算将非常麻烦，一般使用估计标准误差的计算公式：

$$s_y=\sqrt{\frac{\sum y^2-a\sum y-b\sum xy}{n-2}} \tag{9-9}$$

例 9-4　以表 9-2 中所示资料为例，说明估计标准误差的计算。

将表中数据代入式（9-9），计算过程如下：

$$s_y=\sqrt{\frac{104\ 214-51.323\times 880-12.896\times 4\ 544.6}{8-2}}=8.587$$

计算结果表明，回归方程的估计标准误差为 8.587。如果估计标准误差为 0，则说明所有的相关点都在回归直线上。

（三）估计标准误差与相关系数的关系

估计标准误差与相关系数具有如下关系：

$$r=\sqrt{1-\frac{s_y^2}{\sigma_y^2}}$$

$$s_y=\sigma_y\sqrt{1-r^2}$$

在实际应用中，一般不用以上两个关系式进行相互推算。因为首先要做相关分析，计算相关系数，只有在相关程度较高的情况下，才能继续进行回归分析，否则进行回归分析是没有意义的。另外，通过上述关系式计算出的相关系数，无法确定是正相关还是负相关。

从估计标准误差与相关系数的关系式可以看出，相关系数和估计标准误差的变化方向是相反的。相关系数越大，估计标准误差越小，这时相关密切程度越高，回归方程的代表性较强；反之，相关系数越小，估计标准误差越大，回归方程的代表性越低。

第四节　应用相关分析与回归分析应注意的问题

相关分析与回归分析都是重要的统计分析方法，在统计学知识体系中占有很重要的地位。它们对于人们加深现象间相互依存关系的认识，促使这种认识由定性阶段进入定量阶段。但是，应该看到，相关分析和回归分析与其他统计方法一样，也有自己的局限性。因此，在实践中应注意如下几个方面的问题：

一、注意定性分析与定量分析相结合

相关分析是分析社会经济现象间相关关系的，相关系数的计算、回归方程的建立都是基于现象间所固有的客观联系之上的。而现象间是否一定存在相关关系，主要是靠定性分析，即依据社会经济理论、专业知识、实际经验对事物进行分析来判定的。不通过定性分析，直接根据样本观测数据进行量化分析，构建模型，有时就可能得出错误的结论。因为任何两列数据，即使是毫不相关的两个现象，都可以计算出相关系数，构建出回归模型，因此相关分析中的一切量化分析都应建立在定性分析的基础之上。

二、注意客观现象质的规定性

现象间所存在的相互依存关系都是有一定数量界限的。例如，一般来说，施肥量越多，粮食产量就越高，但是超过一定的限度，施肥量增加，粮食产量可能反而下降。同样，固定资产投资与国民经济发展速度的关系也是有一个数量界限的。也就是说，某些现象之间的相关关系在一定的限度内是正相关，而超过某一界限，则可能是负相关；在一定限度内是直线相关，而在另一界限内可能是曲线相关。如果进行统计分析时不加区别，不注意现象间质的数量界限，就可能影响统计分析的可信度。

三、注意社会经济现象的复杂性

客观社会经济现象间彼此有着千丝万缕的联系，某一现象发生的原因，有可能是另一现象出现的结果。而且，有时某一事件的出现可能导致诸多事件的发生，产生一系列连锁反应。因此，进行统计分析时，只有充分考虑现象间的复杂性，注意偶然和个别因素的影响，才能保证统计分析的质量。

四、注意对相关系数和回归直线方程的有效性进行检验

应该注意到，相关分析中所得出的回归系数、回归直线方程、估计标准误差等都是根据样本数据求得的，但所做出的结论是对总体的。例如，由 30 个人的身高与体重值计算出相

关系数为0.95，所做出的结论并不是说30个人的身高与体重存在相关关系，而是说人的身高与体重具有相关关系。显然这里存在一个由样本代替总体的问题。因此，使用相关系数、回归模型进行统计分析时，要对其有效性进行检验。

本章小结

本章首先介绍了相关关系的概念。相关关系反映现象之间确实存在的，而数量关系不严格、不确定的依存关系。相关关系按照相关关系涉及变量（或因素）的多少，可分为单相关和复相关；按照相关关系的表现形式不同，可分为直线相关和曲线相关；按照相关关系相关现象变化的方向不同，可分为正相关和负相关；按照相关的程度不同，可分为不相关、完全相关和不完全相关。

在进行相关分析之前，首先要分析现象之间是否存在相关关系，当现象之间确实存在相关关系时，才有进一步分析的必要，这一过程叫作定性分析。在定性分析的基础上，编制相关表，绘制相关图，有助于直观地分析判断现象之间的相关关系的密切程度和表现形式。

相关表和相关图虽然可以帮助我们对变量之间的相关关系做出一般性的判断，但只是大体的初步判断，不能明确地反映出变量之间相关的密切程度。在相关分析中，相关系数是测定两个变量之间是否存在直线相关以及直线相关密切程度、相关方向的重要的分析指标。相关系数是在直线相关条件下，说明两个变量之间直线相关密切程度的统计分析指标。相关系数通常用 r 表示。相关系数的取值范围在 -1 和1之间，即 $-1\leqslant r\leqslant 1$。若 r 为正数或负数，则表明两变量为正相关或负相关；当 r 的绝对值越接近于1时，表明两个变量之间相关程度越强；当 r 的绝对值越接近于0时，表明两变量之间相关程度越弱；若 r 的绝对值等于1，则说明两变量之间为完全相关，即直线函数关系；当 $r=0$ 时，表明两变量之间无直线相关关系，但并不表明两变量之间不存在其他形式的非线性相关关系。当 $0<|r|<1$ 时，表明两变量之间存在不同程度的线性相关关系。

回归分析就是对具有相关关系的变量之间关系形式的确定，借助一个数学关系式，把具有变量之间的相关关系表现出来，来近似地表示变量之间的平均变化关系的一种统计分析方法。根据变量值的相关关系种类和形式，配合适当的线性或非线性数学方程式的这种方程式称为回归方程。回归分析的内容很多，按变量的多少分为一元回归分析和多元回归分析；按分析变量之间的相关关系表现形式不同，分为线性回归分析和非线性回归分析。本章只介绍最简单的一种回归分析方法，即一元线性回归分析。进行一元线性回归分析时，需要借助一元线性回归模型。

一元线性回归模型又称简单直线回归模型，是根据两个存在线性相关关系的变量数据，借助于直线方程式，根据自变量的变动，来推测因变量的变动，这个直线方程式，则称为一元线性回归方程。配合直线方程的方法，统计中使用最多的方法是最小二乘法，又称最小平方法。

应用最小平方法确定两个待定参数的数值，配合直线方程，其基本原理是：实际值与估计值的离差平方和最小；实际值与估计值的离差之和为0。根据自变量的数值，通过一元线性回归方程 $\hat{y}=a+bx$，就可以把因变量的估计值预测出来。但通常实际值和估计值往往并不完全相同，存在着误差。在统计中，通常用估计标准误差来反映回归方程代表性的高低，用 s_y 表示。估计标准误差越小，说明回归方程的代表性越高，实际值与估计值越接近；估计标准误差越大，说明回归方程的代表性越低，实际值与估计值误差较大。

最后介绍了应用相关分析与回归分析应注意的问题。

技能训练题

一、单项选择题（在备选答案中，选择一个正确答案，将其序号写在括号内）

1. 下面现象间的关系属于相关关系的是（　　）。

A. 圆的周长和它的半径之间的关系

B. 价格不变条件下，商品销售额与销售量之间的关系

C. 家庭收入越多，其消费支出也有增长的趋势

D. 正方形面积和它的边长之间的关系

2. 若物价上涨，商品的需求量相应减少，则物价与商品需求量之间的关系为（　　）。

A. 不相关　　B. 负相关　　C. 正相关　　D. 复相关

3. 配合回归直线方程对资料的要求是（　　）。

A. 因变量是给定的数值，自变量是随机的

B. 自变量是给定的数值，因变量是随机的

C. 自变量和因变量都是随机的

D. 自变量和因变量都不是随机的

4. 在回归直线方程中，b 表示（　　）。

A. 当 x 增加一个单位时，y 增加 a 的数量

B. 当 y 增加一个单位时，x 增加 b 的数量

C. 当 x 增加一个单位时，y 的平均增加量

D. 当 y 增加一个单位时，x 的平均增加量

5. 每一吨铸铁成本（元）倚铸件废品率（%）变动的回归方程为 $y_c = 56 + 8x$，这意味着（　　）。

A. 废品率每增加 1%，成本每吨增加 64 元

B. 废品率每增加 1%，成本每吨增加 8%

C. 废品率每增加 1%，成本每吨增加 8 元

D. 废品率每增加 1%，则每吨成本为 56 元

6. 某校对学生的考试成绩和学习时间的关系进行测定，建立了考试成绩倚学习时间的直线回归方程为：$y_c = 180 - 5x$，该方程明显有误，错误在于（　　）。

A. a 值的计算有误，b 值是对的　　B. b 值的计算有误，a 值是对的

C. a 值和 b 值的计算都有误　　D. 自变量和因变量的关系搞错了

7. 在相关分析中，要求相关两个变量（　　）。

A. 都是随机变量　　B. 都不是随机变量

C. 只有因变量是随机变量　　D. 只有自变量是随机变量

8. 单位成本与产品产量之间的关系是（　　）。

A. 函数关系　　B. 相关关系　　C. 正相关　　D. 不相关

9. 相关系数的取值范围为（　　）。

A. $0 \leqslant r \leqslant 1$　　B. $-1 \leqslant r \leqslant 1$　　C. $|r| > 0$　　D. $1 \leqslant |r| \leqslant 0$

10. 相关分析是对两个（　　）数列计算其相关系数。

A. 任意的　　B. 性质上确实存在依存关系的

C. 时间　　D. 变量

11. 当直线回归方程中的参数 $b=0$ 时，有（　　）。

A. $r=-1$　　B. $r=0$　　C. $r=1$　　D. r 无法确定

12. 回归分析时（　　）。

A. 必须准确地区分自变量和因变量　　B. 回归系数必须是正整数

C. 方程中的两个变量是随机变量　　D. 回归方程中只有自变量是随机变量

13. 估计标准误差是（　　）。

A. 说明平均数代表性的指标　　B. 说明抽样误差程度的指标

C. 说明回归估计的准确程度　　D. 说明两变量间的相关性质

14. 生产某种产品每吨成本和工人劳动生产率之间的回归方程为 $y=250-0.5x$，这是指（　　）。

A. 劳动生产率每增加 1 吨，每吨成本降低 249. 5 元

B. 劳动生产率每增加 1 吨，每吨成本降低 0. 5 元

C. 劳动生产率每增加 1 吨，每吨成本降低 250. 5 元

D. 劳动生产率每增加 1 吨，每吨成本增加 0. 5 元

15. 对有因果关系的现象进行回归分析时（　　）。

A. 只能将原因作为自变量　　B. 只能将结果作为自变量

C. 原因和结果可互为自变量　　D. 原因和结果可互为因变量

16. 判定系数（　　）。

A. 是对相关关系显著性检验所运用的统计量

B. 是衡量回归模型的拟合优良程度的指标

C. 的定义是在回归模型为非线性模型、回归系数用最小平方法下给出的

D. 的定义是在回归模型为线性模型、回归系数用极大似然估计法下给出的

17. 自然界和人类社会中的诸多关系基本上可归纳为两种类型，这就是（　　）。

A. 函数关系和相关关系　　B. 因果关系和非因果关系

C. 随机关系和非随机关系　　D. 简单关系和复杂关系

18. 相关系数为零时，表明两个变量间（　　）。

A. 无相关关系　　B. 无直线相关关系

C. 无曲线相关关系　　D. 中度相关关系

19. 若回归系数大于 0，则表明回归直线是上升的，此时相关系数 r 的值（　　）。

A. 一定大于 0　　B. 一定小于 0

C. 等于 0　　D. 无法判断

20. 下列现象的相关密切程度高的是（　　）。

A. 某商店的职工人数与商品销售额之间的相关系数为 0. 87

B. 流通费用率与商业利润率之间的相关系数为 -0. 94

C. 商品销售额与商业利润率之间的相关系数为 0. 51

D. 商品销售额与流通费用率之间的相关系数为 -0. 81

21. 计算估计标准误差的依据是（　　）。
A. 因变量的数列　　B. 因变量的总变差
C. 因变量的回归变差　　D. 因变量的剩余变差
22. 从变量之间相关的表现形式看，可分为（　　）。
A. 正相关与负相关　　B. 线性相关和非线性相关
C. 简单相关与多元相关　　D. 完全相关和不完全相关
23. 估计标准误差是反映（　　）。
A. 平均数代表性的指标　　B. 相关关系的指标
C. 回归直线的代表性指标　　D. 序时平均数代表性指标
24. 相关系数（　　）。
A. 适用于线性相关　　B. 适用于复相关
C. 既适用于单相关也适用于复相关　　D. 上述都不正确
25. 回归直线斜率和相关系数的符号是一致的，其符号均可用来判断现象是（　　）。
A. 正相关还是负相关　　B. 线性相关还是非线性相关
C. 单相关还是复相关　　D. 完全相关还是不完全相关
26. 对于回归方程下列说法中正确的是（　　）。
A. 只能由自变量 x 去预测因变量 y
B. 只能由因变量 y 去预测自变量 x
C. 既可以由自变量 x 去预测因变量 y，也可以由因变量 y 去预测自变量 x
D. 能否相互预测取决于自变量 x 和因变量 y 之间的因果关系
27. 寻找变量销售量 y 和气温 x 的关系，最适宜的方法有（　　）。
A. 画散点图　　B. 通过相关表观察两变量变化关系
C. 计算相关系数　　D. 计算回归系数

二、多项选择题（在备选答案中，选择两个或两个以上正确答案，将其序号写在括号内）

1. 测定现象之间有无相关关系的方法是（　　）
A. 编制相关表　　B. 绘制相关图　　C. 对客观现象做定性分析
D. 计算估计标准误差　　E. 配合回归方程
2. 下列属于正相关的现象是（　　）。
A. 家庭收入越多，其消费支出也越多
B. 某产品产量随工人劳动生产率的提高而增加
C. 流通费用率随商品销售额的增加而减少
D. 生产单位产品所耗工时随劳动生产率的提高而减少
E. 产品产量随生产用固定资产价值的减少而减少
3. 下列关系是相关关系的是（　　）。
A. 圆的半径长度和周长的关系　　B. 农作物收获和施肥量的关系
C. 商品销售额和利润率的关系　　D. 产品产量与单位成品成本的关系
E. 家庭收入多少与消费支出增长的关系
4. 下列属于负相关的现象是（　　）。
A. 商品流转的规模越大，流通费用水平越低

B. 流通费用率随商品销售额的增加而减少
C. 国民收入随投资额的增加而增长
D. 生产单位产品所耗工时随劳动生产率的提高而减少
E. 某产品产量随工人劳动生产率的提高而增加

5. 相关系数是零，说明两个变量之间的关系（　　）。
A. 完全不相关　　B. 高度相关　　C. 低度相关
D. 不相关　　E. 显著相关

6. 若两个变量之间的相关系数为 -1，则这两个变量是（　　）。
A. 负相关关系　　B. 正相关关系　　C. 不相关
D. 完全相关关系　　E. 不完全相关关系

7. 回归分析的特点有（　　）。
A. 两个变量是不对等的　　B. 必须区分自变量和因变量
C. 两上变量都是随机的　　D. 因变量是随机的
E. 自变量是可以控制的量　　F. 回归系数只有一个

8. 直线回归分析中（　　）。
A. 自变量是可控制量，因变量是随机的
B. 两个变量不是对等的关系
C. 利用一个回归方程，两个变量可以互相推算
D. 根据回归系数可判定相关的方向
E. 对于没有明显因果关系的两个线性相关变量可求得两个回归方程

9. 在直线回归方程 $y_c = a + bx$ 中（　　）。
A. 必须确定自变量和因变量，即自变量是给定的，因变量是随机的
B. 回归系数既可以是正值，也可以是负值
C. 一个回归方程既可以由自变量推算因变量的估计值，也可以由因变量的值计算自变量的值
D. 两个变量都是随机的
E. 两个变量存在线性相关关系，而且相关程度显著

10. 直线回归方程 $y_c = a + bx$ 中的 b 称为回归系数，回归系数的作用是（　　）。
A. 可确定两变量之间因果的数量关系
B. 可确定两变量的相关方向
C. 可确定两变量相关的密切程度
D. 可确定因变量的实际值与估计值的变异程度
E. 可确定当自变量增加一个单位时，因变量的平均增加量

11. 在直线回归方程中（　　）。
A. 必须确定自变量和因变量
B. 只能由自变量去推算因变量
C. 要求因变量是随机变量，自变量是一般变量
D. 回归系数 b 与相关系数 r 同号
E. 要求自变量是随机变量，因变量是一般变量

12. 用相关系数表示两现象线性相关密切是（　　）。
A. 相关系数小于0，表示相关程度不密切
B. 相关系数为 -1，表示相关程度最密切
C. 相关系数为1，表示相关程度最密切
D. 相关系数为0，表示相关程度最不密切
E. 相关系数小于0.3，表示相关程度最密切
13. 下列关系中属于正相关的有（　　）。
A. 在合理程度内，施肥量与平均亩产之间的关系
B. 生产用固定资产平均价格和产品总产量之间的关系
C. 单位产品成本和原材料消耗量之间的关系
D. 商业企业劳动效率和流通费用率之间的关系
E. 工业产品产量和单位产品成本之间的关系
14. 负相关的特点是（　　）。
A. 一变量变动时，另一变量随之变动
B. 一变量增长时，另一变量随之下降
C. 一变量减少时，另一变量随之减少
D. 一变量增加时，另一变量随之增加
E. 一变量下降时，另一变量随之上升
15. 下列关系中，属于相关关系的有（　　）。
A. 身高与体重的关系　　B. 商品需求量与价格
C. 圆的面积与半径的关系　　D. 投资增长率与经济增长率的关系
E. 人的身高与学习成绩的关系
16. 相关系数具有（　　）的性质。
A. 绝对值不超过1　　B. 没有计量单位
C. 有计量单位　　D. 不受计量单位影响
E. 受计量单位影响
17. 下列相关种类中，不表示相关密切程度的有（　　）。
A. 正相关　　B. 负相关　　C. 直线相关
D. 曲线相关　　E. 高度相关
18. 对于相关分析与回归分析，下述（　　）的说法正确。
A. 两者都不区分自变量与因变量
B. 两者都需区分自变量与因变量
C. 前者不区分自变量与因变量；后者区分自变量与因变量
D. 前者涉及的都是随机变量；后者自变量是随机变量，因变量是确定型变量
E. 前者涉及的都是随机变量；后者自变量是确定型变量，因变量是随机变量
19. 估计标准误差的作用在于（　　）。
A. 说明因变量实际值与平均数的离散程度
B. 用以进行区间预测
C. 反映回归方程代表性的大小

D. 测量变量间关系的密切程度

E. 说明因变量实际值对回归直线的离散程度

20. 下列各组变量的关系属于相关关系的有（　　）。

A. 劳动生产率与工资水平　　B. 居民消费额与人均国民收入

C. 股价指数和上市公司的盈利率　　D. 广告费与销售量

E. 在价格一定的条件下销售量与销售额之间的关系

21. 某产品的单位成本与工人劳动生产率之间的回归直线方程为 $y=30-0.6x$，则（　　）。

A. 0.6 为回归系数

B. 30 是回归直线的起点值

C. -0.6 为回归系数

C. 劳动生产率每增加一单位成本平均上升 0.6 元

E. 劳动生产率每增加一单位成本平均下降 0.6 元

三、填空题

1. 若按影响因素的多少划分，相关关系分为（　　）相关和（　　）相关。

2. 若变量 x 值增加，变量 y 值也增加，则这是（　　）相关关系；若变量 x 值减少，变量 y 值也减少，则这是（　　）相关关系。

3. 相关系数是在（　　）相关条件下用来说明两个变量相关（　　）的统计分析指标。

4. 相关系数绝对值的大小反映相关的（　　），相关系数的正负反映相关的（　　）。

5. 回归方程 $y=a+bx$ 中的待定参数 a 是（　　），b 是（　　），在统计上估计待定参数最常用的方法是（　　）。

6. 相关系数的取值范围是（　　）。若 r 为正数或负数，则表明两变量为（　　）；当 r 的绝对值越接近于（　　）时，表明两个变量之间相关程度越强；当 r 的绝对值越接近于（　　）时，表明两变量之间相关程度越弱；当 r 的绝对值等于（　　）时，说明两变量之间为完全相关，即直线函数关系；当 r（　　）时，表明两变量之间无直线相关关系。

7. 相关关系按照相关关系涉及变量（或因素）的多少，可分为（　　）。按照相关关系的表现形式不同，可分为（　　）。按照相关关系相关现象变化的方向不同，可分为（　　）。按照相关关系相关的程度不同，可分为（　　）。

8. 判别现象之间有无真实的相关关系，要靠（　　）分析。

9. 回归直线必须通过的点是（　　）。

10. 估计标准误差是用以说明（　　）；而在确定回归方程时，则要求因变量是（　　），自变量是（　　）。

11. 总离差是由（　　）离差和（　　）离差两部分组成的。

12. 采用相关指数反映变量间相关程度，必须借助于（　　）来确定相关的性质。

四、判断题（把正确的符号“√”或错误的符号“×”填写在题前的括号内）

1.（　　）相关系数实质上刻画的是变量间的线性相关关系。

2.（　　）回归方程的代表性与估计标准误差成正比。

3.（　　）相关分析是回归的基础，回归分析是相关分析的深入和发展。

4.（　　）相关分析研究的是相关关系，而回归分析研究的是函数关系。

5. （　　）回归分析是用一条直线来描述两个变量的相依关系。
6. （　　）用最小二乘法建立的回归方程具有最小误差平方和，因而可随意使用。
7. （　　）相关系数与回归系数是正比关系。
8. （　　）相关系数小，则回归方程的估计标准误差大，于是回归方程的代表性强。
9. （　　）估计标准误差大，则预测精确度高；估计标准误差小，则预测精确低。
10. （　　）在分析回归中，既可用自变量推算因变量，也可用因变量推算自变量。
11. （　　）施肥量与收获率是正相关关系。
12. （　　）计算相关系数的两个变量都是随机变量。
13. （　　）利用一个回归方程，两个变量可以互相推算。
14. （　　）估计标准误差指的就是实际值 y 与估计值 y_c 的平均误差程度。

五、简答题

1. 什么是相关关系？它是怎样分类的？
2. 如何判定现象之间的相关关系？
3. 什么是相关系数？它的作用是什么？取值范围是什么？
4. 什么是回归分析？它是怎样分类的？
5. 回归分析与相关关系的区别和联系是什么？
6. 回归估计标准误差与标准差有何区别？
7. 因果关系就是相关关系，对吗？为什么？
8. 相关分析与回归分析的含义是什么？它们有哪些类型？
9. 建立直线回归方程的理论依据是什么？这个方程是怎样推导出来的？
10. 回归直线方程 $y_c = a + bx$ 中参数 a、b 的含义是什么？（几何意义和经济意义）
11. 已知 $\sigma_x = 5$，$\sigma_y = 6$，$\sigma_{xy} = 3.6$，$a = 3$，试求直线回归方程。
12. x 代表玉米良种所占比例（%），$\hat{y}$ 代表玉米亩产。在回归直线 $\hat{y} = a + bx$ 中，

（1）x 的可能最小值是多少？

（2）从经济意义上解释 a 可不可以为零。

六、计算题

1. 某地区各厂工人劳动生产率与利润资料如表 9 – 3 所示。要求：

（1）计算相关系数并判明相关的性质和程度。

（2）若 2 号厂工人劳动生产率提高到 15 千元/人，能否完成利润增长 50% 的计划。

表 9 – 3　某地区各厂工人劳动生产率与利润资料

厂序号	工人劳动生产率/（千元 · 人$^{-1}$）	利润率/%
1	8	5.5
2	10	6.0
3	12	8.5
4	14	9.0
5	16	10.5
6	18	12.0

2. 机床的使用年限和维修费用相关，资料如表 9 – 4 所示。要求：

（1）建立回归方程并说明回归系数的经济意义。

（2）若某机床的使用年限为三年半，试估计其维修费用。

表 9－4　机床的使用年限和维修费用相关资料

机床使用年限/年	2	2	3	4	5	5
维修费用/元	40	54	52	64	60	80

3. 假定有十一幢出租房屋及租金资料如表 9－5 所示，并已知

$$\sum x = 134, \sum y = 362, \sum xy = 3\ 658, \sum x^2 = 2\ 150, \sum y^2 = 13\ 564。$$

根据资料建立 y 倚 x 和 x 倚 y 的回归方程，并说明各自 b 的经济意义。

表 9－5　十一幢出租房屋及租金资料

年限/年	月租金（y）
3	50
12	32
5	40
7	33
8	45
19	13
10	30
22	14
15	28
8	51
25	26

4. 五位学生统计学原理的学习时间与成绩如表9－6所示。根据资料：

（1）建立学习成绩（y）倚学习时间（x）的直线回归方程。

（2）计算学习时间与学习成绩之间的相关系数。

表 9－6　五位学生统计学原理的学习时间及战绩

学习时数/小时	学习成绩/分
4	40
6	60
7	50
10	70
13	90

5. 已知，$n = 6, \sum x = 21, \sum y = 426, \sum x^2 = 79, \sum y^2 = 30\ 268, \sum xy = 4\ 181$，要求：

（1）计算相关系数。

（2）建立 y 对 x 的直线回归方程。

（3）计算估计标准误差。

6. 已知两个相关变量 x 和 y 的均值分别为 5.233 1 和 1.865 2，方差分别是 18.867 和 2.326 9，它们的协方差为 5.908 5，试求：

（1）相关系数。

（2）因变量 y 对 x 自变量的线性回归方程，并求估计标准误差。

7. 某企业上半年产品产量与单位成本资料如表 9－7 所示。要求：

（1）建立直线回归方程，并指出产量每增加 1 000 件时，单位成本增加或减少多少。

（2）若产量为 6 000 件，单位成本为多少元？又若单位成本为 70 元，产量为多少件？

表 9－7　某企业上半年产品产量与单位成本资料

月份	产量/千件	单位成本/（元·件$^{-1}$）
1	2	73
2	3	72
3	4	71
4	3	73
5	4	69
6	5	68

8. 某银行的利润与金融资产的相关资料如表 9－8 所示，试计算银行利润与金融资产的相关系数，并说明两者相关的方向和程度。

表 9－8　某银行的利润与金融资产的相关资料

年份	利润/万元	金融资产/万元
2005	600	8 000
2006	700	9 000
2007	800	10 000
2008	800	11 000
2009	900	12 000

9. 某商业企业利润率与人均销售额的相关资料如表 9－9 所示，试计算商业利润率与人均销售额的相关系数，并说明两者相关的方向和程度。

表 9－9　某商业企业利润率与人均销售额的相关资料

月份	利润率/%	人均销售额/万元
1	4.2	7
2	4.5	9
3	4.2	8
4	3.6	4
5	3.4	5
6	3.8	5

10. 按某产品的生产费用（万元）与产量（千吨）的相关关系求得一直线相关方程：产量每增加 1 千吨，生产费用将增加 2 万元；产量为 6 千吨时，生产费用将是 16 万元。试写出其直线相关方程的数学表达式。

11. 已知 $\sum y^2 = 683, \sum y = 57, \sum xy = 245, a = 4.6, b = 1.7, n = 5$，求估计标准误差。

12. 某地农村农民存款额与人均月收入的相关资料如表 9－10 所示。要求：

建立存款额与人均月收入的直线相关方程，并推算当月人均收入为 400 元时的存款额的范围（概率保证为 95%）。（提示：需计算估计标准误差）

表 9－10　某地农村农民存款额与人均月收入的相关资料

年份	存款额/万元	人均月收入/元
1993	6 000	180
1994	6 400	192
1995	7 000	198
1996	7 500	210
1997	8 200	238
1998	8 600	285
1999	9 400	307

13. 设某地区农村居民 1997—2001 年人均收入与商品销售额资料如表 9－11 所示。要求：

（1）用最小平方法求人均收入数列的直线趋势方程，并据以预测 2012 年的人均收入。

（2）以人均收入为自变量，商品销售额为因变量建立直线回归方程，并根据 2012 年的人均收入预测 2012 年的商品销售额。

表 9－11　某地区农村居民 1997—2001 年人均收入与商品销售额资料

年份	人均收入/元	商品销售额/万元
2007	2 400	1 100
2008	3 000	1 300
2009	3 200	1 400
2010	3 400	1 600
2011	3 800	2 000

第十章

国民经济核算

学习目标

- ▶ 熟悉国民经济常用的统计指标
- ▶ 了解国民经济核算体系的形成和发展
- ▶ 掌握国民经济核算的基本概念和核算原则
- ▶ 掌握国民经济核算体系的构成
- ▶ 熟悉国民经济核算的主要分类
- ▶ 掌握国内生产总值的概念及包括范围
- ▶ 掌握 GDP 核算的三种方法：生产法、收入法、支出法
- ▶ 掌握国内生产净值的概念及计算方法
- ▶ 掌握国民总收入概念及计算方法
- ▶ 掌握国民净收入概念及计算方法

案例导入

20 世纪最伟大的发现之一

美国著名的经济学家保罗·萨缪尔森（1915 年出生，2009 年 12 月 13 日去世，美国第一位诺贝尔经济学奖得主，1970 年获奖）："GDP 是 20 世纪最伟大的发现之一"。没有 GDP 国内生产总值这个发现，我们就无法进行国与国之间经济实力的比较，贫穷与富裕的比较；就无法知道我国的 GDP 总量排在全世界的第二位，成为世界第二大经济体；也无法知道我国人均 GDP 在 2005 年已超过 1 300 美元，低于美国和日本的 35 倍多；无法了解我国的经济增长速度是快还是慢，是需要刺激还是需要控制，因此 GDP 就像一把尺子、一面镜子，是衡量一国经济发展和生活富裕程度的重要指标。

如果你要判断一个人在经济上是否成功，你首先要看他的收入。高收入的人享有较高的生活水平。同样的逻辑也适用于一国的整体经济。当判断经济富裕还是贫穷时，要看人们口袋里有多少钱，这正是 GDP 的作用。

GDP同时衡量两件事：经济中所有人的总收入和用于经济中物品与劳务产量的总支出。GDP既衡量总收入又衡量总支出的秘诀在于这两件事实际上是相同的。对于一个整体经济而言，收入必定等于支出。这是为什么呢？收入和支出相同的原因就是一次交易都有两方：买方和卖方。如你雇一个小时工为你做卫生，每小时10元，在这种情况下小时工是劳务的卖者，而你是劳务的买者。小时工赚了10元，而你支出了10元。因此这种交易对经济的收入和支出做出了相同的贡献。无论是用总收入来衡量还是用总支出来衡量，GDP都增加了10元。由此可见，在经济中，每生产一元钱，就会产生一元钱的收入。那么怎样把我国GDP这个蛋糕做大呢？重要的是转变观念。无论是企业家还是政府官员，都要想办法把企业的价值链做长，把经济的价值链做长，把产品的附加值做大。怎样理解这句话，举一个例子说明：我国是农业大国，农产品的商品化程度很低，也就是价值链短。农民吃的东西很少是到市场上买来的。他们吃的粮食、蔬菜、蛋类等都是自己生产的。再看美国的农民（美国农业人口占全国总人口的2.8%），如果他是个农场主，则生产出的麦子，自己不磨面、不烤面包，而是从市场把面包、黄油、蛋类、蔬菜等买回来吃，这样一来，他们的价值链就做长了，GDP的总量就做大了。具体是怎样大的？美国农民是先把小麦送进面粉厂，面粉加工出来又进面包厂，生产出来的面包又进超市，超市再把它卖出去。而我国农民只做了一道工序：农民把粮食种出来然后进嘴了。

现在我们已经意识到这个问题，无论是政府还是企业家都在设法把产品和服务价值链做长做大，因为这样才会增加我国的GDP。

资料来源：http://wenku.baidu.com/link? url = QabHjZh5rF3Dzew4NGzfQ_yIh16r0jG0C3ARHgeQuffhBs8mqdzZ8qW8fM1V2ds8X26oGGdP4F - EOn - C2KzQaNfLYkGYE5fdIIoMQIH1bD7

思考

1. 国内生产总值的含义是什么？
2. 计算国内生产总值的生产法、支出法和收入法是什么？
3. 为什么国内生产总值是20世纪最伟大的发现之一？

第一节　国民经济核算概述

国民经济统计又称国民经济核算，是以整个国民经济为对象的一种系统化、一体化的核算，是经济统计学的一个分支，在近几十年来随着国家经济管理职能的加强而逐步发展起来。它是在社会生产总量指标统计的基础上，发展成为以总量指标为核心的社会再生产全过程的核算。由于各国经济运行机制和管理体制不同，因此形成了两种不同的核算体系。

一、国民经济常用的统计指标

- 总量指标
  - 流量
    - 产品生产指标：总产出、中间消耗、增加值、国内总产出、国内生产总值、国内生产净值
    - 收入分配指标：国民总收入、国民净收入、国民可支配总收入、国民可支配净收入、国民收入
    - 收入使用指标：总消费、总储蓄、净储蓄
    - 投资积累指标：固定资产形成、资本形成、其他非金融投资、金融资产获得、金融负债发生
    - 对外经济指标：国际收支总额、国际收支构成、各种国际收支差额
  - 存量
    - 资产指标：固定资产、存货、其他生产资产、土地和地下资产、其他非生产资产、各种金融资产
    - 负债指标：各种金融负债
    - 财富指标：资产净值、国民财富
    - 人口和劳动指标：人口数、劳动适龄人口数、劳动力资源、就业劳动力、失业劳动力

二、国民经济核算体系的形成和发展

SNA（the System of National Accounts，国民经济核算体系）和 MPS（the System of Material Product Balances，物质平衡表体系）是世界两大国民经济核算体系。SNA 现正向世界各国推行。MPS 曾经在经互会国家使用过。我国也曾按 MPS 模式进行国民经济核算，从 1992 年起，开始实行新的《中国国民经济核算体系》。

SNA 是当今世界上绝大多数国家实行的核算制度，它的形成和发展基本包括四个阶段。

第一阶段：SNA 的孕育期（1928—1952 年）。

1928 年，国际联盟举行了一次有关经济统计的国际会议，会议决议第一次在世界上把国际可比性作为其工作目标，从而标志着国际核算体系孕育的开始。20 世纪 30 年代的经济大萧条、第二次世界大战战时动员和战后摊派国际组织费用等重大事件，是直接促使国民经济核算发展的外界因素。但其内在原因，还是由于宏观经济管理的需要，对经济统计数据的客观要求日益增多，且对数据的国际可比性提出了更高的要求。另外，宏观经济理论的发展也对国民收入统计工作起到了很大的推动作用。第二次世界大战后是国民经济核算体系孕育的加速期。1947 年，在英国经济学家 R. 通斯的支持下，国际联盟起草了一份统计分会报告《国民收入的计量和社会账户的建立》，这可以看作 SNA 的胚胎形式。

第二阶段，SNA 的初创期（1953—1967 年）。

1953 年，以联合国统计委员会的名义公布了“国民经济核算及辅助表”，标志着 SNA 的正式诞生，国际的国民经济核算工作从无序走向有序状态。1953 年版本的 SNA 重心在于国民收入与生产的核算，它对核算内容的体系化还只是初步的。在此期间，SNA 也曾经进行过几次小的修订。

第三阶段，SNA 的成长期（1968—1992 年）。

1968 年，SNA 经过重大修订后公布于世，经过国民经济核算专家的精心设计和开发，1968 年版的 SNA 内容更加标准化，核算方法得到改进，并且在核算范围上进一步扩展，包括投入产出核算、资金流量核算、国际收支核算等。另外，对资产负债核算纳入体系也做了前期准备，基本完成了核算框架的构建。

第四阶段，SNA 的成熟期（1993—）。

1993 年 5 个国际组织共同修订的 SNA 正式公布，标志着 SNA 已经成熟。1993 年的 SNA 文本为适应国际经济的发展变化，补充和强调了一些新的内容，对核算原则和一些特殊问题做了阐明，减少了核算的复杂性，同时增进了 SNA 与其他国际统计标准的一致性，从而使

SNA 更容易被各国接受。

在 SNA 之外，还曾经并行过另一个国际核算体系，即物质平衡表体系，简称 MPS。

MPS 是为了适应对国民经济实行高度集中的计划管理的需要，由苏联首先建立起来的，以后逐渐为东欧各国、古巴、蒙古等国所采用，我国也曾采用该体系。MPS 是以物质产品的生产、分配、交换和使用为主线来核算物质产品再生产过程的。核算范围包括农业、工业、建筑业、货物运输及邮电业、商业等。核算方法主要采用单式平衡法，由一系列平衡表组成。从核算内容上看，MPS 核算范围过窄，侧重于反映物质生产、实物流量，以及生产环节的核算，并且侧重于反映国内经济活动的核算。MPS 体系对第三产业的状况、资金运动状况、分配和使用状况、国际收支状况反映不够，难以适应现代经济发展中宏观经济管理的要求。1990 年以后，原先采用 MPS 体系的国家，为了适应向市场经济过渡，其核算体系纷纷由 MPS 向 SNA 过渡，开始运用 SNA 的原理和方法，结合本国经济运行的实际进行国民经济核算体系的改革逐渐放弃 MPS。

三、我国的国民经济核算体系

中华人民共和国成立后，我国的经济统计是根据 MPS 的基本原则建立的，但很不完整。改革开放后，旧的核算制度越来越不适应新形势下加强宏观分析与宏观调控的需要。从 1984 年年底开始，在国务院领导下，由国家统计局会同有关部门，进行了新国民经济核算体系的研制，几经修改，于 1992 年正式通过了《中国国民经济核算体系（试行方案）》。

目前，我国的新国民经济核算体系由“社会再生产核算表”和“经济循环账户”两大部分组成。其中，“社会再生产核算表”的主体部分是国民经济五大核算“基本表”，即国内生产总值及其使用表、投入产出表、资金流量表、资产负债表和国际收支平衡表，均采用平衡表形式进行核算。此外，还有八张“补充表”，即人口平衡表、劳动力平衡表、自然资源表、主要商品资源与使用平衡表、企业部门产出表、企业部门投入表、财政信贷资金平衡表和综合价格指数表。“经济循环账户”则包括一套相对完整的国民经济账户体系，并采用复式记账方法进行核算。它包括三大账户，即国民经济（综合）账户、机构部门账户和产业部门账户。

随着 21 世纪社会经济的发展，知识经济、可持续发展、经济全球化、金融全球化等问题出现，将会使经济核算出现新的不适应。知识要素的重视将使核算生产要素投入的传统生产函数的科学性大大降低；市场性原则渐渐不适应可持续发展的需要；国民、国土原则将难以适应经济全球化、金融全球化的需要。因此，我国的国民经济核算体系仍处于不断改进和完善的过程。

第二节 国民经济核算的基本问题

一、国民经济核算的基本概念和核算原则

（一）基本概念

1. 生产范围

社会生产的范围是建立国民经济核算体系必须首先明确的问题。生产活动既包括为社会创造物质产品的活动，也包括为社会提供服务的活动。创造物质产品的部门和提供服务的部门都属于生产部门，它们都能创造价值，提供国民收入。

在社会再生产过程中，生产处于首要地位，生产决定着分配、交换和使用。因此，确立了生产的范围，也就确定了整个体系的核算范围。生产范围划到哪里，生产成果就算到哪里，中间投入和最终使用也就算到哪里，分配与再分配、原始收入与派生收入也就在哪里分界。这是国民经济核算所必须遵循的整体原则。

2. 基层单位和机构单位

国民经济核算对象是由千千万万个经济单位所组成的复杂经济系统。如果根据经济活动的功能考察，则这些经济单位可以分为基层单位和机构单位两类。

基层单位是指生产经营过程中从事一种（非辅助性）生产活动或从事的主要活动的增加值占绝大部分的一个企业或企业的一部分。这种基层单位可以是一个独立企业，也可以是企业的一个分厂、车间或一些附属单位。

机构单位是指以自己的权利拥有资产，承担负债，从事经济活动并能与其他实体进行交易的经济实体。具有机构单位条件的单位基本上有两类：一类是住户，另一类是得到法律或社会承认的独立于其所有者的法人或社会实体。

在国民经济核算中，“常住单位”或“常住经济单位”是一个十分重要的范畴。应根据“经济领土”和“经济利益中心”这双重界定来划分“常住单位”和“非常住单位”，这样才能确定“国民经济主体”和“国外”，才能保证国民经济核算主体和核算内容上的完整性与一致性。

（二）基本核算原则

1. 市场原则

市场原则是指国民经济主要总量的核算对象要以是否进入市场为界限，只有通过市场交易的部分才计入国民生产成果和消费指标。

市场原则强调把核算的交易限于市场范围，不进入市场的不作为核算的对象。

2. 权责发生制原则

权责发生制是国民经济核算的总原则。机构单位之间的交易必须在债权债务发生、转换或取消时记录，而不论款项是否收到。对一个时期的经济活动进行核算时，凡是本期实际发生的权益和债务的变化，都作为本期的实际交易。

3. 估价原则

国民经济核算中所采用的价格，原则上都应以市场价格为准，即一般都按通过市场交易商定的实际价格估价，对没有货币交易行为的活动，依照同类产品或服务的市场价格估价（如自给性产品生产、自有住房服务等），或按照实际发生的费用估价（如政府机构提供的服务）。

4. 复式记账原理和四式记账原则

国民经济核算采用复式记账原理，分别按部门、按经济运行环节设置一系列“T”形账户，对国民经济运行过程进行完整、系统的描述。对于各个机构部门来说，以复式记账原理为基础编制账户，每一笔交易必须记录两次，一次作为来源，记录在账户的右方；一次作为使用，记录在账户的左方。机构部门之间的每笔交易都涉及两个部门，也就是说一笔交易要进行四次记录，称为四式记账。因此，对于整个国民经济来说，大多数交易是根据四式记账原则编制账户的，即每一笔交易的双方都被记录两次。采用四式记账方法，可以全面地记录经济运行中部门之间的联系，有利于检查账户数据的准确性。

二、国民经济核算体系的构成

国民经济核算既是以国民经济所有部门为对象的总体核算，也是以社会再生产各环节为对象的总体核算，即它是对国民经济各部门的生产核算、分配核算和使用核算。如果把各种核算有机地结合起来，便构成了国民经济核算体系。而现在联合国和各国采用的国民经济核算体系，根据社会再生产各环节的特点以及国民经济宏观管理的需要，侧重从五个方面进行核算，或者说它包括五个方面的核算内容。

（一）国内生产总值核算

国内生产总值核算，即增加值核算，是对全社会在一定时期内从生产角度核算整个社会的最终生产成果，是分配和使用的基础，因而是整个国民经济核算的中心，占有十分重要的地位。

（二）投入产出核算

投入产出核算通过编制投入产出表，全面地反映了各生产部门之间消耗与被消耗的相互关系，是整个核算体系中实物流量核算的主要部分。投入产出表的基本形式如表 10－1 所示。

表 10－1 投入产出表的基本形式

产出 投入		中间产品				最终产品	总产出
		部门 1	部门 2	…	部门 n		
中间投入	部门 1	x_{11}	x_{12}	…	x_{1n}	Y_1	X_1
	部门 2	x_{21}	x_{22}	…	x_{2n}	Y_2	X_2
	…	…	…	…	…	…	…
	部门 n	x_{n1}	x_{n2}	…	x_{nn}	Y_n	X_n
最初投入（增加值）		v_1	v_2	…	v_n		
总投入		X_1	X_2	…	X_n		

在投入产出表中，有以下几个平衡关系，这些平衡关系是投入产出分析的基础：

1. 从纵行上看

中间投入＋最初投入＝总投入，即

$$\sum_{i=1}^{n} x_{ij} + v_j = X_j$$

式中，$\sum_{i=1}^{n} x_{ij}$ 表示 j 部门所消耗的各种中间投入总量；v_j 表示 j 部门的最初投入；X_j 表示 j 部门的总投入。

2. 从横行上看

中间产品＋最终产品＝总产出，即

$$\sum_{j=1}^{n} x_{ij} + y_i = X_i$$

式中，$\sum_{j=1}^{n} x_{ij}$ 表示 i 部门的供中间使用的产品总量；y_i 表示 i 部门的供最终使用的产品总量；X_i 表示 i 部门的总产出。

3. 从产出上看

每个部门的总投入＝该部门的总产出，即

$$X_i = X_j$$

同时，投入产出表总平衡式是全国最初投入总计等于产品总计，即

$$\sum_{j=1}^{n} v_j = \sum_{i=1}^{n} y_i$$

根据投入产出表可以计算直接消耗系数和完全消耗系数，用以反映国民经济各部门之间的消耗关系。

直接消耗系数是反映两部门间直接存在的投入产出关系的数量表现。具体而言，它是一个部门生产单位产品需要直接消耗的各个部门产品的数量，用 a_{ij} 表示，其计算公式为

$$a_{ij} = \frac{x_{ij}}{X_j}\ (i,\ j=1,\ 2,\ \cdots,\ n)$$

完全消耗系数是生产单位的最终产品对另一种产品的完全消耗数量，考虑了其生产这一单位最终产品时通过其他产品而对该种产品间接的消耗量，用 b_{ij} 表示，其计算公式为

$$b_{ij} = a_{ij} + \sum_{k=1}^{n} a_{ik}a_{kj} + \sum_{s=1}^{n}\sum_{k=1}^{n} a_{is}a_{sk}a_{kj} + \cdots (i,j = 1,2,\cdots,n)$$

式中，$a_{i}j$ 代表第 j 产品部门对第 i 产品部门的直接消耗量；$\sum_{k=1}^{n} a_{ik}a_{kj}$ 代表第 j 产品对第 i 产品部门的第一轮间接消耗量；$\sum_{s=1}^{n}\sum_{k=1}^{n} a_{is}a_{sk}a_{kj}$ 代表第二轮间接消耗量；以此类推，第 $n+1$ 项为第 n 轮间接消耗量。

（三）资金流量核算

资金流量核算以全社会资金运动为对象，从资金运行这一侧面着手，系统反映资金的来源、运用、结构、余缺情况，核算各部门资金的来源和运用，是国民经济核算在分配领域的展开，反映全社会各种资金在各部门间的流量、流向，包括各部门收入的形成，初次分配和再分配，特别是通过金融渠道调剂资金余缺实现扩大再生产的情况，为研究国家、集体、个人三者之间的分配关系，储蓄与消费的比例关系，投资需求与资金供给的平衡关系，为国家制定分配政策、财政政策和金融政策，利用各种经济杠杆进行宏观经济调控提供依据。因此，在社会主义市场经济条件下，资金流量核算显得特别重要。资金流量核算所依据的工具主要是编制资金流量表。表 10－2 所示为标准式的资金流量表。

表 10－2 资金流量表（标准式简表） 单位：亿元

机构部门 交易项目			非金融公司		金融公司		一般政府		住户		为住户服务的非营利机构		经济总体		国外		合计	
			使用	来源	使用	来源	使用	来源	使用	来源	使用	来源	使用	来源	使用	来源	使用	来源
实物交易	经常账户	收入（Y）																
		净转移收入（T）																
		消费（C）																
	投资账户	储蓄（S）																
		实物投资（I）																
		储蓄投资差（$S-I$）																

续表

交易项目＼机构部门			非金融公司		金融公司		一般政府		住户		为住户服务的非营利机构		经济总体		国外		合计	
			使用	来源	使用	来源	使用	来源	使用	来源	使用	来源	使用	来源	使用	来源	使用	来源
金融交易	金融账户	金融资金使用（*FU*）																
		金融资金来源（*FS*）																
		存款																
		贷款和证券																
		货币																
		国外资本往来																
		储备资产																

（四）资产负债核算

资产负债核算即国民财富核算，是一种存量的核算，是针对以一个国家或地区为整体持有的资产负债所进行的核算，反映一个国家或地区所拥有资产和所承担的负债的规模、结构与变化状况，为宏观经济管理提供重要的基础数据。资产负债核算主要包括存量核算和资产负债变化情况的核算。资产负债表是资产负债核算的中心内容。从形式上看，资产负债表可以为平衡表形式，也可以为综合账户形式。表 10－3 所示为以综合账户形式表示的资产负债表。

表 10－3　国民经济总体资产负债表（综合账户形式）

资产								项目	负债和净值							
合计	国外	经济总体	为住户服务的非营利机构	住户	一般政府	金融公司	非金融公司		非金融公司	金融公司	一般政府	住户	为住户服务的非营利机构	经济总体	国外	合计
								非金融资产、生产资产、非生产资产、金融资产/负债、货币黄金特别提款权、通货和存货、贷款、股票和其他权益、保险专门准备金、其他应收/应付款项								
								净值								

（五）国际收支核算

国际收支核算是对与国外的各种交易往来，包括借贷往来、投资往来以及各种援助往来等的核算。它可以综合反映国家的国际收支平衡状况、收支结构以及国际储备资产的增减变动情况，为制定对外经济政策，分析影响国际收支平衡的基本因素，采取相应的调控措施提供依据。国际收支核算的工作主要体现在编制国际收支平衡表。

三、国民经济核算的主要分类

（一）国民经济行业分类

产业部门分类是按照基层单位生产产品的同质性进行划分的。在我国，习惯上将产业部门分类称为国民经济行业分类。行业分类是最为基本的，也是最为重要的国民经济分类。世界各国和有关国际组织都制定了专门的行业分类标准，其中最具有权威性的就是联合国颁布的国际标准分类。

联合国曾于1948年制定过行业分类的有关国际标准，推荐给各成员国参照使用，此后又经过反复修订。我国的国民经济行业分类经历了一个较大的发展变化过程。现行标准经国家统计局修订并报国家质监局批准，于2002年10月1日起正式实施。国民经济行业分类分为四个层次，即门类、大类、中类、小类，共有20个门类、95个大类、396个中类、913个小类

这20个门类分是：农、林、牧、渔业，采矿业，制造业，电力、热力、燃气及水生产和供应业，建筑业，批发和零售业，交通运输、仓储和邮政业，住宿和餐饮业，信息传输、软件和信息技术服务业，金融业，房地产业，租赁和商务服务业，科学研究和技术服务业，水利、环境和公共设施管理业，居民服务、修理和其他服务业，教育，卫生和社会工作，文化体育和娱乐业，公共管理、社会保障和社会组织，国际组织。

（二）国民经济机构部门分类

机构部门分类是根据机构单位所具有的基本特征所进行的分类。在我国的国民经济核算体系中，根据机构单位的基本特征，划分为非金融企业部门、金融机构部门、政府部门、住户和国外部门五大部门。

非金融企业部门由不从事金融媒介活动的所有常住法人企业组成，主要指从事生产货物和非金融服务生产的机构单位。

金融机构部门由从事金融媒介活动的所有常住法人单位和企业组成，包括中国人民银行、各专业银行、信用社、保险公司、信托投资公司及证券交易公司等。

政府部门由各种类型具备法人资格的常住行政单位和非企业化管理的事业单位组成，其中包括军事单位，也包括行政事业单位附属的不具备法人资格的企业，但不包括行政事业单位附属的法人企业，这类企业通常归入企业部门。

住户部门由所有常住居民住户组成，其中包括住户拥有的个体经营单位。

为了反映国内各常住单位与国外的经济交易情况，特设置了国外部门，其包括与我国常住单位发生经济往来的所有非常住单位。

（三）国民经济三次产业分类

国民经济三次产业分类是指根据社会经济活动的不同发展阶段，或人类生产活动的发展

顺序，或者生产成果满足人类需要的层次，将国民经济中的交易者（经济活动主体）划分为三大产业部门的一种分类。

1. 联合国的三次产业分类

国民经济三次产业分类在国际上比较通用。虽然分类基本框架相同，但各国在划分三次产业时所依据的标准并不完全相同，归纳起来有以下标准：以生产过程与消费过程是否统一为标准，两个过程同时进行的划入第三产业，否则划入第一、二产业；以生产者与消费者的距离远近为标准划分第一、二、三产业；以产品是否有形为标准，有形产品的生产者划分第一、二产业，无形产品的提供者划入第三产业。除了分类标准不同外，各国在分类口径和划分范畴上也存在一些差异。

为了使各国的三次产业分类尽可能统一，经济合作与发展组织提供了一个标准的三次产业分类，即：第一产业：农业，包括种植业、畜牧业、狩猎业、渔业和林业；第二产业：工业，包括制造业、采掘业、矿业、建筑业、公用事业（电力、煤气、水的供应）；第三产业：服务业，包括运输通信业、仓储业、批发和零售贸易、金融业、科学、教育、卫生、广播电视业、公共行政、国防及社会事务、娱乐、个人服务业等。

2. 我国的三次产业分类

我国在国民经济行业分类的基础上，进行了三次产业的划分。第一产业：农业（包括农业即种植业、林业、畜牧业、渔业）；第二产业：工业（包括采掘业、制造业、电力、煤气及水的生产与供应业）和建筑业；第三产业：除上述第一、二产业以外的其他行业。第三产业可以分为流通部门和服务部门两大部门。流通部门，为生产和生活服务的部门，为提高科学文化水平和居民素质服务的部门，为社会公共需要服务的部门。

第三节　主要国民经济总量指标的计算

在国民经济核算体系中，有一些常用的国民经济指标，本节对这些常用的国民经济总量指标做简要介绍。

一、总产出与社会总产值

在 SNA 中，总产出是指核算期内所有常住单位全部生产活动的总成果，既包括货物生产部门的全部产出，又包括服务部门的全部产出。因而，对于一个国家或地区而言，其总产出等于各部门产出之和，用公式表示为

$$\text{国民经济总产出} = \sum \text{各部门总产出}$$

总产出作为一个反映经济流量总规模、总水平的生产指标，它所包含的经济流量不仅包括最终（新增加）的经济量，也包括产品消耗（转移）的经济量，具有双重的性质，也就是说既有投入又有产出。因而，总产出在衡量经济活动最终生产成果时存在一定局限性。

二、国内生产总值

在 SNA 中最重要的一个国民经济总量指标就是国内生产总值。

国内生产总值（Gross National Product，GDP），是指一个国家或地区所有常住单位在核算期内所生产的和提供的最终货物和服务的总价值。作为一个生产概念，GDP 涵盖了所有

生产活动的最终成果，综合地反映了一国国民经济活动的全貌，是衡量国民经济发展规模和宏观经济效益的基础指标。

若从国民经济运行的不同角度加以观察和测度，GDP 核算有三种方法：生产法、收入法和支出法。

（一）生产法

生产法又叫作增加值法（Value Added Approach），是直接根据国内生产总值的定义从生产角度计算的。

计算公式为

国内生产总值 = 各部门增加值之和

增加值 = 总产出 - 中间投入

式中，增加值是生产单位对产品所追加的价值部分，没有相应的实物形态，GDP 的计算必须以总产出的计算和中间消耗的计算为基础。其中中间消耗是指在生产过程中消耗或转换的货物与服务的价值，也叫中间投入。计入中间消耗必须具备两个条件：一是与总产出相对应的生产过程所消耗或转换的货物与服务；二是本期消耗的不属于固定资产的非耐用品。

（二）收入法

收入法也叫分配法，是从初次分配或收入形成角度测算 GDP 的一种方法，通过将所有部门的劳动者报酬、生产税净额、固定资本折旧和营业盈余加总，即得到国内生产总值，用公式表示为

国内生产总值 = 劳动者报酬 + 固定资产折旧 + 生产税净额 + 营业盈余

劳动者报酬是劳动者因从事生产活动所获得的全部报酬。固定资产折旧是为补偿生产经营过程中损耗的固定资产按比例提取的折旧费，反映生产过程中固定资产的消耗。生产税净额是指生产税减去生产补贴后的差额，其中生产税是政府对生产单位生产、销售和从事经营活动以及因从事生产经营活动而使用某些生产要素，如土地、固定资产、劳动力所征收的各种税、附加费和规费；生产补贴是政府向生产单位的单方面无偿转移，可以看作一种负的生产税，如政策性亏损补贴、价格补贴等。营业盈余是从总产出中扣除中间消耗、固定资产折旧、劳动力报酬和生产税净额以后的剩余部分。

（三）支出法

支出法也叫最终使用法，是从生产环节对 GDP 进行的统计，基本思想是将全社会用于最终使用的支出汇总起来求得国内生产总值的一种方法。从最终使用的角度来讲，GDP 等于按购买者价格计算的货物和服务的最终价值之和（包括进口价值），扣除货物和服务的进口价值，用公式表示为

国内生产总值 = 最终消费 + 资本形成总额 + 货物和服务的净出口

最终消费包括居民消费和社会消费，是用于消费的货物和服务的价值。资本形成总额是指一定时期内固定资产投资和库存增加价值的总和。货物和服务的净出口是货物和服务的出口价值减去进口价值的差额。

用以上三种方法计算的国内生产总值，从理论上讲，核算结果应该是一致的，即国民经济核算中的“三方等价”原则，但在实践中，由于从不同的角度计算，资料来源也各不相同，因此计算结果可能会有差别。各国一般根据实际情况选用某种方法为主。

三、国内生产净值

国内生产净值（Net Domestic Product，NDP）是所有常住单位的增加值之和。增加值是由总产出减去中间消耗计算出来的，而中间消耗并不包括固定资本的消耗，即固定资本折旧。这也就是说 GDP 包含了固定资本的折旧部分。所有国内部门的增加值之和，即国内生产净值，用公式表示为

国内生产净值 = 国内生产总值 - 固定资产折旧

四、国民总收入

国内生产总值是一个生产概念，与此相关的一个指标是国民总收入（Gross National Income，GNI）是一个收入概念。国民总收入相当于曾经使用的国民生产总值（Gross National Product，GNP）。1993 年，SNA 为了强调其作为收入指标的特性，用国民总收入取代了国民生产总值的概念。

国民总收入是反映常住单位来自于国内和国外全部收入的指标，是一定时期内本国的生产要素所有者占有的最终产品（货物和服务）的总价值。国民总收入与国内生产总值有密切的关系。从计算上说，它等于国内生产总值减去支付给非常住单位的原始收入，再加上从非常住单位得到的原始收入，用公式表示为

国民总收入（GNI）= 国内生产总值（GDP）+ 来自国外的要素收入净额

来自国外的要素收入净额 = 来自国外的劳动者报酬和财产收入 - 国外从本国获得的劳动者报酬和财产收入 = 来自国外的劳动者报酬净额 + 来自国外的财产收入净额

五、国民净收入

与国内生产净值（NDP）类似，国民净收入（Net National Income，NNI）等于国民总收入减去固定资本消耗后的余额，相当于曾经使用过的国民生产净值（Net National Product，NNP）的概念。用公式表示为

国民净收入 = 国民总收入 - 固定资本折旧

GDP 增长率是经济生活中使用最多的一个指标之一，是衡量一国或地区经济增长的重要指标。GDP 增长率是在国内生产总值这一重要总量指标基础上计算的。

GDP 增长率是在不变价国内生产总值的基础上计算的。在实际应用中，通常分别用同一标准下的不变价格核算出 GDP 数值，然后将两者做比较得到 GDP 的发展速度和增长速度。用公式表示为

$$\text{GDP 增长率} = \frac{\text{当年可比价格计算的国内生产总值}}{\text{上年可比价格计算的国内生产总值}} \times 100\% - 1 = \text{GDP 的发展速度} - 1$$

本章小结

国民经济核算既是以国民经济所有部门为对象的总体核算，也是以社会再生产各环节为对象的总体核算，即它是对国民经济各部门的生产核算、分配核算和使用核算。如果把各种核算有机地结合起来，便构成了国民经济核算体系。而现在联合国和各国采用的国民经济核

算体系，根据社会再生产各环节的特点以及国民经济宏观管理的需要，侧重从五个方面进行核算，或者说它包括五个方面的核算内容。一是国内生产总值核算，二是投入产出核算，三是资金流量核算，四是资产负债核算，五是国际收支核算。在国民经济核算中，“常住单位”或“常住经济单位”是一个十分重要的范畴。应根据“经济领土”和“经济利益中心”这双重界定来划分“常住单位”和“非常住单位”，这样才能确定“国民经济主体”和“国外”，才能保证国民经济核算主体和核算内容上的完整性与一致性。核算时通常遵循市场原则、权责发生制原则、估价原则，复式记账原理和四式记账原则这四项基本核算原则。

在国民经济核算体系中，有一些常用的国民经济指标，这些常用的国民经济总量指标包括以下几个：

（一）总产出与社会总产值

在 SNA 中，总产出是指核算期内所有常住单位全部生产活动的总成果，既包括货物生产部门的全部产出，也包括服务部门的全部产出。因而，对于一个国家或地区而言，其总产出等于各部门产出之和。

（二）国内生产总值

国内生产总值（Gross National Product，GDP），是指一个国家或地区所有常住单位在核算期内所生产和提供的最终货物和服务的总价值。作为一个生产概念，GDP 涵盖了所有生产活动的最终成果，综合地反映了一国国民经济活动的全貌，是衡量国民经济发展规模和宏观经济效益的基础指标。

若从国民经济运行的不同角度加以观察和测度，GDP 核算有三种方法：生产法、收入法和支出法。生产法：生产法又叫作增加值法（Value Added Approach），是直接根据国内生产总值的定义从生产角度计算的。计算公式为：国内生产总值 = 各部门增加值之和，增加值总产出 - 中间投入。收入法：收入法也叫分配法，是从初次分配或收入形成角度测算 GDP 的一种方法，通过将所有部门的劳动者报酬、生产税净额、固定资本折旧和营业盈余加总，即得到国内生产总值，用公式表示为：国内生产总值 = 劳动者报酬 + 固定资产折旧 + 生产税净额 + 营业盈余。支出法：也叫最终使用法，是从生产环节对 GDP 进行的统计，基本思想是将全社会用于最终使用的支出汇总起来求得国内生产总值的一种方法。从最终使用的角度来讲，GDP 等于按购买者价格计算的货物和服务的最终价值之和（包括进口价值），扣除货物和服务的进口价值，用公式表示为：国内生产总值 = 最终消费 + 资本形成总额 + 货物和服务的净出口。用以上三种方法计算的国内生产总值，从理论上讲，核算结果应该是一致的，即国民经济核算中的“三方等价”原则，但在实践中，由于从不同的角度计算，资料来源也各不相同，因此计算结果可能会有差别。各国一般根据实际情况选用以某种方法为主。

（三）国内生产净值

国内生产净值（Net Domestic Product，NDP）是所有常住单位的增加值之和。增加值是总产出减去中间消耗计算出来的，而中间消耗并不包括固定资本的消耗，即固定资本折旧。这也就是说 GDP 包含了固定资本的折旧部分。所有国内部门的增加值之和，即国内生产净值，用公式表示为：国内生产净值 = 国内生产总值 - 固定资产折旧。

（四）国民总收入

国内生产总值是一个生产概念，与此相关的一个指标是国民总收入（Gross National Income，GNI），是一个收入概念。国民总收入相当于曾经使用的国民生产总值（Gross National Product，GNP）。1993 年，SNA 为了强调其作为收入指标的特性，用国民总收入取代了国民生产总值的概念。国民总收入是反映常住单位来自于国内和国外全部收入的指标，是一定时期内本国的生产要素所有者占有的最终产品（货物和服务）的总价值。国民总收入与国内生产总值有密切的关系。从计算上说，它等于国内生产总值减去支付给非常住单位的原始收入，再加上从非常住单位得到的原始收入。用公式表示为：国民总收入（GNI）＝国内生产总值（GDP）＋来自国外的要素收入净额。

（五）国民净收入

与国内生产净值（NDP）相类似，国民净收入（Net National Income，NNI）等于国民总收入减去固定资本消耗后的余额，相当于曾经使用过的国民生产净值（Net National Product，NNP）的概念。用公式表示为：国民净收入＝国民总收入－固定资本折旧。

技能训练题

一、单项选择题（在备选答案中，选择一个正确答案，将其序号写在括号内）

1. 实际的 GDP 等于（　　）。

A. 价格水平除以名义 GDP　　B. 名义 GDP 除以价格水平

C. 名义 GDP 乘以价格水平　　D. 价格水平乘以潜在的 GDP

2. 存量是（　　）。

A. 在某个时点上测量的　　B. 在某个时点上的流动价值

C. 流量的固体等价物　　D. 在某个时期内测量的

3. 按最终使用者类型，将最终产品和劳务的市场价值加总起来计算 GDP 的方法是（　　）。

A. 支出法　　B. 收入法　　C. 生产法　　D. 增加值法

4. 用收入法计算的 GDP 等于（　　）。

A. 消费＋投资＋政府支出＋净出口

B. 工资＋利息＋地租＋利润＋间接税

C. 工资＋利息＋中间产品成本＋利润＋间接税

D. 厂商的收入－中间产品成本

5. 下列不属于转移支付的是（　　）。

A. 退伍军人的津贴　　B. 失业救济金

C. 出售政府债券的收入　　D. 贫困家庭的补贴

6. 某商业企业进货价值 200 万元，全部售出后得到销售收入 280 万元，则该商业企业总产出为（　　）。

A. 80 万元　　B. 480 万元　　C. 280 万元　　D. 200 万元

7. 从国内生产净值减下列哪项成为国民收入？（　　）

A. 折旧　　B. 原材料支出　　C. 直接税　　D. 间接税

8. 在下列项目中，（　　）不属于政府购买。

A. 地方政府办三所中学　　B. 政府给低收入者提供一笔住房补贴

C. 政府订购一批军火　　D. 政府给公务人员增加薪水

9. 今年的名义国内生产总值大于去年的名义国内生产总值，说明（　　）。
A. 今年物价水平一定比去年高了
B. 今年生产的物品和劳务的总量一定比去年增加了
C. 今年的物价水平和实物产量水平一定都比去年提高了
D. 以上三种说法都不一定正确
10. 下列哪一项应计入 GDP？（　　）
A. 购买一辆用过的旧自行车
B. 购买普通股票
C. 汽车制造厂买进 10 吨钢板
D. 银行向某企业收取一笔贷款利息
11. 支出法核算国内生产总值时，进行核算的角度为（　　）。
A. 货物和服务的生产
B. 货物和服务的分配
C. 货物和服务的使用去向
D. 货物和服务的进出口
12. 下列四种产品中应该计入当年国内生产总值的是（　　）。
A. 去年生产而今年销售出去的汽车
B. 当年生产的一辆汽车
C. 某人去年收购而在今年转售给他人的汽车
D. 一台报废的汽车
13. 国内生产总值是下面哪一项的市场价值？（　　）
A. 一年内一个经济的所有交易
B. 一年内一个经济中交换的所有商品和劳务
C. 一年内一个经济中交换的所有最终商品和劳务
D. 一年内一个经济中生产的所有最终产品和劳务
14. 按支出法，应计入私人国内总投资的项目是（　　）。
A. 个人购买的小汽车
B. 个人购买的游艇
C. 个人购买的服装
D. 个人购买的住房
15. 在以下价值指标中，一般能通过“数量×单价”的方法计算出来的是（　　）。
A. 总产出
B. 净出口
C. 总增加值
D. 净增加值
16. 关于中间投入（中间消耗）的含义和计算原则，以下表述不正确的是（　　）。
A. 中间投入是指生产过程中所消耗的耐用性货物和服务的价值
B. 它们是一次性地或短期地运用于生产过程
C. 中间投入价值会随着生产过程转移到产品价值中去
D. 计算增加值时要从总产出中扣除中间消耗价值

17. 已知某地区国内生产总值为 1 000 亿元，总产出为 1 500 亿元，其中固定资产折旧为 100 亿元，则该地区中间投入为（　　）。
A. 2 500 亿元
B. 400 亿元
C. 900 亿元
D. 500 亿元
18. 投入产出表中，从水平方向看基本平衡关系是（　　）。
A. 中间产品 + 最终产品 = 总产品
B. 中间产品 + 总产品 = 最终产品
C. 转移价值 + 新创造价值 = 总产值
D. 新创造价值 + 转移价值 = 最终产值

19. 某机构单位的增加值中，获得营业盈余的部门为（　　）。

A. 居民　　B. 政府　　C. 该机构单位　　D. 金融机构

20. 非营利性服务部门总产出的基本计算方法是（　　）。

A. 按营业（或业务）总收入计算

B. 按销售价值减去购进价值计算

C. 按服务收入减去相关支出和费用提取计算

D. 按各种经常性费用支出加固定资产折旧计算

21. 某商业企业进货价值200万元，全部售出后得到销售收入280万元，则该商业企业总产出为（　　）。

A. 80万元　　B. 480万元　　C. 280万元　　D. 200万元

22. 在收入分配统计中，以下收支流量不属于经常转移的是（　　）。

A. 所得税　　B. 营业税

C. 社会保险付款　　D. 社会补助

23. 支出法核算国内生产总值时，进行核算的角度为（　　）。

A. 货物和服务的生产　　B. 货物和服务的分配

C. 货物和服务的使用去向　　D. 货物和服务的进出

24. 我国国民经济产业部门分类，最综合的分类是（　　）。

A. 一次产业分类　　B. 二次产业分类

C. 三次产业分类　　D. 四次产业分类

25. 划分国内经济活动和国外经济活动的基本依据是（　　）。

A. 基层单位和机构单位　　B. 常住单位和非常住单位

C. 机构单位和机构部门　　D. 基层单位和产业部门

26. 基层单位是国民经济核算体系为了进行（　　）确定的基本核算单位。

A. 生产和收入分配核算　　B. 生产核算和投入产出分析

C. 资金流量核算　　D. 国际收支核算

27. 以下产业不属于第三产业的是（　　）。

A. 交通运输业　　B. 物资供销和仓储业

C. 科学研究事业　　D. 畜牧业

28. 以下表述正确的是（　　）。

A. 一个基层单位可以包含一个机构单位　　B. 一个基层单位可以包含多个机构单位

C. 一个机构单位只能包含一个基层单位　　D. 一个机构单位可以包含多个基层单位

29. 保险公司属于（　　）。

A. 非金融企业部门　　B. 金融机构部门

C. 政府部门　　D. 住户部门

30. 某公司的主营业务是为社会提供咨询服务，该公司属于（　　）。

A. 第一产业　　B. 第二产业

C. 第三产业　　D. 无法确定产业范围

31. 服务的特点是（　　）。

A. 为社会提供物质产品　　B. 生产和消费同时进行

C. 其总产出只能采用虚拟核算的方式　　D. 无增加值核算的内容

32. 下列哪一项不列入国内生产总值的核算？(　　)

A. 出口到国外的一批货物　　B. 政府给贫困家庭发放的一笔救济金

C. 经纪人为一座旧房买卖收取的一笔佣金　　D. 保险公司收到的一笔家庭财产保险费

33. 下列各项不能看作增加值的是（　　）。

A. 中间消耗　　B. 劳动报酬

C. 生产税　　D. 营业盈余

34. 用支出法计算国内生产总值时，不需要计算（　　）。

A. 最终消费　　B. 资本形成总额

C. 营业盈余　　D. 货物与服务净出口

35. 在当期粮食产量中，根据使用去向可以判断，属于最终产品的是（　　）。

A. 农民出售给餐饮业的粮食

B. 被食品加工企业当期生产消耗的粮食

C. 由粮食购销部门增加储备的粮食

D. 用作畜牧业饲料消耗的粮食

36. 一国的国内生产总值大于国民总收入，说明该国公民从外国取得的收入（　　）外国公民从该国取得的收入。

A. 大于　　B. 小于

C. 等于　　D. 可能大于也可能小于

37. 企业的总产出是指企业（　　）。

A. 生产过程中最初投入的价值

B. 生产过程中对货物和服务的中间消耗的价值

C. 上缴政府的生产税净额

D. 生产出的货物和服务的全部价值

二、多项选择题（在备选答案中，选择两个或两个以上正确答案，将其序号写在括号内）

1. 属于最终产品的是（　　）。

A. 公司当期库存　　B. 产品广告　　C. 出口产品

D. 商标注册　　E. 法律咨询服务

2. 最终消费包括（　　）。

A. 政府消费　　B. 居民消费　　C. 国外旅游团来华旅游

D. 出国旅游消费　　E. 购买进口轿车

3. 支出法国内生产总值中的最终消费包括（　　）。

A. 居民购买住房　　B. 住房装修费　　C. 居民自有住房服务

D. 家人的家务劳动　　E. 维护公共安全的支出

4. 下列属于无形固定资本形成的有（　　）。

A. 某养殖场新近购进种牛的支出

B. 某林业企业新增经济林木价值

C. 某软件公司新开发的计算机软件获得减处置的净额

D. 矿藏勘探的获得减处置的净额

E. 某制造业企业用于机器设备的大修理支出

5. 我国国民经济核算体系中对国民经济运行的流量进行核算的子体系有（　　）。

A. 国内生产总值核算　　B. 投入产出核算

C. 资金流量核算　　D. 资产负债核算

E. 国际收支核算

6. 国内生产总值的表现形态包括（　　）。

A. 价值形态　　B. 收入形态　　C. 实物形态

D. 产品形态　　E. 货币形态

7. 某企业第一年生产了200万元的产品，当年只卖掉180万元；第二年生产了300万元的产品，卖掉了310万元，则当年的GDP为（　　）。

A. 310万元　　B. 200万元　　C. 180万元

D. 300万元　　E. 20万元

8. 某产品从工厂出厂为每件50元，加上商业毛利后按每件55元出售给消费者，这时的商品价格属于（　　）。

A. 生产者价格　　B. 购买者价格　　C. 出厂价格

D. 批发价格　　E. 零售价格

9. 属于中间投入的项目为（　　）。

A. 对生产设备定期保养和修理的支出

B. 单位向雇员定制的工作服

C. 生产企业新建的仓库

D. 机器设备的更新改造

E. 雇员在外出差的费用

10. 在下列服务业中，采用在核算期内所投入的成本来计算总产出的行业是（　　）。

A. 金融业　　B. 教育　　C. 文化、体育和娱乐业

D. 租赁和商业服务业　　E. 公共管理和社会组织

11. 不变价国内生产总值生产核算，使用单缩法的产业部门为（　　）。

A. 工业　　B. 交通运输仓储和邮政业

C. 批发和零售业　　D. 金融业

E. 房地产业

12. 下列指标中，不包含中间产品重复计算因素的指标有（　　）。

A. 总产出　　B. 国内生产总值　　C. 增加值

D. 国内生产净值　　E. 总产值

13. 国民经济统计中，生产统计范围不包括（　　）。

A. 外商投资企业的生产　　B. 野生动植物的生长

C. 免费给公众提供的社会服务　　D. 自用性货物的生产

E. 家务劳动

14. 关于国民生产总值指标，以下表述正确的有（　　）。

A. 它是衡量宏观经济总量最重要的指标之一

B. 它反映了一定时期一国居民的最终生产成果
C. 它是反映一国初次分配结果的总量指标
D. 它实质上是一个收入概念
E. 它等于国内生产总值加上来自国外的要素收入净额
15. 投入产出表反映（　　）。
A. 投入与产出的关系　　B. 国民收入生产与使用的关系
C. 社会总产品生产与使用的关系　　D. 国民经济各部门之间的联系
E. 最终产品与最终产值的关系
16. 投入产出分析服从下列假定条件的约束（　　）。
A. 投入一定假定　　B. 产出稳定假定　　C. 同质性假定
D. 比例性假定　　E. 系数稳定性假定
17. 国民经济统计中，生产统计范围不包括（　　）。
A. 外商投资企业的生产　　B. 野生动植物的生长
C. 免费给公众提供的社会服务　　D. 自用性货物的生产
E. 家务劳动
18. 作为法人单位必须具备的条件是（　　）。
A. 依法成立，有自己的名称、组织机构和场所
B. 在一个场所从事一种或主要从事一种社会经济活动
C. 独立拥有和使用资产、承担负债，有权与其他单位签订合同
D. 能掌握收入和支出等业务核算资料
E. 会计上独立核算，能够编制资产负债表
19. 下列指标中，不包含中间产品重复计算因素的指标有（　　）。
A. 总产出　　B. 国内生产总值　　C. 增加值
D. 国内生产净值　　E. 总产值
20. 下列项目中应计入国内生产总值的有（　　）。
A. 劳动者的货币工资　　B. 劳动者的实物报酬
C. 劳动者获得的侨汇收入　　D. 生产税减生产补贴
E. 居民储蓄的利息收入
21. 按收入法计算的国内生产总值由以下哪几项构成？（　　）
A. 固定资产折旧　　B. 中间消耗　　C. 生产税净额
D. 营业盈余　　E. 劳动者报酬
22. 计算工业总产出时应包括（　　）。
A. 当期生产的成品价值　　B. 上期存储的成品价值
C. 半成品期初期末结存差额　　D. 在制品期初期末结存差额
E. 工业性作业价值
23. 下列表述正确的是（　　）。
A. 国内生产总值 = 最终消费 + 资本形成总额 + 净出口
B. 国内生产总值 = 总产出 − 中间投入
C. 国内生产总值 = 劳动者报酬 + 生产税净额 + 固定资产折旧 + 营业盈余

D. 无论是否存在统计误差，生产法国内生产总值都等于支出法国内生产总值
E. 若存在统计误差，则生产法国内生产总值可能不等于支出法国内生产总值
24. 下列项目中属于收入初次分配核算范围的有（　　）。
A. 居民家庭的工资收入
B. 居民家庭投资股票获得的分红
C. 政府对政策性亏损企业的补贴
D. 政府拨付给科教文卫部门的经常性经费
E. 某企业支付给银行的贷款利息
25. 下列哪些产业包括在我国三次产业分类的第二产业类中?（　　）
A. 部队　B. 发电厂　C. 建筑公司
D. 铁路运输　E. 渔业
26. 下列各项中属于企业中间消耗的是（　　）。
A. 支付原材料的运输费用　B. 更换一批新的钳锤等手工工具
C. 职工的教育培训费用　D. 大型机床更新改造
E. 设备的普通保养
27. 收入形成账户使用方记录的项目包括（　　）。
A. 劳动报酬　B. 生产税净额　C. 社会缴款
D. 社会福利　E. 营业盈余
28. 各机构部门中具有消费职能的部门有（　　）
A. 非金融企业　B. 金融机构　C. 居民
D. 政府　E. 为居民服务的非营利机构
29. 投入产出表中的主要平衡关系有（　　）。
A. 总投入等于总产出　B. 中间使用加最初投入等于总产出
C. 第Ⅱ象限总计等于第Ⅲ象限总计　D. 每种产品行总计等于相应的列总计
E. 中间投入每一列的合计等于中间产品相应行的合计
30. 下列项目中，属于经常转移的有（　　）。
A. 财产税　B. 个人所得税　C. 社会福利经费
D. 个人购买福利彩票的支出　E. 事业单位文教事业经费

三、判断题（把正确的符号“√”或错误的符号“×”填写在题前的括号内）

1.（　　）国内生产总值减去折旧就是国内生产净值。
2.（　　）销售一栋建筑物的房地产经纪商的佣金应加到国内生产总值中去。
3.（　　）同样的服装，在生产中作为工作服穿就是中间产品，而在日常生活中穿就是最终产品。
4.（　　）当期生产的被用于最终消费、固定资本形成和出口的产品就是最终产品。
5.（　　）从生产的角度，生产法 GDP 消除了生产各环节之间的重复计算。
6.（　　）总产出按生产者价格计算，中间投入按购买者价格计算。
7.（　　）中间投入是指一次性消耗或使用的货物和服务的价值。
8.（　　）生产者价格包括货物离开生产单位后所发生的运输费和商业费用。
9.（　　）购买者价格等于生产者价格加上购买者支付的运输和商业费用，再加上购

买者缴纳的不可扣除的增值税和其他税。

10.（　　）计算增加值时，既扣除中间消耗价值又扣除固定资产的转移价值。

11.（　　）固定资本消耗已经折旧。

12.（　　）增加值能够反映各产业部门生产经营活动的总成果。

13.（　　）劳动者报酬包括货币和实物报酬及社会保险费。因此，为方便职工，单位提供的上下班车属于实物性工资。

14.（　　）在现行机构部门划分中，中国人民银行属于政府部门。

15.（　　）国内生产总值等于各种最终产品和中间产品的价值总和。

16.（　　）如果两个国家的国内生产总值相同，那么这两个国家的生活水平也就相同。

17.（　　）政府的转移支付是国内生产总值构成中的一部分。

18.（　　）无论是从政府公债中得到的利息还是从公司债券得到的利息都应计入国内生产总值。

19.（　　）间接税不应计入国内生产总值的统计。

20.（　　）今年建成并出售的房屋价值和去年建成而在今年出售的房屋价值都应计入今年的国内生产总值。

21.（　　）某人出售一幅旧油画所得到的收入，应该计入当年的国内生产总值。

22.（　　）如果农民种植的粮食用于自己消费，则这种粮食的价值就无法计入国内生产总值。

23.（　　）资本形成总额包括固定资产与存货增加。

24.（　　）计算固定资本形成总额应包括购买的旧建筑、旧设备。

25.（　　）固定资本形成总额中包括矿藏勘探和计算机软件价值的增加。

四、简答题

1. 简述国民经济核算体系（SNA）的产生与发展历程。

2. 国民经济核算体系有哪些常用指标？

3. 国民经济核算的基本原则是什么？

4. 国民经济核算体系由哪些部分构成？

5. 什么是国内生产总值？如何由生产法、收入法、支出法计算国内生产总值？

5. 什么是国内生产净值？如何计算？

6. 什么是国民总收入？如何计算？

7. 简述国民经济产业的分类。

8. 在国民收入账户中，下面哪些行为应计入 GDP，哪些不应计入，或者说对 GDP 有什么影响？

A. 一对小夫妻现在开始雇佣自己的配偶干家务（打扫房子、照顾小孩等）而不是让他或她免费做这些工作

B. 你决定去购买一辆中国生产的小轿车，而不是日本生产的

C. 你从农民那里买了一只价值 100 元的老母鸡

D. 鸡味馆餐厅从农民那里买了一只价值 100 元的老母鸡

E. 上海宝钢集团把价值 5 000 万元的钢板卖给了日本丰田汽车集团公司

F. 中国国际航空公司从美国波音公司购买了一架价值 20 亿元的新的喷气式飞机

G. 优秀的厨师在自己家里烹制的膳食

H. 购买一块土地

I. 购买一幅八大山人的绘画真品

J. 海尔集团公司设在欧洲的工厂所创造的利润

K. 购买普通股票

9. 国内生产总值 GDP 作为衡量经济活动的一个重要指标，也被用来衡量一个国家居民的福利，但它存在许多缺点。试简要说明以人均实际国内生产总值作为国民经济福利指标时的缺点。

10. 为什么计入 GDP 的只能是净出口而不是出口？

五、计算题

1. 已知某地区 2002 年以下统计资料：

（1）总产出 28 000 亿元；

（2）最终消费 14 000 亿元，其中居民消费 11 800 亿元，公共消费 2 200 亿元；

（3）资本形成总额 5 600 亿元，其中固定资本形成总额 5 040 亿元，库存增加 360 亿元，贵重物品净获得 200 亿元；

（4）出口 2 400 亿元；

（5）进口 2 000 亿元；

（6）固定资本消耗 2 800 亿元；

（7）劳动者报酬 8 400 亿元；

（8）生产税 840 亿元；

（9）生产补贴 140 亿元。

要求：

（1）根据以上统计资料计算该地区的国内生产总值、中间消耗、营业盈余。

（2）编制该地区的国内生产总值账户。

2. 已知 2007 年某地区非金融企业部门的资金流量表数据，增加值 44 628. 72 亿元，劳动者报酬支出 17 844. 76 亿元，生产税净额 9 728. 46 亿元，财产收入 2 282. 72 亿元，财产收入支出 6 517. 83 亿元，经常转移支出 2 861. 33 亿元，经常转移收入 321. 80 亿元，资本转移收入净额 2 127. 99 亿元，资本形成总额 21 458. 47 亿元。要求：

（1）计算非金融企业部门初次分配总收入。

（2）计算非金融企业部门可支配总收入。

（3）计算非金融企业部门总储蓄。

（4）计算非金融企业部门净金融投资。

（5）根据已知数据和计算的全部数据，编制非金融企业部门的资金流量账户。

参考文献

［1］贾俊平，金勇进，等．统计学［M］．北京：中国人民大学出版社，2012.
［2］国庆，先国．宝洁公司的市场调查与广告［J］．中国商人，2000（2）:28－30.
［3］李庆东，等．统计学概论［M］．大连：东北财经大学出版社，2013.
［4］凯勒·沃拉克．统计学［M］．北京：中国人民大学出版社，2006.
［5］范伟达．市场调查教程［M］．上海：复旦大学出版社，2002.
［6］丁洪福，等．市场调查与预测［M］．大连：东北财经大学出版社，2013.
［7］张敏，王斌，徐顺志．应用统计学［M］．北京：人民邮电出版社，2014.
［8］刘小锋．统计学［M］．上海：上海财经大学出版社，2013.
［9］刘泽，严瑜．统计学基础［M］．北京：人民邮电出版社，2013.
［10］刘杰．企业财务部门统计学调查工作管理研究［J］．现代经济信息，2014（22)08.
［11］姜燕．新编统计学基础［M］．南京：南京大学出版社，2011.